中国地质大学（武汉）实验教学系列教材
中国地质大学（武汉）实验技术研究项目资助

钻井液与岩土工程浆液实验原理与方法

乌效鸣　胡郁乐　童红梅
邱玲玲　蔡记华　邵明利　陈　劲　编著

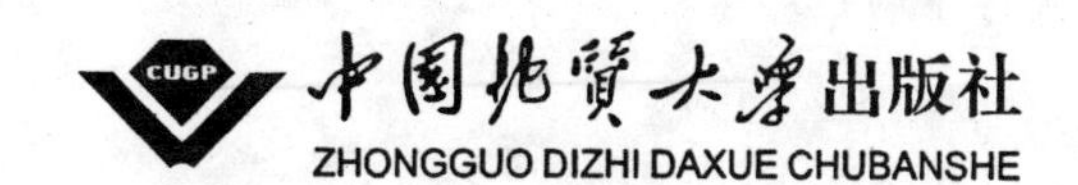

图书在版编目(CIP)数据

钻井液与岩土工程浆液实验原理与方法/乌效鸣,胡郁乐,童红梅,邱玲玲,蔡记华,邵明利,陈劲编著.—武汉:中国地质大学出版社,2010.12

ISBN 978-7-5625-2435-9

Ⅰ.①钻…

Ⅱ.①乌…②胡…③童…④邱…⑤蔡…⑥邵…⑦陈…

Ⅲ.①钻井液-实验②岩土工程-灌浆加固-实验

Ⅳ.①TE254-33②TU753.8-33

中国版本图书馆 CIP 数据核字(2010)第 183316 号

钻井液与岩土工程浆液实验原理与方法　　乌效鸣　胡郁乐　童红梅　邱玲玲　蔡记华　邵明利　陈　劲　编著

责任编辑:徐润英　　责任校对:戴　莹

出版发行:中国地质大学出版社(武汉市洪山区鲁磨路 388 号)　　邮政编码:430074

电　话:(027)67883511　　传真:67883580　　E-mail:cbb@cug.edu.cn

经　销:全国新华书店　　http://www.cugp.cn

开本:787 毫米×1092 毫米 1/16　　字数:330 千字　　印张:12.875

版次:2010 年 12 月第 1 版　　印次:2010 年 12 月第 1 次印刷

印刷:武汉中远印务有限公司　　印数:1—2 000 册

ISBN 978-7-5625-2435-9　　定价:25.00 元

前　言

钻井液与岩土工程浆液作为钻探工程和岩土工程的必需条件，在地质找矿勘探、石油天然气钻井、基础勘察与施工、地质灾害治理和地球科学钻探等领域有着广泛的用途。科学、合理、有效地应用钻井液与岩土工程浆液技术，对安全、优质、高效地实施钻探工程和岩土工程将起到重要作用。

实验工作在钻井液与岩土工程浆液技术中占有举足轻重的地位，是浆材理论与工程实际密切联系的纽带。掌握好钻井液与岩土工程浆液实验原理与方法是现场优选配浆从而解决工程问题的关键，也是创新开发更为有效浆材不可或缺的手段。

本书在阐述钻井液基本性能测试、钻井液基本处理剂实验和粘土造浆能力评价实验的基础上，介绍了钻井液润滑减阻、悬碴能力、抗温抗侵和储层保护方面的实验，进一步对气体型钻井介质的实验原理与方法给予了介绍。本书还就钻探护壁堵漏、封孔和固井水泥、化学灌浆固结液、注浆液和灌注砼的实验作了阐述，同时介绍了井壁稳定和堵漏的实验原理与方法。本书可作为地质工程、钻井工程、勘查工程等专业本科生或研究生的教学参考书，也可为相关工程技术人员在从事钻井液与岩土工程浆液技术工作时提供帮助和启发。

全书由乌效鸣教授和胡郁乐副教授主编。研究生童红梅编写第六章和第十一章；研究生邵明利编写第五章第三、四节，第九章；研究生邱玲玲编写第二章第一、三、四、五、六节和第四章，蔡记华副教授编写第二章第七节，第十章一、二节；乌效鸣教授编写第一章第一、四节，第二章第二节，第三章，第五章第五、六节和第十章第三、四节；胡郁乐副教授编写第一章第二、三节和第七、八章。另外，陈劲高级工程师，研究生范运林、符碧犀、石鹏飞、魏宏超、泮伟、王虎、向阳、刘鸿燕、贺仁钧、罗艳珍、陶扬、张恒春、罗光强等均在本书的编写过程中提供了一定的帮助。本书在编写中肯定存在不足和错误之处，敬请读者给予批评指正，此致感谢。

编著者

2010 年 5 月于中国武汉

目　录

第一章 概 述

第一节 引 言

钻井液与岩土工程浆液作为必需的施工材料广泛地应用于钻探(井)工程和岩土工程之中。钻井液是钻探(井)工程的“血液”,在钻探(井)中起到排除岩屑、平衡地层压力、护壁堵漏、冷却钻头、润滑钻具、提供孔(井)底动力、水力破碎岩石、提供孔(井)底信息、实现反循环连续取心钻进等重要功用;岩土工程浆液则是基础工程施工和地基处理中的主打材料,如在灌注桩、帷幕注浆、高压旋喷、地基处理、锚杆和土钉墙等施工中,起到填充加固、提高构筑物强度和防渗能力等主要作用;钻井固井、钻探护壁堵漏、封孔则依靠多种类型的可灌注的固结型浆材。

与化学材料技术、流体力学、地层岩性分析、钻进工艺等相结合,钻井液与岩土工程浆液是一门实验性很强的学科。各种浆材配方的理化性能及其适应于工程的效果在很大程度上需要通过实验测试来得到评价;支撑和发展本门技术的理论方法与计算模型也离不开以实验所获得的数据作为根本依据。随着新材料、新仪器的不断涌现,钻井液与岩土工程浆液的新实验技术快速发展并不断完善。因此,较全面了解和掌握其实验原理与方法对本门技术的融会贯通有着重要作用。实验工作是本门学科的主要内涵之一。

回顾专业的发展历程,该类实验技术是紧密伴随着钻井液与岩土工程浆液的工程应用不断发展起来的。

钻井液的初步形成时期(1888—1928年),主要解决的问题:携带钻屑和控制地层压力。典型技术有:水+钻屑+地面土以及使用重晶石、铁矿粉加重技术。1914年以前,清水作为旋转钻井的洗井介质,1916年开始使用“泥浆”,1926年开始使用膨润土作为悬浮剂。

钻井液的快速发展时期(1928—1948年),典型的细分散泥浆阶段,主要解决的问题:泥浆性能的稳定和井壁稳定。典型技术:开始应用膨润土、丹宁酸钠(1930年)、烧碱、褐煤等处理剂。1931—1937年研制出较简易的泥浆比重和漏斗粘度等测量仪器,1944—1945年研制出Na-CMC(钠羧甲基纤维素)降滤失剂。

钻井液的高速发展时期(1948—1965年),为粗分散泥浆阶段,主要解决的问题:石膏、盐污染、温度影响。典型技术:各种盐水、钙处理泥浆,油基泥浆,堵漏材料。处理剂品种多样化,达16大类。1955年,FCLS(铁铬木质素磺酸盐)作为稀释剂,开始应用于钻井液中。从60年代开始,石灰钻井液、石膏钻井液和氯化钙钻井液等粗分散体系开始广泛使用。该期发展出旋转粘度计、常压失水量仪、标准比重秤、含砂量仪、pH值仪等较全面的泥浆性能测试仪器。

钻井液的科学化发展时期(1965年至今),为聚合物+优质土+特殊处理剂钻井液阶段,主要解决的问题:快速钻井,超深钻井,保护油气层等。典型技术:不分散低固相钻井液,气体型介质钻进,保护油气层的完井液等。在此期间,油基钻井液也有了进一步的发展,在50年代以柴油作为基油的油基钻井液基础上，70 年代发展了低胶质油包水乳化钻井液，80 年代发展了低毒油包水乳化钻井液。在抗高温深井钻井液方面，研制出了三磺处理剂(国内)、以 Resinex 为代表的抗高温处理剂(国外)，使深井钻井液技术取得了很大进展。90 年代以来，钻井液技术的发展主要体现在以下几个方面：①聚合物、聚磺钻井液进一步发展(两性离子、阳离子聚合物等)；②MMH 钻井液；③合成基钻井液；④聚合醇钻井液；⑤甲酸盐(有机)钻井液；⑥仿油基钻井液(MEG 等)；⑦硅酸盐钻井液；⑧气体型钻井流体。该期新研发出高温高压流变性、动失水、膨胀量、堵漏仪、泥浆粒度分析、热辊子炉、岩心渗透率、泡沫性能测试等高级的钻井液测试仪器。同时，借助于先进的矿物鉴定、化学分析、显微观测等手段来更深入、更准确地测定钻井液性能。

在钻孔护壁堵漏方面，早在 2000 多年前，我们的先人已将桐油与石灰拌合来对盐矿凿井的松垮井壁进行粘固。20 世纪五六十年代，我国地质勘探钻孔已开始采用水泥灌注技术来固结、封堵松散漏失孔段。至七八十年代，又出现脲醛树脂、丙凝、甲凝、木铵、铬木素等化学浆液护壁堵漏。近 20 年来，乙酸乙酯、甘油酯、甲酰胺、丁内脂等更新的化灌材料也开始在复杂地层钻探固壁中试验应用。

在 20 世纪初，石油钻井 1910 年已开始在 600～900m 的浅井中进行固井。随着发展与完善，现在已能较好地在 7 000m 和上万米的深井中进行注水泥作业。根据国内外多年的研究和现场经验总结，固井注水泥的主要要求是：确保油井水泥系列及外加剂的性能参数，提高水泥浆的顶替效果，提高水泥石在不同环境下(高温、腐蚀水)的封固质量，减少或消除水泥浆对油、气层的损害，压稳地层防止油、气、水、浆窜出。

最早用于注浆的材料是石灰和粘土。1864 年开始使用水泥注浆，它们均是颗粒性材料，难于充填细小裂隙和充塞砂层，水泥浆液凝结时间长。1900 年荷兰采矿工程师尤斯登发明了水玻璃—氯化钙溶液，这是化学注浆的开始。20 世纪 50 年代，美国发明以丙烯酰胺为主剂的有机化学注浆材料 AM－9，其凝固时间可准确控制，这是发展注浆材料的重要飞跃。

我国于 1965 年前基本采用单液水泥注浆法。1964 年研制成功 MG－646 新型化学浆液，1967 年研制成功水泥—水玻璃双液注浆法。它同时具备水泥浆和化学浆液的优点(水泥浆的强度、水玻璃的渗透性)，又使两者的短处减小到不妨碍使用的程度，是一种各得其所长的浆液。注浆材料从 19 世纪初的原始材料开始到当今的有机高分子化合物浆液，前后经历了 170 多年的历史，发展了近百种浆液材料。各种浆液各有其特点及适用范围。虽然化学浆液较之水泥浆液更理想，扩大了注浆法应用范围，但无论国内或国外，化学浆液都比水泥浆液成本高、货源少。所以，现在水泥仍然是注浆的主要材料。

水泥浆的主要缺点是颗粒问题，因为颗粒大，难以注入细小裂隙和孔隙中。针对此问题，一方面可以减小水泥粒度，采用超细水泥，国外一般注浆用的水泥细度为 5 000cm^2/g，有的达到 10 000～27 000cm^2/g，使其能注入 0.05～0.09mm 的裂隙。另一方面可预先用化学浆液处理受注岩层，降低表面张力，提高润滑性，使水泥易于注入。使用的化学溶液有水玻璃、氢氧化钠等。

美国在水泥浆中加入一种高分子物质和某些金属盐作为添加剂，使水泥具有触变性，即在搅拌或泵注条件下具有流动性，而当停止搅拌或泵注一段时间后，浆液粘度大幅度增加，变成不流动。改进水泥性能，应致力于寻找新的水泥添加剂，研究出更好的水泥浆。英国 GEOSEAL－Z 型水泥添加剂，使水泥具有速凝、不沉淀、不收缩的作用。水泥浆中加入这种添加剂，使浆液产生奶油状粘性，水泥颗粒保持悬浮，无水析出，固结体强度均匀，体积不收缩，保证饱满地充填裂隙。

对于钻井和灌浆工程用的固结型浆材，从使用的目的效果和作业的流程环境来看，其实验方法主要是围绕流动期、凝结期和固化期这三个不同时间段的浆材性状进行测试和配方。这类实验仪器从早期的简易流动度、坍落度、凝结针入度和单轴抗压强度，到现今的高粘粘度计、精密维卡仪、抗压抗拉抗弯抗折综合强度仪、高温高压水泥稠化仪等，得到了较大的发展。

通过总结与归纳，针对钻井(探)与岩土工程对浆材功用及性能的要求，钻井液与岩土工程浆液的实验体系组成于配浆材料、测试仪器、实验程序和数据分析等四个部分。根据不同的实验目的，具体所采用的实验方法各有不同，大体上可划分为以下 7 个方面：

(1)密度与粒度相关实验。

(2)流变性实验。

(3)渗滤和堵封实验。

(4)强度与力学稳定性实验。

(5)凝结与固化实验。

(6)物质组分基础特性实验。

(7)界面特性与润滑性实验。

为了与地下温度和压力情况更为符合，部分实验在温度、压力上进行了可控调节的设置，如高温高压流变仪、高温高压失水量仪、高温高压膨胀量仪和高温高压堵漏仪等；为了与钻进工艺条件更为符合，一些实验采用了部分相似于工程实物结构的模拟，如动失水仪、管状流动实验系统、地层井壁稳定性模拟装置等；为了与地下物质环境更为符合，有关实验是在人为加入不同离子形成一定矿化度条件下进行的，例如盐侵、粘土侵以及多项敏感性模拟等。

第二节 钻井液与岩土工程浆材分类

一、钻井液的分类

我国依据国情，1986 年标准化委员会把钻井液材料分为 16 类。泥浆处理剂按其功能分类如下：①降滤失剂；②增粘剂；③乳化剂；④页岩抑制剂；⑤堵漏剂；⑥降粘剂；⑦缓腐蚀剂；⑧粘土类；⑨润滑剂；⑩加重剂；⑪杀菌剂；⑫消泡剂；⑬发泡剂；⑭絮凝剂；⑮解卡剂；⑯其他类。

(1)粘土类。主要用来配置原浆，亦有增加粘度及切力、降低失水量的作用(保水作用)，常用的有膨润土、抗盐土及有机土等。

(2)加重材料。主要用来提高钻井液的密度，以控制地层压力、防塌、防喷。

(3)降滤失剂。主要用来降低钻井液的滤失量。常用的有 CMC、预胶化淀粉、聚丙烯酸盐等(表 1-1)。

(4)增粘剂。主要用来促进钻井液中粘土颗粒网状结构的形成，增加胶凝强度以增加流阻。常用的有 CMC、高聚物(大分子)、预胶化淀粉等(表 1-2)。

(5)降粘剂。主要用来改善钻井液的流动性能，例如粘度(包括视粘度、塑性粘度等)及切力(动切力、静切力)，以增加可泵性，减少摩阻力。常用的有单宁、各种磷酸盐及褐煤制品、木质素磺酸盐等(表 1-3)。

(6)堵漏剂。主要用来封堵漏失地带，以恢复钻井液的正常循环。常用的有各种惰性材料和化学堵漏剂。

表 1-1　降滤失剂的分类

降滤失剂类别	降滤失剂亚类	举　例
天然及天然改性聚合物	淀粉衍生物	羟甲基淀粉钠(钾)、预胶化淀粉、磺烷基淀粉、接枝改性淀粉
	纤维素衍生物	羧甲基纤维素 羟乙基纤维素、羟丙基纤维素 接枝改性纤维素
	腐植酸改性类	聚合腐植酸、磺甲基腐植酸
合成树脂	酚醛树脂类	磺甲基酚醛树脂、磺化酚脲树脂
	天然产物改性酚醛树脂类	磺化褐煤磺化酚醛树脂 磺化木质素磺化酚醛树脂 磺化栲胶磺化酚醛树
合成聚合物	聚丙烯酰胺类	水解聚丙烯酰胺钠(钾)盐 非水解聚丙烯酰胺
	聚丙烯腈水解物	水解聚丙烯腈钠(钾)盐 水解聚丙烯腈铵盐
	丙烯酰胺多元共聚物	阴离子丙烯酰胺/丙烯酸的多元共聚物 阴离子丙烯酰胺/AMPS的多元共聚物 阳离子丙烯酰胺/DMDAAC的多元共聚物

表 1-2　增粘剂的分类

增粘剂类别	举　例
纤维素衍生改性聚合物	羧甲基纤维素钠 聚阴离子纤维素钠 羟乙基纤维素钠
合成聚合物	聚丙烯酰胺类 丙烯酰胺多元共聚物 无机聚合物
生物聚合物	黄原胶类

表 1-3　降粘剂的分类

降粘剂类别	降粘剂亚类	举　例
天然及天然改性聚合物	单宁类	磺化栲胶、磺甲基单宁酸钠
	木质素磺酸盐类	铁铬木质素磺酸盐
	腐植酸改性类	腐植酸钠(钾)、磺甲基腐植酸钠
合成聚合物	聚丙烯酸类	水解聚丙烯腈钠盐降解产物 低分子量聚丙烯酸钠
	烯类单体多元共聚物	阴离子丙烯酰胺/丙烯酸的多元共聚物 阴离子丙烯酰胺/AMPS的多元共聚物 乙酸乙烯酯/马来酸聚合物

(7)乳化剂和润滑剂。乳化剂主要用来把两种不相溶液体形成较均匀的混合液。常用的有改性木质素磺酸盐、某些表面活性剂;润滑剂主要用来降低摩阻系数,减少扭矩、增加钻头的水马力,以防止粘卡。常用的有某些油类、石墨、塑料小珠以及表面活性剂。

(8)发泡剂和消泡剂。发泡剂主要用来使水溶液产生气泡,又称泡沫剂。当使用气体钻井时,用泡沫剂将水带出,还可用于配制各种泡沫钻井液。常用的有烷基磺酸钠、烷基苯磺酸钠等;消泡剂主要用来消除钻井液中的起泡及降低起泡作用,尤其对咸水处理和盐水钻井液更为重要。常用的有泡敌、甘油聚醚、硬脂肪酸铝等。

(9)其他。主要有以下几类。

絮凝剂:主要用来絮凝钻井液中过多的粘土细微颗粒和清除钻屑,从而使钻井液保持低固相,它也是一种良好的包被剂,可使钻屑不分散,易于清除,并有防塌作用。常用的有石膏、盐、消石灰、聚丙烯酰胺等。

页岩抑制剂:主要用来抑制页岩中所含粘土矿物的水化膨胀分散而引起的井塌。常用的有石膏、硅酸盐、石灰、各种钾盐、各种沥青制品和高聚物的钾盐、钙盐等。

杀菌剂:主要用来杀灭钻井液中的各种细菌,使其降低到安全的含量范围之内,以免破坏某些处理剂的效能。常用的有多聚甲醛、烧碱、石灰以及各种防发酵剂等。

解卡剂:主要用来浸泡钻具在井内被泥饼粘附的井段,以降低摩阻系数,增加润滑性,解除压差卡钻。常用的有各种油类、含有快渗剂的油包水乳状液和酸类。

缓蚀剂:主要用来控制钻具的各种腐蚀。常用的有各种消化石灰、亚硫酸钠、碳酸锌以及胺盐。一般地,乳化和油基钻井液都具有较好的抑制腐蚀的性能。

还有无机和有机具有特殊用途的材料。

二、岩土注浆液分类

岩土工程浆液涵盖了地质工程和土木建筑工程中的工程浆液,包括混凝土、砂浆、岩土注浆浆液,以及基础工程施工中的循环液和稳定液等,本书主要介绍注浆浆液的实验原理和方法。

以改良地基为目的,在地基中注入的材料称为注浆材料。广义上讲,凡是一种流体在一定条件下可以变为固体的物质,均可作为注浆材料。随着生产的发展、工程的需要,近年来出现不少比较理想的注浆材料,供不同地质条件工程选用。原材料包括主剂(可能是一种或几种)和助剂(可能没有,也可能是一种或几种),助剂可根据它在浆液中的作用,分为固化剂、催化剂、速凝剂、缓凝剂和悬浮剂等。

注浆材料品种很多,性能也各不相同,但是作为注浆材料,应有一些共同的性质。一种理想的注浆材料,应满足以下要求:

(1)浆液粘度低、流动性好、可注性好,能够进入细小缝隙和粉细砂层。

(2)浆液凝固时间能够在几秒至几小时内任意调节,并能准确控制。

(3)浆液固化时体积不收缩,能牢固粘结砂石。

(4)浆液结石率高,强度大。

(5)浆液无毒、无臭,不污染环境,对人体无害,属非易燃、易爆物品。

注浆材料分类方法很多,按浆液所处的状态分为真溶液、悬浮液和乳化液;按工艺性质可分为单浆液和双浆液;按浆液颗粒可分为粒状浆液和化学浆液;按浆液主剂性质可分为无机系列和有机系列两大类(图 1-1)。

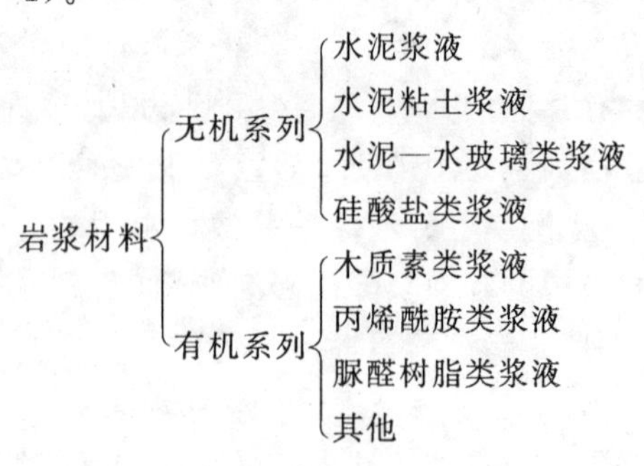

图 1-1 注浆材料分类

第三节 实验设计方法

研究钻井液与工程浆液实验原理和方法的目的是:掌握泥浆流变性、失水造壁性、抑制性、润滑性、腐蚀性、固相含量、材料和组分的有关测试方法,滤液分析方法,常用试剂配制法以及泥浆仪器的结构、原理、性能和使用方法,掌握护壁堵漏水泥浆液、化学浆液和其他工程浆液的性能测试方法。

一、常用的术语

实验指标:指作为实验研究过程的因变量,常为实验结果特征的量。

因素:指做实验研究过程的自变量,常常是造成实验指标按某种规律发生变化的那些原因。

水平:指实验中因素所处的具体状态或情况,又称为等级。

全面实验:可以分析各因素的效应,交互作用,也可选出最优水平组合。但全面实验包含的水平组合数较多,工作量大,在有些情况下无法完成。

二、正交实验设计的基本概念及基本原理

在实验安排中,如 3 因素 3 水平的全面实验水平组合数为 $3^3=27$,4 因素 3 水平的全面实验水平组合数为 $3^4=81$,5 因素 3 水平的全面实验水平组合数为 $3^5=243$,这在科学实验中是有可能做不到的。正交实验设计是利用正交表来安排与分析多因素实验的一种设计方法。它是在实验因素的全部水平组合中,挑选部分有代表性的水平组合进行实验的,通过对这部分实验结果的分析,了解全面实验的情况,找出最优的水平组合。

正交实验设计的基本特点是:用部分实验来代替全面实验,通过对部分实验结果的分析,了解全面实验的情况。

正因为正交实验是用部分实验来代替全面实验,它不可能像全面实验那样对各因素效应、交互作用一一分析;当交互作用存在时,有可能出现交互作用的混杂。虽然正交实验设计有上述不足,但它能通过部分实验找到最优水平组合,因而很受实际工作者的青睐。

三、正交表及其基本性质

正交设计安排实验和分析实验结果都要用正交表，因此先对正交表作一介绍。

1. 各列水平数均相同的正交表

各列水平数均相同的正交表，也称单一水平正交表。这类正交表名称的写法举例如下：

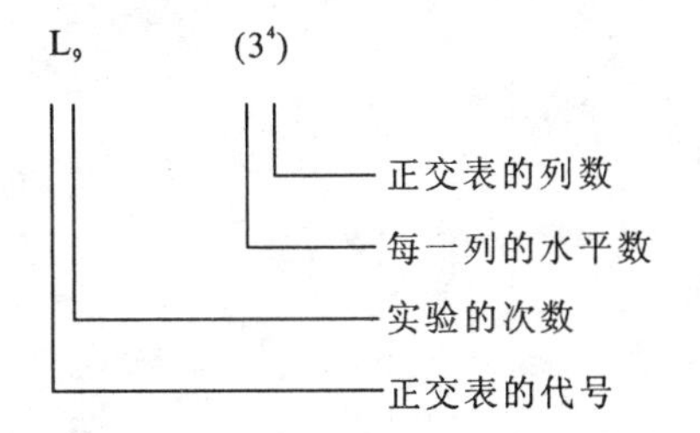

各列水平数均为 2 的常用正交表有：$L_4(2^3)$，$L_8(2^7)$，$L_{12}(2^{11})$，$L_{16}(2^{15})$，$L_{20}(2^{19})$，$L_{32}(2^{31})$；

各列水平数均为 3 的常用正交表有：$L_9(3^4)$，$L_{27}(3^{13})$；

各列水平数均为 4 的常用正交表有：$L_{16}(4^5)$；

各列水平数均为 5 的常用正交表有：$L_{25}(5^6)$。

2. 混合水平正交表

各列水平数不相同的正交表称混合水平正交表，下面是一个混合水平正交表名称的写法：

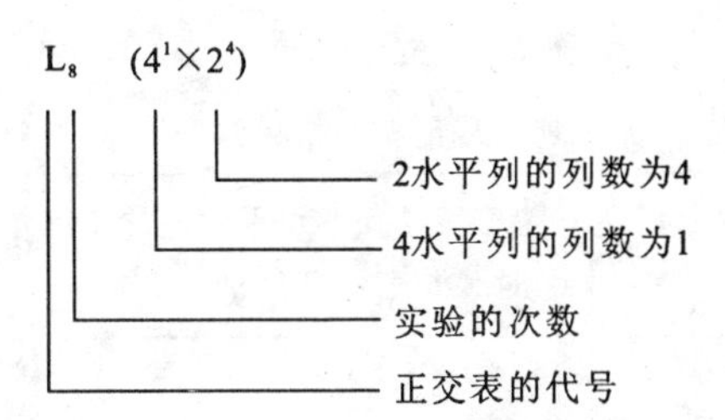

$L_8(4^1\times2^4)$常简写为 $L_8(4\times2^4)$。此混合水平正交表含有 1 个 4 水平列，4 个 2 水平列，共有 1＋4＝5 列。

四、正交实验结果分析方法

1. 极差分析方法

下面以表 1－4 为例讨论 $L_4(2^3)$正交实验结果的极差分析方法。表 1－1 中参数说明见表 1－5。极差指各列中各水平对应的实验指标平均值的最大值与最小值之差。由表 1－4 的计算结果可知，用极差法分析正交实验结果可引出以下几个结论：

(1)在实验范围内，各列对实验指标的影响从大到小的排队。某列的极差最大，表示该列的数值在实验范围内变化时使实验指标数值的变化最大。所以各列对实验指标的影响从大到小的排队，就是各列极差 D 的数值从大到小的排队。

(2)实验指标随各因素的变化趋势。为了能更直观地看到变化趋势，常将计算结果绘制成图。

(3)使实验指标达到最好的操作条件。

(4)可对所得结论和进一步的研究方向进行讨论。

表 1-4　$L_4(2^3)$正交实验计算

列　号		1	2	3	实验指标 y_i
实验号	1	1	1	1	y_1
	2	1	2	2	y_2
	3	2	1	2	y_3
	4	2	2	1	y_4
I_j		$\mathrm{I}_1=y_1+y_2$	$\mathrm{I}_2=y_1+y_3$	$\mathrm{I}_3=y_1+y_4$	
II_j		$\mathrm{II}_1=y_3+y_4$	$\mathrm{II}_2=y_2+y_4$	$\mathrm{II}_3=y_2+y_3$	
k_j		$k_1=2$	$k_2=2$	$k_3=2$	
I_j/k_j		I_1/k_1	I_2/k_2	I_3/k_3	
II_j/k_j		II_1/k_1	II_2/k_2	II_3/k_3	
极差(D_j)		max{ }−min{ }	max{ }−min{ }	max{ }−min{ }	

表 1-5　参数说明表

I_j	第 j 列"1"水平所对应的实验指标的数值之和
II_j	第 j 列"2"水平所对应的实验指标的数值之和
k_j	第 j 列同一水平出现的次数。等于实验的次数(n)除以第 j 列的水平数
I_j/k_j	第 j 列"1"水平所对应的实验指标的平均值
II_j/k_j	第 j 列"2"水平所对应的实验指标的平均值
D_j	第 j 列的极差。等于第 j 列各水平对应的实验指标平均值中的最大值减最小值,即 $D_j=\max\{\mathrm{I}_j/k_j,\mathrm{II}_j/k_j,\cdots\}-\min\{\mathrm{I}_j/k_j,\mathrm{II}_j/k_j,\cdots\}$

2. *方差分析方法*

实验指标的加和值为 $\sum_{i=1}^{n}y_i$,实验指标的平均值 $\bar{y}=\frac{1}{n}\sum_{i=1}^{n}y_i$,以第 j 列为例,如表 1-6 所示。

表 1-6　方差计算 j 列表

①	I_j	"1"水平所对应的实验指标的数值之和
②	II_j	"2"水平所对应的实验指标的数值之和
③	……	
④	k_j	同一水平出现的次数。等于实验的次数除以第 j 列的水平数
⑤	I_j/k_j	"1"水平所对应的实验指标的平均值
⑥	II_j/k_j	"2"水平所对应的实验指标的平均值
⑦	……	

以上几项的计算方法同极差法(见表1-4),下面介绍另外八项的计算方法:

⑧偏差平方和

$$S_j = k_j\left(\frac{\mathrm{I}_j}{k_j}-\bar{y}\right)^2 + k_j\left(\frac{\mathrm{II}_j}{k_j}-\bar{y}\right)^2 + k_j\left(\frac{\mathrm{III}_j}{k_j}-\bar{y}\right)^2 + \cdots$$

⑨ f_j—— 自由度。$f_j =$ 第 j 列的水平数 -1。

⑩V_j—— 方差。$V_j = S_j/f_j$。

⑪V_e—— 误差列的方差。$V_e = S_e/f_e$。式中 e 为正交表的误差列。

⑫F_j—— 方差之比。$F_j = V_j/V_e$。

⑬查F分布数值表(F分布数值表请查阅有关参考书)做显著性检验。

⑭总的偏差平方和 $S_{总} = \sum_{i=1}^{n}(y_i-\bar{y})^2$ 。

⑮总的偏差平方和等于各列的偏差平方和之和,即 $S_{总} = \sum_{j=1}^{m} S_j$,式中 m 为正交表的列数。

若误差列由5个单列组成,则误差列的偏差平方和 S_e 等于5个单列的偏差平方和之和,即 $S_e=S_{e1}+S_{e2}+S_{e3}+S_{e4}+S_{e5}$;也可用 $S_e=S_{总}+S''$来计算,其中 S''为安排有因素或交互作用的各列的偏差平方和之和。

五、正交实验举例

下面分析一个用正交法优化钻井液配方的例子来说明正交实验的具体过程。

在煤层气钻井施工中要使用钻井液来排除岩屑、稳定井壁、平衡地层压力等,所以选择合适的钻井液十分重要。开展煤层气钻井液研究优化配方,减少钻井液对煤层渗透率的损害具有很现实的意义。

本实验所用配方范围为:清水+1.6%普通膨润土+(0.4%~1.0%)增粘剂[HV-CMC(高粘羧甲基纤维素钠)与CMS(羧甲基淀粉)1:1混合]+1%乳化剂+(8%~15%)密度减轻剂(柴油)+(0.1%~0.5%)防塌剂(FT-1磺化沥青)+(0.1%~0.3%)聚丙烯酰胺+0.5%氯化钾。通过正交实验来确定增粘剂、防塌剂、聚丙烯酰胺、密度减轻剂的具体配比。

本正交实验设计4个因素,各因素有3个水平,如表1-7所示,其中:

表1-7 正交实验因素水平设计表

实验号	A增粘剂	B密度减轻剂	C聚丙烯酰胺	D磺化沥青
1	①0.4%	①8%	①0.1%	①0.1%
2	①0.4%	②12%	②0.2%	②0.3%
3	①0.4%	③15%	③0.3%	③0.5%
4	②0.7%	①8%	②0.2%	③0.5%
5	②0.7%	②12%	③0.3%	①0.1%
6	②0.7%	③15%	①0.1%	②0.3%
7	③1.0%	①8%	③0.3%	②0.3%
8	③1.0%	②12%	①0.1%	③0.5%
9	③1.0%	③15%	②0.2%	①0.1%

(1)增粘剂的水平:①0.4%;②0.7%;③1.0%;

(2)密度减轻剂(柴油):①8%;②12%;③15%;

(3)聚丙烯酰胺的水平:①0.1%;②0.2%;③0.3%;

(4)防塌剂(FT-1磺化沥青)的水平:①0.1%;②0.3%;③0.5%。

根据正交实验因素水平设计表中的不同添加剂的加量配制9种配方,对不同配方的比重、pH值、视粘度、塑性粘度、动切力、失水量进行测量,并记录至表1-8中。

表1-8　正交实验数据表

实验号	比重 (g/cm^3)	pH	视粘度 (mPa·s)	塑性粘度 (mPa·s)	动切力(Pa)	失水量 (mL/30min)
1	1.03	8	23.5	12	11.5	9
2	1.02	8.5	28	14.5	13.5	8
3	1.01	8	28.5	21.5	18	8
4	1.03	8	25.5	11.5	14	8
5	1.01	7.5	29.5	15	14.5	7
6	1.00	8	32	16.5	15.5	8
7	1.04	8	21	11.5	14.5	7
8	1.02	7.5	19.5	11.5	15	8
9	1.01	8	18	11	14.5	6

六、正交实验数据分析

1.视粘度的影响

首先分析第一列A增粘剂。把包含增粘剂"①"水平的三次实验(1,2,3号实验)算作第一组,同样把包含增粘剂"②"水平的三次实验(4,5,6号实验)、"③"水平的三次实验(7,8,9号实验)分别作为第二组、第三组。那么9次实验就分成了三组。在这三组实验中,其他因素(B,C,D)的①、②、③水平都分别出现了一次(表1-7)。

(1)把第一组实验得到的视粘度的实验结果相加,即第一列①水平所对应的第1,2,3号实验数据相加,然后除以①水平出现的次数(表1-9),结果记作Ⅰ:Ⅰ=26.667;

(2)把第二组实验得到的视粘度的实验结果相加,即第一列②水平所对应的第4,5,6号实验数据相加,然后除以②水平出现的次数,结果记作Ⅱ:Ⅱ=27.5;

(3)同样,将第一列3水平对应的7,8,9号实验的数据相加,然后除以③水平出现的次数,结果记作Ⅲ:Ⅲ=19.5。

可以将Ⅰ看作是这样三次实验的数据和,即在这3次实验中,只有A增粘剂因素的①水平出现了3次,而其他B密度减轻剂、C聚丙烯酰胺、D磺化沥青3个因素的①、②、③水平各出现了1次,数据和Ⅰ反映了3次A增粘剂因素的①水平的影响和B密度减轻剂、C聚丙烯酰胺、D磺化沥青每个因素的①、②、③水平各一次的影响。同样Ⅱ(Ⅲ)反映了3次A增粘剂因素的②、③水平的影响和B密度减轻剂、C聚丙烯酰胺、D磺化沥青每个因素的①、②、③水平各一次的影响。

这样，当比较Ⅰ、Ⅱ、Ⅲ的大小时，可以认为B密度减轻剂、C聚丙烯酰胺、D磺化沥青因素对Ⅰ、Ⅱ、Ⅲ的影响是大体相同的。因此，可以把Ⅰ、Ⅱ、Ⅲ之间的差异看作是由于A增粘剂因素取了3个不同的水平而引起的。

按照这个方法，可以把各因素的Ⅰ、Ⅱ、Ⅲ计算出来。总之，按正交表各列计算的Ⅰ、Ⅱ、Ⅲ数值的差异就反映了各列所排因素取了不同水平对视粘度的影响。

在计算完各列的Ⅰ、Ⅱ、Ⅲ之后，还要把每一列的Ⅰ、Ⅱ、Ⅲ中最大值和最小值之差算出来，把这个差值叫做极差，记作R。4个因素的极差计算结果如下：

第一列A增粘剂因素R=27.5−19.5=8；

第二列B密度减轻剂因素R=25.333−23.333=2.000；

第三列C聚丙烯酰胺因素R=25.667−23.833=1.834；

第四列D磺化沥青因素R=26.167−23.000=3.167。

表1-9 视粘度实验数据正交表

实验号	A增粘剂	B密度减轻剂	C聚丙烯酰胺	D磺化沥青	视粘度
1	①	①	①	①	23.5
2	①	②	②	②	28
3	①	③	③	③	28.5
4	②	①	②	③	25.5
5	②	②	③	①	27.5
6	②	③	①	②	29.5
7	③	①	③	②	21
8	③	②	①	③	19.5
9	③	③	②	①	18
Ⅰ	26.667	23.333	24.167	23.000	—
Ⅱ	27.5	25.000	23.833	26.167	—
Ⅲ	19.5	25.333	25.667	24.500	—
R	8.0	2.000	1.834	3.167	—

从极差R的大小可以看出(表1-9)，在各因素选定的范围内，影响视粘度的各因素的主次关系依次为增粘剂因素＞磺化沥青因素＞密度减轻剂因素＞聚丙烯酰胺因素。

2.其他指标的影响

同理按照这个方法，可以把各因素对塑性粘度、动切力、失水量影响的Ⅰ、Ⅱ、Ⅲ计算出来。总之，按正交表各列计算的Ⅰ、Ⅱ、Ⅲ数值的差异，计算出所有的极差进行分析。

通过正交实验的极差分析法初步分析了各实验指标所对应的水平的影响大小和最优水平取值，综合考虑各指标的影响因素的主次、各指标随影响因素的波动情况，从成本和性能两个方面综合考虑后得到优化配方为：

清水+1.6%普通膨润土+0.7%增粘剂[HV-CMC(高粘羧甲基纤维素钠)与CMS(羧甲基淀粉)1∶1混合]+1%乳化剂+12%密度减轻剂(柴油)+0.3%防塌剂(FT-1磺化沥青)+0.2%聚丙烯酰胺+0.5%氯化钾。

第四节　基本准则与相关配置

一、综合准则

钻井液与岩土工程浆液实验的主要目的是为现场钻探工程提供科学技术方法。因此相应的实验必须紧密联系钻探工程实际。在把握实验的通用原理的基础上，针对现场具体环境条件进行相关实验，才能高效地取得解决问题的正确的实用结果。同时，采用合理先进的仪器检测方法，广泛遴选材料，加强深入的实验分析，就有可能获得具有普遍意义的科学成果。

钻探(井)作业广泛地开展在地质勘探、石油钻井、基础工程等众多国民经济领域中，所用的钻井液与固结浆液既有共同性又有各自的特殊性。根据需要，对浆材进行实验的场所又分实验室内与钻机现场两种氛围。在实验室一般进行深入机理探究、较全面优选和通用参数定标，所用实验仪器和材料相对齐全、精密和先进，对实验操作程序、数据精度和分析力度都要求较高。钻机现场一般就解决具体实际问题进行针对性的测试和配方实验，实验材料品种较集中，操作规程简洁，仪器相对少且能承耐劣杂环境，不过于追求对数据的原理性分析。所以，在钻井液与岩土工程浆液实验工作中既要坚持规范原则又要因地制宜地灵活实施操作程序。

进行钻井液与岩土工程浆液实验时必须考虑所处的环境。温度、压强、湿度、酸碱度的变化以及机械扰动、电磁干扰等都会对材料性状和数据测试带来不同程度的影响。有些影响程度可能使实验结果产生过大误差甚至谬误。本书中未特别注明的环境条件是指一般实验室条件，主要环境指标为：温度5℃～40℃，气压86～108kPa，湿度5%～95%，pH值为7。

对于大多数钻进工程来说，不可能使用昂贵的、来源不便的材料。所以，实验工作密切联系实际的一个重要体现是对技术上可选的方案在成本上进行充分比较，优选成本低、来源方便的方案。应该指出：有些配浆材料虽然单价比较贵，但在浆液中需要的加量却非常少，使用效率极高，因而总体成本反而比一些单价低的材料还要少。一般来说，最终形成的钻井液成本应控制在该钻井工程预算总造价的15%以下；对于固结型工程浆液，每方不应超过2 000元人民币。实验决定工程材料时应考虑其在工程地区获取的便利性以及远程运输的费用。对于新型浆材的实验研发，要分析其在性价比和基础材料来源方面的应用可行性。

钻井液与岩土工程浆液实验应遵照安全、环保的原则。对一些有毒有害的物质杜绝使用，而应大力开发新型的环保型造浆材料。利用植物胶类材料是有益的实验与应用发展方向，在实施时还要注意避免破坏绿色植被和山林。例如，把毁掉树木来制取工程浆材的途径变换为收集树木落叶和利用杂灌制取浆材的技术，就是一种正确的理念。

许多情况下，通过实验来设计钻井液与工程浆液的技术参数时要考虑的因素比较复杂，这时应突出抓住主要因素，兼顾次要因素。在主、次要求发生矛盾时，则在量的比例上权衡分析和控制，以获取最终的综合优化配方。

钻井液与工程浆液实验需要用到多种化学剂，各种化学物品之间可能会发生相互作用，而且有些作用是较强烈的。因此，要严格执行实验操作程序，例如盛装器皿、取剂工具、搅拌装置和测量器具等在使用前后要清洗干净，避免因杂质的混入而使实验结果不准确以及避免发生实验中的不安全事故。此外，对于同一种材料可能会有不同的"叫法"：中文学名、英文化学式、俗称等，例如：纯碱、$NaCO_3$、碳酸钠、小苏打指的都是同一种材料。在同一项实验工作中最好规定用同一种名称。

二、计量单位

关于计量单位，钻井液与岩土工程浆液实验采用国际标准单位制，其 7 个基本单位规定为：长度（米 m）、质量（千克 kg）、时间（秒 s）、电流（安培 A）、温度（开尔文 K）、物质的量（摩尔 mol）、亮度（烛光 cd）。

其余单位为导出单位，都按以上 7 个基本单位推导得出，如：力（N）、压强（Pa）、速度（m/s）、加速度（m/s^2）、密度（kg/m^3）、粘度（mPa · s）、渗透率（μm^2）等。

对一些较大或较小的量，可在上述单位前冠以不同数量级符号如 μ（微）、m（毫）、k（千）、M（兆）等来表达，如：$1\mu m=10^{-6}m$；1mPa · s＝0.001Pa · s、1kN＝1000N；$1MPa=10^6Pa$。

由于专业上的沿用习惯，目前还见到在用的少数计量单位较为特殊，如：

γ—比重，与同体积水的重度之比；s—秒，漏斗粘度；d—达西，渗透率；t—吨，重量。

对于英制单位，许多实验场合下应换算为国际标准单位，如：

1 inch（英寸）＝25.4mm（毫米）　　1square inch（平方英寸）＝$6.45cm^2$（平方厘米）

1 foot（英尺）＝0.304 8m（米）　　1 square foot（平方英尺）＝$929cm^2$（平方厘米）

1 cubic inch（立方英寸）＝$16.4cm^3$（立方厘米）

1 cubic foot（立方英尺）＝$0.028\ 3m^3$（立方米）

1 牛顿/米²（Pa）＝$10.197\ 2\times10^{-6}$巴（bar）＝145.038×10^{-6}磅/英寸²（lb/in^2，psi）

在浆材实验工作中，要注意计量单位的清晰性。例如：“加土量 7%是指每立方米泥浆中粘土粉重量为 70kg”，或“土/浆＝$70kg/m^3$”。

三、测试精度与误差

实验用仪表的精度：是指观测结果与真值之间的接近程度。其表达式为：$d=(\Delta_{max})/(A_{max})\times100$（d 为精度等级；$\Delta_{max}$ 为最大测量误差；A_{max} 为仪表量程）。在正常的使用条件下，仪表测量结果的准确程度叫仪表的准确度。引用误差越小，仪表的准确度越高，而引用误差与仪表的量程范围有关，所以在使用同一准确度的仪表时，往往采取压缩量程范围，以减小测量误差。在工业测量中，为了便于表示仪表的质量，通常用准确度等级来表示仪表的准确程度。准确度等级就是最大引用误差去掉正、负号及百分号。准确度等级是衡量仪表质量优劣的重要指标之一。我国工业仪表等级分为 0.1，0.2，0.5，1.0，1.5，2.5，5.0 七个等级，并标志在仪表刻度标尺或铭牌上。仪表准确度习惯上称为精度，准确度等级习惯上称为精度等级。

测试误差：是指测量值与真值之差异。产生误差的因素有人为因素、量具因素、力量因素、测量因素和环境因素。根据误差产生的原因及性质可分为系统误差与偶然误差两类。误差有以下 4 种表示方法。

（1）绝对误差。设某物理量的测量值为 x，它的真值为 a，则 $x-a=e$；由此式所表示的误差 e 和测量值 x 具有相同的单位，它反映测量值偏离真值的大小，所以称为绝对误差。

（2）相对误差。是绝对误差与测量值或多次测量的平均值的比值，并且通常将其结果表示成非分数的形式，所以也叫百分误差。

（3）引用误差。仪表某一刻度点读数的绝对误差 Δm 与仪表量程上限 Am 之比，并用百分数表示。最大引用误差：仪表在整个量程范围内的最大示值的绝对误差 Δm 与仪表量程上限

Am 之比，并用百分数表示。

(4)标称误差：标称误差＝最大的绝对误差/量程×100%。

四、相关标准

对钻井液与岩土工程浆液的实验标准，国内外专家和学者已作出卓有成效的建设。美国石油学会(API)成立于1929年，是从事石油开发、科研、咨询、标准和贸易的综合性组织，在国际上具有较大影响。API标准以其通用性、先进性和新颖性著称于世，已为许多国家所采用。API 13类标准全是有关钻井液方面的规范(Specification)、公报(Bulletin)和推荐做法(Recommend practice)。其内容自1990年至1997年均有了较大的增加和修改。考虑到钻井液在钻井中十分重要的地位和作用，API勘探开发标准化技术委员会第3委员会(C3)钻井及服务委员会专门成立了第13分委员会(SC13)，即钻井液材料委员会负责制定、修订钻井液方面的标准。到目前为止，API共制定并发布了有关钻井液方面的标准10项，包括基础标准6项、材料标准1项、程序标准3项。另外，原来的OCMA(石油公司材料协会)、国际钻井承包商协会(IADC)、日本的JBAS和前苏联标准的相关文献在钻井液标准方面也有着重要的指导作用和参考价值。

我国十分重视钻井液的标准化工作，截至1998年底，由石油工业标准化技术委员会钻井工程专业标准化技术委员会负责组织制定的、并经批准发布包括国家标准和行业标准在内的钻井液标准共55项。其中，通用基础标准7项、材料标准31项、程序及方法标准17项，占第三版钻井液体系标准总数的90%。通用基础标准已对各油田通用的基础性的方法和材料做了统一要求，基本能满足实际需要。材料标准比较齐全，几乎覆盖了目前现场普遍使用的钻井液产品，对规范生产、提高质量起着非常重要的作用。从现场到实验室都有对应的测试程序标准。总之，钻井液标准体系具有较好的系统性和完整性。

五、实验通用配置

有关钻井液与岩土工程浆液的专门实验仪器、材料和工具将在后续相关章节中陆续介绍。本节介绍实验室条件下作为浆材实验基础的一般通用配置，包括搅拌装置、显微观测仪器、称重系统、加热和干燥装置、压力系统、筛分系统、盛装计量滴定等辅助器皿大类(表1-10，图片见附图)。

表1-10　实验室通用配置

浆液搅拌设备	
强力搅拌机	多组式变频高速搅拌机
功能：适于对各种浆液的搅拌。具有启动力矩大、调速方便等特点	功能：主要适用于对多组浆液材料的高速搅拌
岩样制备装置	
压力机	模具
功能：小型压力装置，主要用于各种模拟岩样的制作	功能：用于制作模拟岩样或浆液固化后的标准化成模

续表 1-10

<table>
<tr><th colspan="2">样品称量设备</th></tr>
<tr><td>电子天平</td><td>托盘天平</td></tr>
<tr><td>功能:快速高精度测试样品重量。量程 200g、500g、1 200g、2 000g、4 000g、6 000g 等多种,精度可达到0.1g</td><td>功能:用于称量样品重量,性价比高</td></tr>
<tr><th colspan="2">恒温加热和干燥设备</th></tr>
<tr><td>恒温水浴锅</td><td>干燥箱</td></tr>
<tr><td>功能特点:温渍、恒温加热,控温精度高。控温范围:RT-100℃、水温波动 0.5℃</td><td>功能:恒温干燥,一般温度范围(10℃～250℃)精度±1℃</td></tr>
<tr><th colspan="2">分样筛</th></tr>
<tr><td colspan="2">筛</td></tr>
<tr><td colspan="2">功能:粒度筛分实验,用来分析颗粒细度等级,也可根据不同筛分颗粒制作岩样。目数:是指编织网密度的值,每一英寸中编织丝网的目数,在丝网的目数中,有 15 目至 550 目丝网,国产网中,有 15 目至 350 目,最常用的是 100 目至 350 目丝网</td></tr>
<tr><th colspan="2">压力源</th></tr>
<tr><td>气瓶</td><td>平流泵</td></tr>
<tr><td>功能:气体压力源:用无危险的惰性气体(二氧化碳、氮气或压缩空气)施压。禁止用氧气源,若带有加压器及压力调节器,可使用二氧化碳小型气弹提供压力。一般内部压力指标为 12.5MPa。使用时,必须使用“减压器”,调节到使用压力输出气体。氮气的使用,一般用“氧气减压器”代替“氮气减压器”。小于 2MPa 需换气</td><td>功能和主要参数:恒流或恒压方式输出小流量流体。流量精度高,压力范围有 20MPa、40MPa、60MPa 等几种,常用流量有 0.01～9.99mL/min 和 0.01～5.00mL/min;使用介质为清洁煤油、蒸馏水、无水乙醇等</td></tr>
<tr><th colspan="2">显微镜</th></tr>
<tr><td colspan="2">功能:用来放大微小物体的图像</td></tr>
</table>

第二章　钻井液基本性能及测试

钻井液性能测试与计算的技术指标总共有 40 多项，但对一种钻井液体系，一般要求测定和相适应的指标只是几项或十几项。测试钻井液性能的方法可参见 1993 年版 API RP 13 B－1《水基钻井液现场测试程序推荐做法》和 B－2《油基钻井液现场测试程序推荐做法》以及我国行业标准 ZB/TE 13004《钻井液测试程序》。

第一节　密度及其测试

一、密度的概念

某种物质的质量和其体积的比值，即单位体积的某种物质的质量，叫做这种物质的密度，符号 ρ。国际主单位为 kg/m^3，常用单位还有 g/cm^3。泥浆的密度通常由比重来反映。泥浆的比重为泥浆的重量与 4℃时同体积纯水重量之比。泥浆比重的大小取决于泥浆中固相的含量和固相的比重以及液相中可溶盐的数量。

钻井液密度应控制在合适的数值上。一般而言，提高钻井液密度有利于支承井壁，保证井眼的稳定，阻止地层流体流入井筒污染钻井液及引发井涌与井喷，但密度过高不利于提高钻进速度。钻井液密度降低有利于避免井漏，提高钻进速度和减少压差卡钻机率，也有利于产层保护，但密度降低容易引发井涌或井喷。

井眼形成后，地应力在井壁上的二次分布所产生的指向井内引起井壁岩石向井内移动的应力，称为井壁（地层）坍塌应力。井壁坍塌压力一旦产生，井壁岩石必然逐渐掉（挤）入井中（垮塌）。

钻井过程中该压力可以（也只能）用井内泥浆液柱压力来有效地平衡，泥浆压力大于或等于井壁坍塌压力时，井壁保持稳定，否则发生井塌。

除了井壁坍塌压力之外，裸眼井段还有地层流体压力和地层破裂压力两个地层压力。钻进过程中，人为施加的是泥浆压力。

当泥浆液柱压力大于地层破裂压力时，可能发生井漏；反之，则可能发生井涌或井喷。

控制地层压力是钻井液的一项基本功能，改变钻井液柱所提供的静液柱压力，主要是通过调节钻井液密度，而这被认为是控制地层压力最重要的方法。

二、平衡与欠平衡压力钻井概念

平衡压力钻井：在有效地控制地层压力和维持井壁稳定的前提下，尽可能降低钻井液密度，使钻井液液柱压力刚好平衡或略大于地层压力，达到解放钻速和保护油气层的目的。这种钻井方法称为平衡压力钻井。其技术关键是：①地层压力的准确预测；②合理钻井液密度的确定。

欠平衡压力钻井：在井底有效压力低于地层压力的条件下进行钻井作业。在井下，允许地层流体进入井内；在井口，利用专门的井控装置对循环出井的流体进行控制和处理。这样可及时发现和有效保护油气层，同时可显著提高钻进速度。其技术关键有：①地层孔隙压力和坍塌压力的准确预测；②钻井液类型选择和密度等性能的控制；③井口压力的控制及循环出井流体的处理；④起下钻过程的欠平衡等等。

三、钻孔内各压力的基本概念

1. 静液柱压力

它是由液柱重量引起的压力，其大小与液柱的单位重量及垂直高度（直孔时即孔深）有关，而与液柱的横向尺寸及形状无关。静液柱压力可用下式表示：

$$p_w = 9.81 \times 10^{-6} \rho_w H \tag{2-1}$$

式中：p_w——静液柱压力（MPa）；

ρ_w——液体密度（kg/m^3）；

H——垂直高度（即孔深）（m）。

由式（2－1）可知，液体密度愈大，垂直高度愈大即孔深愈大，则液柱压力愈大。常把每单位高度（或深度）增加的压力值叫做压力梯度，用 G_W 表示，即：

$$G_W = \frac{p_w}{H} = 9.81 \times 10^{-6} \rho_w \tag{2-2}$$

2. 上覆岩层压力

它是指某深处在该岩层以上的岩层基质（岩石）和孔隙中流体（油、气、水）的总重量造成的压力。其大小随岩石基质和流体重量的增加而增加，随孔深的增加而增加，可用下式表示：

$$p_0 = \frac{\text{岩石基质重量} + \text{流体重量}}{\text{面积}} = 9.81 \times 10^{-6} H[(1-\alpha)\rho_r + 2\rho] \tag{2-3}$$

式中：p_0——上覆岩层压力（MPa）；

H——地质柱状剖面垂直高度（m）；

α——岩石孔隙度；

ρ_r——岩石基质的密度（kg/m^3）；

ρ——岩石孔隙中流体的密度（kg/m^3）。

通常假设上覆岩层压力是随深度均匀增加的。对于沉积岩一般采用上覆岩层压力梯度的理论值 $G_0 = 0.0231 MPa/m$，G_0 的实际变化范围在 0.017 3～0.03MPa/m 之间。

3. 地层压力

它是指作用在岩石孔隙内流体上的压力，故也叫地层孔隙压力。在各种地质沉积中，正常地层压力（p_F）等于从地表到地下该地层处的静液柱压力。即：

$$p_F = 9.81 \times 10^{-6} \rho H \tag{2-4}$$

地层压力梯度系地层孔隙压力梯度，$G_F = 9.81 \times 10^{-6} \rho$，根据该指标，把地层压力分为以下几种：

（1）正常地层压力。地层内的流体多数情况为水，当有新的沉积物沉积在其上面时，一般都能逃逸出来，这种情况下的地层压力是正常地层压力。海相盆地的正常压力梯度为0.010 5

MPa/m,陆相盆地的正常压力梯度为0.009 8MPa/m。

(2)异常地层压力。由于某些岩石的非渗透性,流体会被圈闭在地层内无法逃逸,这样它们就要承受部分上覆岩层的压力,因此随着井深的增加,上覆岩层重量的增加,地层压力也随着增加,这种情况下的地层压力称异常地层压力。

大多数正常地层压力梯度为0.010 5MPa/m,有时高达0.02MPa/m。如石油钻井中遇到的异常高压地层。相反,低于静液柱压力的地层压力称为异常低压。异常高压地层钻井时往往发生井喷,而异常低压地层则往往发生压漏地层。

地层压力和上覆岩层压力之间的关系,可用下式表达:

$$p_0 = p_F + \sigma \tag{2-5}$$

式中:σ——岩石颗粒间压力或称基岩应力。

四、当量泥浆比重

在给定深度所有作用于地层上的压力总和(包括静液柱压力、循环压力和别的附加压力)用泥浆比重来表示。当量比重是流动泥浆对井内钻头处的压力计算得到的一个参数,可用以下公式计算:

$$ECD = \rho_w + a \times (p/h) \tag{2-6}$$

式中:ECD——当量比重(MPa/m);

ρ_w——泥浆密度(g/cm³);

p——流动泥浆产生的附加压力,它与钻头水眼、入口排量等有关(MPa);

a——常系数;

h——钻头所在垂直深度(m)。

ECD乘以井深得到循环泥浆对该井深的压力,这个压力分解为两个压力,一是泥浆静液柱的压力,一是泥浆流动附加压力。在钻井中使用循环当量比重比压力更方便。$ECD > p_F$(地层压力梯度)为过平衡钻进,当$ECD = p_F$时为平衡钻进,$ECD < p_F$时为欠平衡钻进。但是,欠平衡钻进是处在一种危险状态下的钻进。

五、提高泥浆比重的方法

1.利用惰性固体

当泥浆中固体含量相同时,所加固体的比重越高,该泥浆的比重也越高,对于同一种固体,泥浆比重随固相含量的增加而增加。几种加重剂的密度如表2-1所示。

2.利用可溶性盐类的溶液

加入可溶性无机盐也是提高密度较常用的方法。如在保护油气层的清洁盐水钻井液中,通过加入$NaCl$,可将钻井液密度提高至1.20g/cm³左右。在一定的温度下,不同的饱和盐类溶液有不同的比重,因此也可以用它来调节泥浆比重。几种无机盐饱和溶液密度如表2-2所示。

氯化钠盐水液最为常用,其密度范围为1.01~1.20g/cm³。在配制氯化钠盐水时,为了防止地层粘土的水化,可在氯化钠盐水中加入1%~3%的氯化钾。氯化钾不起加重作用,只作为地层损害抑制剂,其密度由氯化钠的浓度确定。氯化钾、氯化钠盐水溶液配制加量如表2-3、表2-4所示。

表 2-1　各类加重剂密度列表

普通名称	化学名称	分子式	密度(kg/m³)
粘　土			2.6～2.9
石灰石	碳酸钙	$CaCO_3$	2.7～2.9
重晶石	硫酸钡	$BaSO_4$	4.0～4.5
方铅矿	硫化铅	PbS	6.5～6.9
赤铁矿	氧化铁	Fe_2O_3	5.1
石　英	二氧化硅	SiO_2	2.65
钛铁矿		$FeTiO_3$	4.7
黄铁矿	硫化铁	FeS_2	5.0

表 2-2　几种无机盐饱和溶液密度

无机盐名称	饱和水溶液密度(g/cm³)	温度(℃)
KCl	1.18	20
NaCl	1.20	30
$CaCl_2$	1.40	60
$CaBr_2$	1.80	10
$ZnBr_2$	2.30	40

表 2-3　1m³ KCl 盐水溶液配方

密度(21℃)(g/cm³)	KCl[①](重量%)	加水量(m³)	KCl 加量(kg)	结晶点(℃)
1.01	1.1	0.995	11.4	−0.5
1.03	5.2	0.976	54.0	−2
1.05	9.0	0.960	95.4	−3.9
1.08	12.7	0.943	136.9	−5.6
1.11	16.1	0.924	178.3	−7.8
1.13	19.5	0.907	219.8	−10
1.15	22.7	0.890	261.5	40TCT[②]
1.16	24.2	0.881	282.1	60TCT

注明：① KCl 的纯度为 100%；② TCT——热动力结晶温度。

表 2-4　1m³ NaCl 盐水溶液配方

密度(21℃)(g/cm³)	NaCl(重量%)	加水量(m^3)	NaCl① 加量(kg)	结晶点(℃)
1.01	1.0	0.995	10.0	−0.5
1.03	4.5	0.985	46.9	−2.8
1.05	7.5	0.973	79.4	−4.4
1.08	10.8	0.960	116.3	−7.2
1.11	13.9	0.947	153.5	−10
1.13	17.0	0.933	179.2	−12.8
1.15	20.0	0.918	230.6	−16.1
1.18	23.0	0.902	270.9	−20.6
1.20	26.0	0.888	311.5	30TCT②

注明：① NaCl 的纯度为 100%；② TCT——热动力结晶温度。

为了对付地层的异常高压，要求钻井液密度高于 1.20g/cm³，最经济有效的盐水溶液是氯化钙盐水。氯化钙盐水密度的配制范围为 1.01～1.39g/cm³。

常用两种氯化钙：粒状氯化钙的纯度为 94%～97%，含水 5%，能很快溶解在水中；片状氯化钙的纯度为 77%～82%，含水 20%。用片状氯化钙配制盐水，需增大氯化钙的加量，联合使用可适当降低成本。氯化钙盐水的密度由 $CaCl_2$ 浓度确定，配制加量如表 2-5 所示。

表 2-5　1m³ $CaCl_2$ 盐水溶液配方

密度(21℃)(g/cm³)	$CaCl_2$(重量%)	水(m^3)	$CaCl_2$① 加量(kg)	结晶点(℃)
1.01	0.9	0.999	9.1	−0.5
1.02	2.2	0.996	23.1	−6.6
1.08	8.8	0.979	100.3	−6.7
1.14	15.2	0.956	182.9	−12.8
1.20	21.2	0.931	265.8	−22.2
1.26	26.7	0.906	353.8	−37.8
1.32	31.8	0.877	442.4	−22TCT②
1.38	36.7	0.846	533.2	+28TCT
1.39	37.6	0.840	551.5	+35TCT
1.42	39.4	0.828	587.3	+55TCT

注明：① $CaCl_2$ 的纯度为 95%；② TCT——热动力结晶温度。

六、降低泥浆密度的方法

(1)机械除砂。

(2)加清水。

(3)利用气体。在泥浆中混入一定量的气体，则可降低泥浆比重。

(4)利用化学处理剂。如加入一定量的絮凝剂，使部分固相颗粒聚沉，以降低比重。

七、密度调整计算公式

1. 加重

$$W_{加}=\frac{V_{加}\rho_{重}(\rho_{加}-\rho_{原})}{(\rho_{重}-\rho_{原})} \quad 或 \quad W_{加}=\frac{V_{原}\rho_{重}(\rho_{加}-\rho_{原})}{(\rho_{重}-\rho_{加})} \tag{2-7}$$

式中：$W_{加}$——加重剂量(t)；

$V_{加}$——加重钻井液体积(m^3)；

$V_{原}$——原钻井液体积(m^3)；

$\rho_{重}$——加重剂的密度(g/cm^3)；

$\rho_{加}$——加重钻井液密度(g/cm^3)；

$\rho_{原}$——原钻井液密度(g/cm^3)。

2. 降比重

$$X=\frac{V_{原}(\rho_{原}-\rho_{稀})}{(\rho_{稀}-\rho_{水})} \tag{2-8}$$

式中：X——所需水量(m^3)；

$\rho_{稀}$——稀释后的钻井液密度(g/cm^3)；

$V_{原}$——原浆体积(m^3)；

$\rho_{水}$——水的密度(g/cm^3)。

八、泥浆密度的测定

(一)比重秤

1. 仪器

(1)比重秤：1002 型泥浆比重秤，灵敏度为±0.01g/cm^3。主要部件为带刻度横梁、泥浆杯、杯盖、水平泡、刀口、游码、支架底座、刀架、调重管等。实物图和结构如图 2-1 和图 2-2 所示。

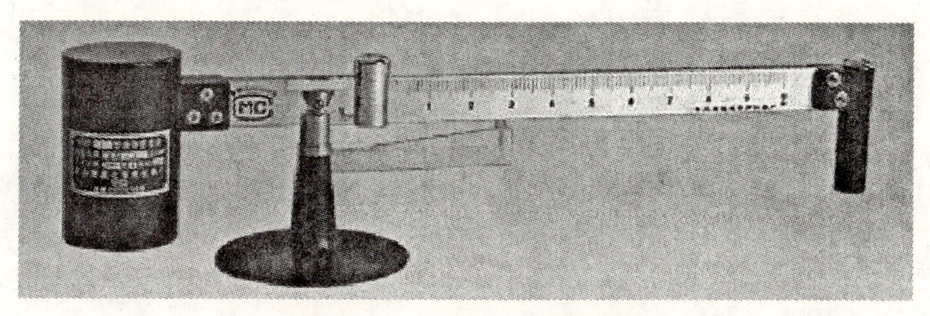

图 2-1　1002 型泥浆比重秤(实物)

(2)温度计：量程 0～100℃，分度为 1℃；

(3)量杯：1 000mL。

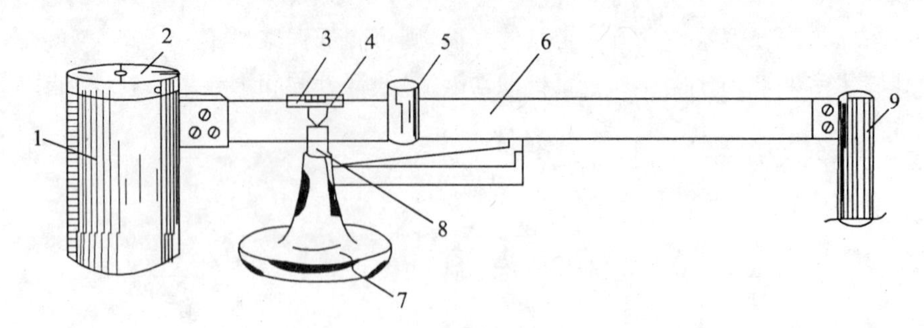

图 2-2 1002型泥浆比重秤结构图

1—泥浆杯;2—杯盖;3—水平泡;4—刀口;5—游码;6—横梁;7—支架底座;8—刀架;9—调重管

2.试验步骤

(1)将密度计底座放置在水平面上。

(2)用量杯量取钻井液测量并记录钻井液温度。

(3)在密度计的样品杯中注满待测钻井液,盖上杯盖,缓慢拧动压紧,使样品杯中无气泡,必须使过量的钻井液从杯盖的小孔流出。

如果是加压式密度计,注入钻井液到样品杯时应使液面略低于杯的上边缘,盖上杯盖,同时将加压阀开启,压紧杯盖使之与杯的上边缘接触,杯中过量的钻井液会从加压阀排出,关闭加压阀,擦干净杯外部并给螺纹抹点油,然后拧紧螺帽。用加压器抽取钻井液样品,第一次抽取的样品应排掉,第二次抽取的样品才干净可用。将加压器出口套入带有O型密封垫圈的样品杯加压阀上面,用力下压加压器的活塞柄,以压迫钻井液通过压动式加压阀进入样品杯,并使杯内具有压力。下压加压器活塞柄的力应达到50磅(22.68kg)或更大些,然后逐渐减小下压压力,使加压阀自动关闭,最后释放掉全部下压压力取下加压器。

(4)用手指压住杯盖小孔,用清水冲洗并擦干样品杯外部。

(5)把密度计的刀口放在底座的刀垫上,移动游码,直到平衡(水泡位于中央)。

(6)记录读值。

(7)倒掉钻井液,洗净,擦干备用。

3.校正

(1)用淡水注满洁净、干燥的样品杯。

(2)盖上杯盖并擦干样品杯外部。

(3)将刀口放在刀垫上,将游码左侧边线对准刻度1.00处,观察密度计是否平衡。

(4)如不平衡,在平衡圆柱中加入或取出一些铅粒,使之平衡。

(二)玻璃密度计

通常在实验室里测量密度大于水的液体所用的密度计叫做比重计,测量密度小于水的液体,所用的密度计叫做比轻计。用密度计测量液体的密度很方便,应用也非常广泛,如用它测量酸、碱盐溶液的密度等。

多数密度计的构造如图2-3(a)所示,它是用密封的玻璃管制成。*AB*段的外径均匀,是用来标刻度线的部分,*BC*段做成内径较大的玻璃泡,*CD*段的玻璃管做得又细又长,最下端的玻璃泡内装有密度很大的许多小弹丸(如铅丸)或水银等。

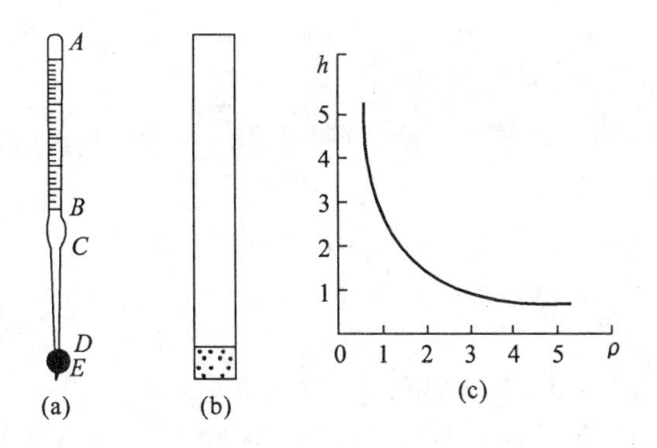

图 2-3　玻璃密度计的原理

密度计是物体漂浮条件的一个应用，它测量液体密度的原理是根据阿基米德原理和物体浮在液面上的条件设计制成的。设密度计的质量为 m，待测液体的密度为 ρ，当密度计浮在液面上时，根据阿基米德原理，密度计所受的浮力等于它排开液体所受的重力，即：

$$\rho g V_{排} = mg$$

即

$$\rho = m/V_{排} \tag{2-9}$$

从式(2-9)可看出，待测液体的密度越大，密度计排开液体的体积就越小，不同密度的液体在如图 2-3(a)所示的密度计的玻璃管 AB 段的液面位置是不同的。若根据式(2-9)计算，预先在玻璃管 AB 段标上刻度线及对应的数值，就很容易测量未知液体的密度。

AB 段截面均匀是为了便于标度，下端 DE 段的玻璃泡内装有密度很大的弹丸是为了让密度计的重心尽量下移；BC 段的玻璃泡做得较大是为了让密度计浮在液面上时其“浮心”(浮力的作用点，即密度计浸在液体中液面以下部分的几何中心)尽量上移；而 CD 段的玻璃管做得细而长是为了增大重心和“浮心”间的距离。这样，当密度计浮在液面上时，在重力和浮力的作用下，密度计能很快停止左右摇摆而竖直立在液体中。若制成如图 2-3(b)所示的形状，当测量密度较大的液体时，“浮心”下移，与重心靠近，密度计容易倾斜在液面上，甚至横着漂浮在液面上，这样密度计读数就不准确，或者根本无法读数。

密度计的刻度线间距是不均匀的，当液体的密度 ρ 等值增加时，对应的深度 h 并不等值减小，如图 2-3(c)，说明密度计的刻度是不均匀的。

第二节　钻井液流变性

一、钻井液流变性实验引言

钻井液的流变性是指它的流动和变形的特性，通俗意义上可以理解为钻井液的粘稠程度。流变性对悬排钻屑、粘性护壁、控制渗漏、降低流阻和提高钻速等功效起着决定性的作用。

对反映钻井液粘稠程度的流变参数，根据不同需要，可以采用简便单一的测定，也可采用精准复杂的测定，需视所用的测试仪器方法和对流变类型划分的不同而定。测试钻井液流变参数的仪器从原理上可以分为以下几种：

(1)管内流动阻力测试法，如苏式和马氏漏斗粘度计、毛细管粘度计等；

(2)旋转粘阻扭矩测试法,如六速旋转粘度计、宽泛高粘旋转粘度计等;

(3)物体下沉速度测试法,如浮筒切力计、颗粒沉降速度计等。

目前,钻井现场和实验室最普遍使用的是漏斗粘度计和六速旋转粘度计。作为典型对比,这两种仪器的不同特点区分如下:

漏斗粘度计以管内流动阻力大小反映钻井液的粘稠性,仅用一个流经时间“秒”(非标准粘度量纲)来度量,不分钻井液流型,操作方便,测值直读。

六速旋转粘度计以旋转粘阻扭矩大小反映钻井液的粘稠性。它将钻井液按 4 种不同流型分别来变速测试并将测值通过不同公式换算出各自的流变参数,以科学推导取得标准量纲,如牛顿流体的粘度、宾汉流体的塑性粘度和动切力、幂律流体的稠度系数和流型指数、卡森流体的高剪粘度和卡森动切力,还有表观粘度、静切力、触变性、剪切稀释性等。

二、漏斗粘度的测定

(一)ZMN 型马式漏斗粘度计

1. 仪器结构

ZMN 型马式漏斗粘度计由锥体马式漏斗、六孔/cm(16 目)滤网和 1 000mL 量杯组成,如图 2-4 所示。锥体上口直径为 152mm,锥体下口直径与导流管直径为 4.76mm,锥体长度为 305mm,漏斗总长约 356mm,筛底以下的漏斗容积为 1 500mL。

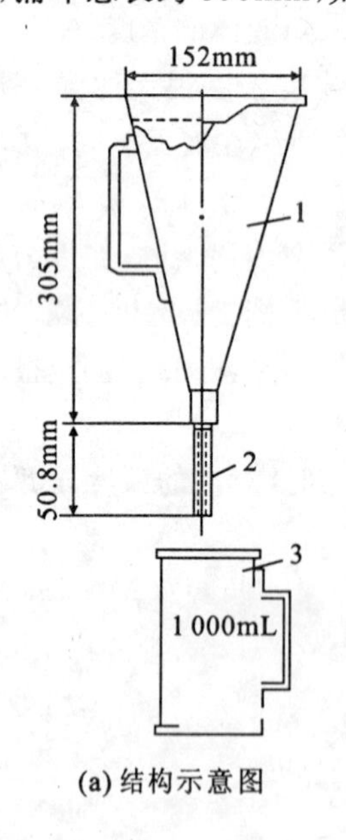

(a) 结构示意图

(b) 实物图

图 2-4 马式漏斗粘度计

1—漏斗;2—小管;3—量杯

2. 测试方法

用手握住漏斗呈直立状态,食指堵住导流管出口。放开食指,同时启动秒表记时,直到观察标准 946mL 量杯刻度线时止,记录流出泥浆的秒数,以秒数表示漏斗粘度结果。取被测泥浆试样,经滤网注于漏斗锥体内直到泥浆的水平面至筛网底面止(此刻刚好是 1 500mL)。

3. 仪器校验

马式漏斗使用一段时间后，必须进行必要的校验，其校验方法按使用方法步骤进行。在21±3℃条件下将清水1 500mL注于漏斗内，若流出946mL清水的时间为26±0.5s，或流出1 000mL清水的时间为28±0.5s，即为合格。

(二)苏式漏斗粘度计

1. 仪器结构

该粘度计由漏斗和量筒组成，如图2－5所示。量筒由隔板分成两部分，大头为500mL，小头为200mL，漏斗下端是直径为5mm、长为100mm的管子。

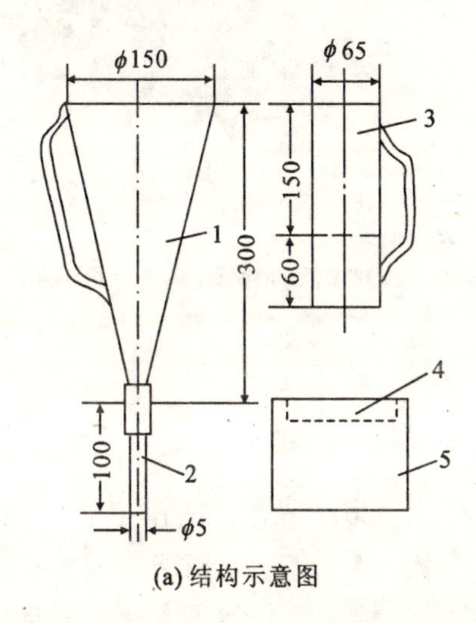

(a) 结构示意图

(b) 实物图

图2－5　苏式漏斗粘度计

1—漏斗；2—管子；3—量杯；4—筛网；5—泥浆杯

2. 测定步骤

将漏斗呈垂直状态，用手握紧并用食指堵住管口，然后用量筒分别装200mL和500mL泥浆倒入漏斗。将量筒500mL一端朝上放在漏斗下面，放开食指，同时启动秒表记时，记录流满500mL泥浆所需的时间，即为所测泥浆的粘度。

3. 校验

仪器使用前，应用清水进行校正。该仪器测量清水的粘度为15±0.5s。若误差在±1s以内，可用下式计算泥浆的实际粘度。

$$实际粘度=\frac{15\times 实测泥浆粘度}{实测清水粘度}$$

三、六速旋转粘度计及其测值处理

所用仪器是ZNN型电动六速旋转粘度计，如图2－6所示。

(一)仪器结构

1. 动力部分

双速同步电机转速　750r/min、1 500r/min

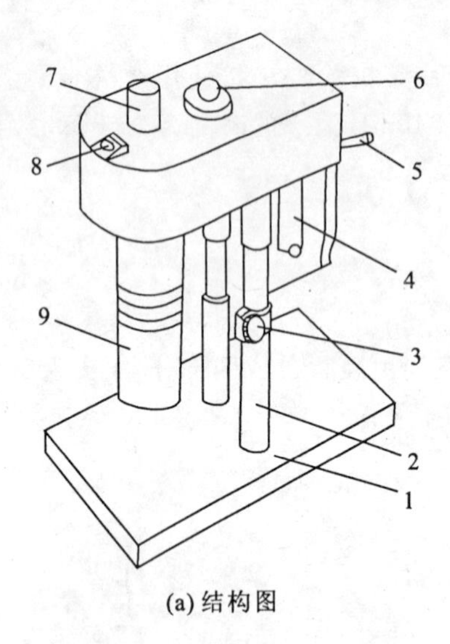

(a) 结构图

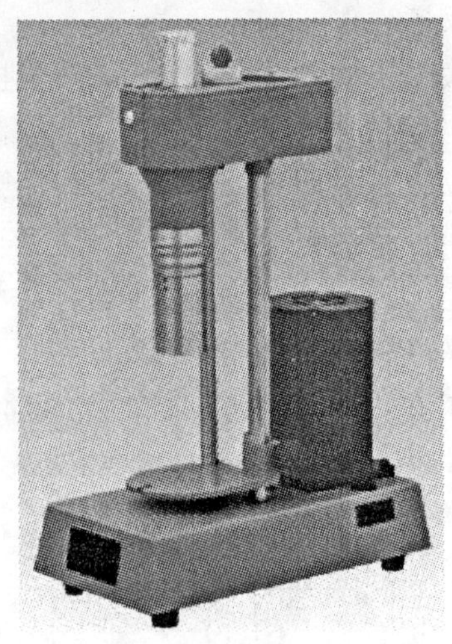

(b) 实物图

图 2-6　ZNN 型旋转粘度计

1. 底座；2. 支杆；3. 调高手轮；4. 电源连接杆；5. 变速钮；6. 变速拉杆；7. 调整环；8. 刻度盘；9. 转筒

电机功率	7.5W、15W
电源	220V±10%、50Hz

2. 变速部分

可变六速，转速分别为 3r/min、6r/min、100r/min、200r/min、300r/min、600r/min

3. 测量部分

扭力弹簧、刻度盘与内外筒组成测量系统。内筒与轴锥度配合，外筒卡口联接。

4. 支架部分

采用托盘升降被测容器。

(二)工作原理

液体放置在两个同心圆筒的环隙空间内，电机经过传动装置带动外筒恒速旋转，借助于被测液体的粘滞性作用于内筒产生一定的转矩，带动与扭力弹簧相连的内筒产生一个角度。该转角的大小与液体的粘性成正比，于是液体的粘度测量转换为内筒转角的测量。

(三)操作程序

1. 准备

(1)将仪器与电源相接，启动马达，变更调速杆位置。检查传动部分运转是否良好，有无晃动与杂音，以及调速机构是否灵活可靠；

(2)卸下外筒，检查内筒是否上紧，内外筒表面有无杂物，是否清洁。检查无误后，再将外筒装好；

(3)按下键钮，以 300r/min 和 600r/min 观察外筒的偏摆量，如偏摆量大于 0.5mm，则取下外筒，三卡口调换重装；

(4)检查刻度盘零位，如指针不对准刻度盘零位，松开固定螺钉，调零后将螺丝固紧。

2. 操作

(1)将刚搅拌好的泥浆倒入样品杯刻度线处(350mL),立即放置于托盘上,上升托盘使液面至外筒刻度线处,拧紧手轮,固定托盘。如用其他样品杯,筒底部与杯底之间高度不应低于1.3mm。

(2)迅速从高速到低速进行测量,待刻度盘读数稳定后,分别记录各转速下的读数。

(3)测静切力时,应先用600r/min搅拌10s,静置10s后将变速手把置于3r/min,读出刻度盘上最大读数,即为初切力。再用600r/min搅拌10s,静置10min后将变速手把置于3r/min,读出刻度盘上最大读数,即为终切力。

(4)试验结束后,关闭电源,松开托盘,移开量杯。

(5)轻轻卸下内外筒,清洗内外筒并且擦干,再将内外筒装好。

(四)数据处理

1. 符号

Φ:在给定转速下所测得的仪器内筒转角,即仪器刻度盘上读到的格数。

Φ_{600}、Φ_{300}、Φ_{200}、Φ_{100}、Φ_{6}、Φ_{3} 分别代表外筒转600r/min、300r/min、200r/min、100r/min、6r/min、3r/min从仪器刻度盘上读到的格数。

2. 牛顿流体

绝对粘度　$\eta=\Phi_{300}\ (\mathrm{mPa\cdot s})$

3. 塑性流体

塑性粘度　$\eta_P=\Phi_{600}-\Phi_{300}\ (\mathrm{mPa\cdot s})$

动切力　$\tau_d=0.511(\Phi_{300}-\eta_P)=0.511(2\Phi_{300}-\Phi_{600})\ (\mathrm{Pa})$

4. 假塑性(幂律)流体

流性指数　$n=3.322\lg\dfrac{\Phi_{600}}{\Phi_{300}}$ (无因次)

稠度指数　$K=\dfrac{0.511\times\Phi_{300}}{511^n}\ (\mathrm{Pa\cdot s}^n)$

5. 粘塑性(卡森)流体

极限高剪粘度 $\eta_\infty^{1/2}=1.195(\Phi_{600}^{1/2}-\Phi_{100}^{1/2})$

卡森动切力　$\tau_c=\{0.4932[(6\Phi_{100})^{1/2}-\Phi_{600}^{1/2}]\}^2$

6. 表观粘度

$$\eta_A=\frac{1}{2}\Phi_{600}\ (\mathrm{mPa\cdot s})$$

7. 静切力

$$\tau_{初}=0.511\times\Phi_3\ (\mathrm{Pa})$$

$$\tau_{终}=0.511\times\Phi_3\ (\mathrm{Pa})$$

(五)注意事项

(1)外筒装卸:一手握住外转筒,另一手握住外筒顺时针转动,使外筒的卡口对准外转筒内的销子后取下外筒。装上外筒时,应使外筒的槽口对准外转筒内的销子后,再逆时针旋转外筒

即可,切忌碰撞内筒;

(2)内筒装卸:一手紧握内筒轴,一手内旋内筒装卸,切勿弄弯内筒轴;

(3)长途搬运时一定要卸下内筒,装好外筒,以防止内筒轴被撞弯;

(4)不准随意进行扭力弹簧刚度的调整。

四、浮筒切力计试验

(一)测定钻井液的初切力、终切力

1. 仪器

(1)浮筒切力计。是测定钻井液切力的一种辅助仪器(前面已经介绍六速旋转粘度计测切力的方法),它由长 89mm、内径 36mm、壁厚 0.2mm、重 5g 的硬质铝筒、标有切力标度的刻度尺和试样杯组成(图 2-7)。读数可从刻度尺上直接读出,但此读数不能和直读式粘度计所测得的结果相比,单位为 Pa。

(2)秒表。

2. 测定步骤

(1)将刚刚经过充分搅拌的钻井液立即注入样品杯中并达到所标明的刻度线位置,迅速将铝筒沿刻度尺垂直下移至与钻井液面接触,然后轻轻放开铝筒并同时用秒表计时。铝筒自由下降浸入到钻井液中,经过 1min,读取铝筒顶部边缘所对正的刻度值即为初切力。如果铝筒不能浸入钻井液中,表明钻井液太稠而无法测定,如果铝筒在 60s 内沉入到达样品杯底,表明钻井液的初切力为零,注明铝筒沉到底所需的时间。

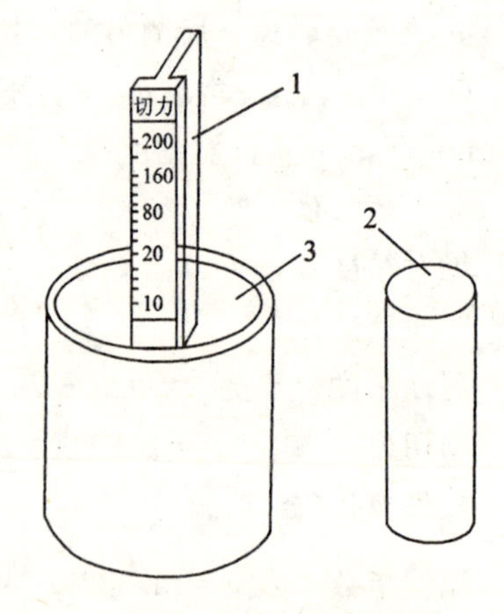

图 2-7 内筒结构图

1—刻度计;2—浮筒;3—泥浆杯

(2)取出铝筒,洗净并擦干,用搅拌棒搅拌样品杯中的钻井液,静置 10min,再用上述方法测定,所得读值为终切力。

(3)测量时注意防止振动,勿使刻度尺与浮筒相接触,保护浮筒以免碰坏或卷边。

(二)测定钻井液长时间或高温老化后的静切力

1. 仪器

(1)不锈钢浮筒切力计:长 89mm,内径 36mm,壁厚 0.2mm;

(2)用于放砝码的平板;

(3)一套砝码(以克为单位);

(4)钢板尺:以厘米为单位,精确到 0.1cm。

2. 测定步骤

(1)小心取得高温静置老化后冷却至室温的钻井液样品,将浮筒及平板小心地放置在钻井液样品表面上并使之平衡。如果高温老化后钻井液表面生成了一层表皮,应先把表皮轻轻弄破;

(2)在平板上小心地加上砝码以使浮筒开始向下移动,最好所加砝码能使浮筒沉入钻井液

超过浮筒一半的深度；

(3)记录包括平板和砝码的总重量 W，以 g 为单位。测量浮筒沉入钻井液的深度 L，单位为 Pa。

3. 计算

$$\theta = \frac{4.33 \times (Z + W)}{L} - 0.078\rho \tag{2-10}$$

式中：θ——静切力(Pa)；

Z——浮筒重量(g)；

W——平板和砝码的总重量(g)；

L——浮筒沉入的深度(cm)；

ρ——钻井液的密度(g/cm^3)。

五、NDJ－79 型旋转式粘度计

1. 用途和特点

NDJ－79 型旋转式粘度计适用于实验室、工厂测量各种牛顿型液体的绝对粘度和非牛顿型液体的表观粘度，如定制特殊转筒与标准转筒一起配用，可测定非牛顿型液体的流变特性。该粘度计可测定石油、树脂、油漆、油墨、浆料、化妆品、奶油、药物、沥青等的粘滞性，对于不同粘度的液体或不同的测定要求可选用不同的测定单元进行测定。

2. 主要技术规格

测量范围：2～10^6 mPa·s

测量误差：±5％

测定转子：分成Ⅱ、Ⅲ两个测定转子组及容器

转速：750r/min、75r/min、7.5r/min 三档

电源：～220V±10％，50Hz

外形尺寸：185mm×165mm×450mm

NDJ－79 型旋转式粘度计结构如图 2－8 所示。

3. 准备

(1)接通电源：工作电压为～220V±10％，50Hz；

(2)准备好恒温循环水浴，并控制到所需温度；

(3)联轴器安装：联轴器是一左旋滚花带钩的螺母，固定于电机同轴的端部。拆装时用专用插杆插入胶木圆盘上的小孔卡住电机轴。使用减速器时测定组则配有短小钩，用于转子悬挂；

(4)零点调整：开启电机，使其空转，反复调节调零螺钉，使之指示零点。

4. 操作

(1)本仪器共有两组测定器，每组包括一个测定容器和几个测定转子配合使用，其有关数据如表 2－6 所示，用户可根据被测液体的大致粘度范围选择适当的测定组及转子。为取得较高的测试精度，读数最好大于 30 分度而不小于 20 分度，否则，应变换转子或测试组。

(2)指针指示之读数乘以转子系数即为测得粘度，即：

$$\eta = k \times a \tag{2-11}$$

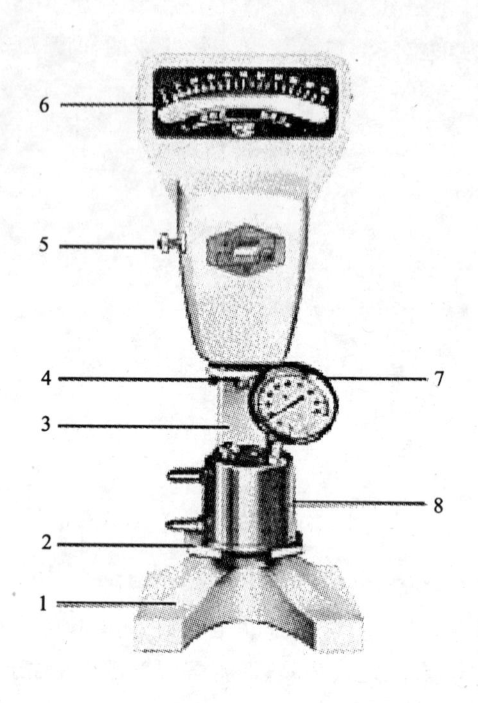

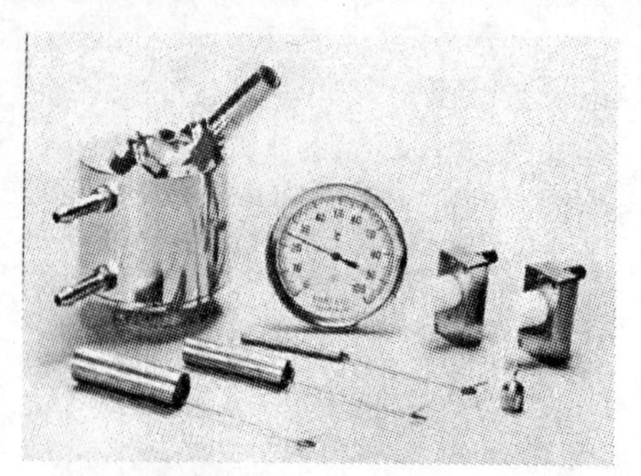

第Ⅱ单元测定器

第Ⅲ单元测定器

图 2-8　NDJ-79 型旋转式粘度计

1—底座；2—托架；3—立柱；4—避震器托架；5—调零螺栓；6—刻度盘；7—双金属温度计；8—第Ⅱ单元测定器

式中：η——粘度(mPa·s)；

k——系数；

a——指针指示读数(偏转角度)。

表 2-6　测定组所对应的数值

测定组号	因子	转速(r/min)	量程与刻度值		所需试样量(约)(mL)
			量程范围(mPa·s)	系数(每一刻度值)	
Ⅱ	1	750	10～100	1	15
	10		100～1 000	10	
	100		1 000～10 000	100	
	F10×100	75	10 000～100 000	1 000	
	F100×100	7.5	100 000～1 000 000	10 000	
Ⅲ	0.1	750	1～10	0.1	70
	0.2		2～20	0.2	
	0.4		4～40	0.4	
	0.5		5～50	0.5	

(3)第Ⅱ组测定组用以测定较高粘度液体，配有3个标准转子(呈圆筒状，各自的因子为1、10、100)，当粘度大于10 000mPa·s时可配用减速器，以测得更高粘度。1∶10的减速器转速为75r/min，1∶100的减速器转速为7.5r/min，最大量程分别为100 000mPa·s和1 000 000mPa·s。

①测定步骤

将被测液体缓缓地注入第Ⅱ测试容器中，使液面与测试容器锥形面下部边缘齐平，将转子全部浸入液体，测试容器放在仪器托架上，同时把转子悬挂在仪器的联轴器上，此时转子应全部浸没于液体中，开启电机，转子旋转可能伴有晃动，此时可前后左右移动托架上的测试仪器，使与转子同心从而使指针稳定即可读数。

②减速器的使用

将减速器的输入轴孔(白陶瓷轴孔)套入电机轴上，旋紧滚花螺栓将减速器固定，在电机轴后的细杆端部，旋紧螺栓时应使减速器处于水平位置，滚花螺栓上的橡皮垫圈发现损坏时必须及时更换。

将联轴器旋紧于减速器输出轴上，检查并调至零点，如发现在调零时指针抖动，可在减速器转动轴处加注少量钟表油。

(4)第Ⅲ测定组的测定。第Ⅲ测定组用以测量低粘度液体，量程为1～50mPa·s。共有4个转子(呈圆筒形)，供测定各种粘度时选用，4个转子各自的因子为0.1、0.2、0.4和0.5。

测定步骤：同第Ⅱ测定组，但不能与减速器配合使用。

5.注意事项

(1)测量容器和转子用毕即刻进行清洗，保持清洁干燥。第Ⅱ、Ⅲ测定组转子的U形弹簧挂环可拉出后进行转子内外清洗，插入弹簧即可重新装上以备使用。

(2)拆装联轴器时不可用力过大，先插入插杆，然后装卸滚花螺母(倒牙螺纹)。

(3)仪器使用完毕，请将调零螺丝放松。

第三节　失水造壁性

一、术语

1.泥浆的失水造壁性

在井中液体压力差的作用下，泥浆中的自由水通过井壁孔隙或裂隙向地层中渗透，称为泥浆的失水。失水的同时，泥浆中的固相颗粒附着在井壁上形成泥皮(泥饼)，称为造壁。

2.滤失量(FL，又称失水量)

滤失量是对钻井液渗入地层的液体量的一种相对测量。在钻井作业中有静和动两种滤失。动滤失发生在钻井液循环时，而静滤失是在钻井液停止循环时，钻井液通过滤失介质(泥饼)进入渗透性地层的滤失，动滤失大于静滤失。至今还未能确定同一种钻井液动滤失和静滤失之间的关系。

3.泥饼(CAKE)

(1)钻井液滤失过程中所形成的滤饼的质量(包括渗透性及致密程度、强韧性、摩阻性等)以及其厚度对钻井液的护壁能力和防止压差卡钻能力有直接影响。

(2)具有压缩性的泥饼随着压差增大而被压实,可使泥饼的渗透性和孔隙度下降,从而减少滤失量,同时,增加泥饼强韧性可提高其护壁作用和减少压差卡钻的机会。

(3)为了有利于形成薄而坚韧且摩阻小的泥饼,钻井液应含有必要数量的优质膨润土和减少钻屑粗颗粒固相,同时添加具有降滤失作用的胶体物质,例如淀粉、纤维素、合成聚合物及沥青等的改性产品。

二、失水量影响因素

以静失水为讨论基础,分析失水量的影响因素及其相互之间的关系。

泥浆的静失水是一个渗滤过程,因此遵循达西渗流定律。在此假设:地层的渗透率和泥皮的渗透率均是常数,且前者远大于后者;泥皮是平面型的,其厚度与钻孔直径相比很小。泥皮的厚度随时间增加而逐渐增大。按达西定律则有:

$$Q_t = \frac{\mathrm{d}V_t}{\mathrm{d}t} = \frac{KA\Delta p}{h\mu} \tag{2-12}$$

式中:Q_t——渗透速率($10^{-3}\mu m^2$);

K——泥皮的渗透率($10^{-3}\mu m^2$);

A——渗滤面积(m^2);

Δp——渗滤压力(Pa);

h——泥皮厚度(m);

μ——滤液粘度(Pa·s);

V_t——滤失液体的体积,即滤失量(m^3);

t——渗滤时间(h)。

当一定量泥浆完全滤失掉时,则有以下的关系:

$$V_m = hA + V_t; \qquad V_t = hAC_c \tag{2-13}$$

式中:V_m——过滤的泥浆体积(m^3);

V_t——泥皮中固体颗粒堆积的体积(m^3);

C_c——泥皮中固体颗粒的体积百分数。

C_m 为泥浆中固体颗粒的体积百分数,即 $C_m=\frac{V_t}{V_m}=\frac{h\cdot A\cdot C_c}{h\cdot A+V_t}$,由上式可得:

$$h = V_t/A(\frac{C_c}{C_m}-1) \tag{2-14}$$

最后整理得:

$$V_t = A\sqrt{\frac{2K\left(\frac{C_c}{C_m}-1\right)\Delta pt}{\mu}} \tag{2-15}$$

由式(2-19)可以看出:单位渗滤面积的滤失量 $\left(\frac{V_t}{A}\right)$ 与泥皮的渗透率 K、固相含量因素 $\left(\frac{C_c}{C_m}-1\right)$、滤失压差 Δp、渗滤时间 t 等因素的平方根成正比;与滤液粘度的平方根成反比。虽然式(2-19)是静态状况下的失水量关系式,但它能比较有效地反映影响失水的大部分因素,其数学推导过程确切,便于建立统一的衡量标准。

失水量与时间的关系：

$$\frac{V_{f1}}{V_{f2}}=\sqrt{\frac{t_1}{t_2}}=\sqrt{\frac{30}{7.5}}=2 \tag{2-16}$$

这就是实验过程中为什么把 7.5min 的泥浆失水量乘以 2 就等于 30min 的泥浆失水量的道理。

从式(2－19)看不出失水量与温度的关系。事实上温度对泥浆失水量的影响非常大，它是通过改变泥浆中粘土颗粒的分散程度、水化程度以及滤液粘度等因素而影响失水量的。随着温度的上升、分子热运动的加剧，粘土颗粒对水分子、处理剂分子的吸附减弱，解析的趋势加强，使粘土颗粒聚结合并和去水化，故失水量增加。其变化规律是在达到某极限温度之前，失水量随温度的升高略有增大，超过某温度后，失水量便显著增加，一般将这个极限温度称为该泥浆或处理剂的抗温能力。

温度对泥浆滤液粘度的影响。如水的温度越高，水的粘度越小，因而失水量也越大，泥浆温度从 20℃上升至 80℃，其他因素均考虑不变，仅温度上升使水粘度降低这一项，就会使失水量增加为原来的 168%。推导如下：

$$\frac{V_{f1}}{V_{f2}}=\sqrt{\frac{\mu_2}{\mu_1}}=\sqrt{\frac{1.005}{0.356}}=1.68 \tag{2-17}$$

由于温度对失水量的上述影响，因此在深井钻进时必须进行高温失水试验，并采用抗温能力强的处理剂。

实际上，在压差作用下，泥饼会变致密，压差越大就越明显。压差与失水的关系由下式表达：

$$\left(\frac{V_f}{A}\right)=K\Delta p^m \tag{2-18}$$

则式(2－22)中 m 不等于 0.5，而是小于 0.5。因此，在深孔钻进时，泥浆的高压失水量也必须试验测试。

钻井液中应含有最低限度的膨润土，以利于形成低渗透的可压缩泥饼来降低滤失量。钻屑和重晶石含量高的钻井液会形成渗透性和孔隙度较高的不可压缩的泥饼，因此，对于高密度钻井液，为了得到更低的滤失量，应在可能的范围内维持一定含量的膨润土并尽可能清除钻屑，同时，添加褐煤类、聚合物类或树脂类降滤失剂。

为了降低滤失量，需要增加胶体颗粒含量，这会使钻速下降，增加钻井液成本和维护费用，故应分析风险和衡量得失来确定钻井液滤失量的大小。

在油气层钻进时，建议控制 API 滤失量在 5cm^3 以下，高温高压(HTHP)滤失量控制在 10～15cm^3 为宜。

在水敏性和易塌地层钻井时，建议滤失量尽可能严格控制在最低值，而在稳定性好的地层钻井或使用抑制性强的钻井液时，滤失量标准可放宽。

当固相含量较高而当量膨润土含量偏低时，说明钻井液中缺少膨润土胶体颗粒，滤失量必高，泥饼质量必差，在添加聚合物降滤失剂的同时，应注意增加膨润土的含量。

API 滤失量是在常温和 690kPa 的压力下测定，而高温高压滤失量通常是在 149.5℃和 3 450kPa压差下测定，也可在其他条件下测定，但要加以注明。

三、钻井液的室温中压滤失量(API 滤失量)

1. 仪器

(1)API 失水仪：过滤面积为 7.1±0.1in²(4 580±60mm²)。

(2)滤纸：WhatmanNo. 50 型或相当的产品，直径 9cm。

(3)秒表。

(4)带刻度量筒：容量 10～25mL，分度值为 0.2mL。

(5)钢板尺：刻度精确至 1mm。

(6)压力源：用无危险的惰性气体(二氧化碳、氮气或压缩空气)施压。若带有加压器及压力调节器，可使用二氧化碳小型气弹提供压力。

2. ZNS 型室温中压泥浆失水量仪简介

ZNS 失水量测定仪主要由气源、减压阀、放空阀、泥浆杯、量筒、支架等组成，其结构如图 2－9 所示，实物图如图 2－10 所示。

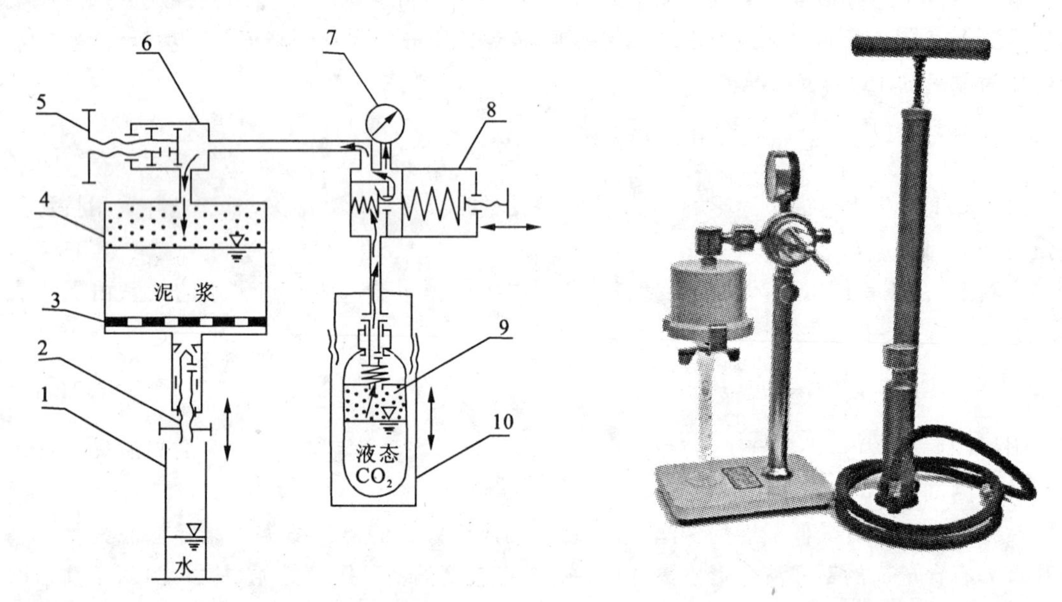

图 2－9　ZNS 失水量测定仪原理图　　　　图 2－10　ZNS 失水量测试仪实物

1—量筒；2—放水阀；3—过滤板；4—泥浆杯；5—放空阀旋扭；

6—放空阀；7—压力表；8—减压阀；9—CO_2 气瓶；10—气源总体端益

3. 操作步骤

(1)确保失水仪过滤杯各部件清洁干燥，密封垫圈未变形或损坏；装好气瓶并拧紧盖，顺时针旋转减压阀手柄，使压力表指示 0.5～0.6MPa。

(2)以左手拿住泥浆杯，用食指堵住泥浆杯气接头小孔，倒入被测泥浆，液面距杯子顶端约 1cm。放上滤纸，盖上过滤盖，然后将泥浆杯连接在三通接头上。

(3)在过滤杯排出管下面放好量筒以便接收滤液。

(4)快速加压，要求在 30s 内使压力达到 0.690±0.035MPa。步骤如下：按逆时针方向缓缓旋转放空阀手柄，同时观察压力表指示。当压力表稍有下降或听见泥浆杯有进气声响时，即停止旋转放空阀手柄，微调减压阀手柄，使压力表指示为0.69MPa，泥浆杯内保持0.69MPa的恒压状态，当见到第一滴滤液时开始记时。

(5)时间达到30min时，测量滤液体积，关闭压力：退出减压阀手柄，关死减压阀，顺时针旋转放空阀，泥浆杯内余气放出。若测定时间不是30min，应加以注明。

(6)以mL为单位记录滤液的体积(精确到0.1mL)，同时记录钻井液药品的初始温度。保留滤液以便用于化学分析。

(7)释放滤杯内的压力，小心拆开杯盖，倒掉钻井液，取出滤纸时应避免损坏滤纸上的滤饼，小心地用缓慢的水流冲去滤饼表面的钻井液，用钢板尺测量滤饼的厚度，精确到1mm。以mm为单位记录滤饼厚度并注明其软、硬、韧、致密、疏松或坚硬情况。

(8)冲洗擦干泥浆杯、杯盖、密封圈(晾干或烘干杯盖、滤网)。

4. 注意

(1)当钻井液样品的滤失量大于8cm^3时，过滤进行到7.5min时的滤液体积乘以2可近似等于实测30min时的滤失量。

(2)使用小型失水仪(通常其过滤面积是标准失水仪过滤面积的一半)时，测定的结果与用标准失水仪测定的结果没有严格的互换性，当滤失量较低时，用小型失水仪测定7.5min所得滤液体积乘以2作为API滤失量将存在较大误差。

第四节　胶体率

1. 概念

胶体率表示泥浆中粘土颗粒分散和水化的程度。

2. 仪器

胶体率测定瓶(也可以用100mL量筒代替)。

3. 测定步骤

(1)将100mL泥浆装入胶体率测定瓶中，将瓶塞塞紧，静止24h后，观察量筒上部澄清液的体积(mL数)。

(2)胶体率以百分数表示：

$$胶体率(\%)=\frac{100-澄清液体积}{100}$$

第五节　含砂量与固相含量

一、泥浆固相含量

(1)固相是所有钻井液中不可避免的成分，它可以是必须加入的材料和产品(如粘土、加重材料、堵漏材料及各种聚合物添加剂等)，也可以是钻井本身的产物(钻屑)。钻井液中的固相可分为有用固相和无用固相。对钻井液的基本性质起着重要作用并有利于钻井工程顺利进行的固相是有用固相，而对钻井液性能有不良影响或不利于钻井工程顺利进行的固相则是无用固相。在钻井液中存在少量钻屑固相一般认为是无害的，但若不断地循环研磨破碎并累积，则可能发展成严重问题。钻井液中的固相常常分为低密度固相、高密度固相和搬土固相，通过测定和计算钻井液的固相含量(V_S)、低密度固相含量(V_{LDS})、高密度固相含量(V_{HDS})以及搬土含量并加以控制，就能达到改变和控制钻井液的许多重要性能的目的，使之满足钻井工程的要求。

(2)钻井液的密度、流变性质和滤失性能都与地面加入或由井下岩屑形成的固相颗粒的类型、数量及大小有关。一般情况下，钻井液中的膨润土、聚合物处理剂及加重材料是配制和维护所要求的钻井液性能所必要的，而由岩屑分散形成的固体颗粒则应该设法清除掉。

(3)低密度固相一般都假设其密度平均值为 2.6g/cm³。在低固相聚合物轻钻井液体系中，低密度固相含量控制在不超过 6%时，一般能保证钻井液具有优良的各项性能。

(4)钻屑颗粒含量与当量搬土含量之比是指示钻井液中固相颗粒类别的重要定性指标，可用于了解发生问题前后钻井液的性能本质，指示钻井液的处理途径和方法。在理想的情况下，对于不分散低密度钻井液，要求其比值不应超过 2∶1。而对于分散性钻井液，则要求其比值不应超过 4∶1，最好是 3∶1。

(5)由于小于 1μm 的细颗粒固相对机械钻速的危害要比粗颗粒固相大 12 倍左右，因此，为了获得钻井液的胶体性质，应使细颗粒固相保持在最小需求量水平。通常，在聚合物钻井液体系中，把配制合格钻井液性能所需要的膨润土用量的一半用聚合物代替，从而获得低固相体系，既有利于提高钻进速度而又能获得足够良好的钻井液粘度、屈服值、静切力和滤失性能。

二、ZNG 型泥浆固相含量测定仪

1. 结构和工作原理

该仪器根据蒸馏原理，取一定量(20mL)泥浆，用高温(电加热)将其蒸干，然后固相称重，算出固相成分之重量或体积的百分含量。

仪器主要由蒸馏器、加热棒、电线接头、冷凝器、量筒组成(图 2-11)。

2. 操作步骤

(1)拆开蒸馏器，打开泥浆杯，将充分搅拌过的泥浆倒入泥浆杯，盖上杯盖，让多余泥浆溢出，擦干溢出的泥浆，再轻轻取下杯盖，然后将粘附在杯盖底面的泥浆刮回泥浆杯中(此时泥浆杯中的泥浆为 20±1%mL)，为防止蒸馏过程中泥浆沸溢，向泥浆杯中加入 3～5 滴消泡剂，然后扭上套筒。

(2)将加热棒旋紧在套筒上部(应直立放置)，将蒸馏器插入泥浆箱后面的小孔内，并将 20mL 百分刻度量筒夹在冷凝器导流管口处，以收集冷凝液。

(3)连接电路进行蒸馏，同时记时，通电 3～5min，第一滴冷凝液流出，直到泥浆被蒸干不再有冷凝液流出(大约需 20～40min)。

(4)拔除电线插头，切断电源，用环架取下蒸馏器，淋水冷却，拆开蒸馏器，用刮刀刮下泥浆杯及加热棒套筒上的固相成分，然后称重，计算出固相百分

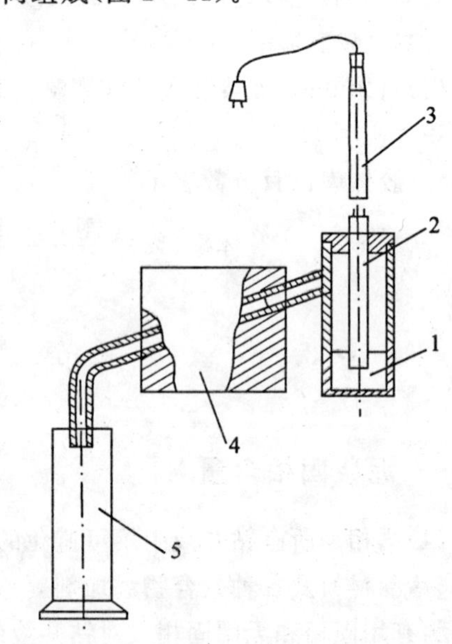

图 2-11 ZNG 型泥浆固相含量测定仪

1. 蒸馏器；2. 加热棒；3. 电线接头；4. 冷凝器；5. 量筒

含量。

(5)记下量筒冷凝液的体积,用于计算和参考。若冷凝液水与油分层不清,可加入 2～3 滴破乳剂。

3. 注意事项

(1)用完后清洗蒸馏器和冷凝器孔,擦干加热棒,将其风干;

(2)电源电压为 220V 交流,波动范围在 180～230V,注意不能超压;

(3)通电时间不要太长,一般 30min 左右,蒸干即可;

(4)使用一段时间后,要检查电线接头和电源插头,防止短路和断路。

三、钻井液含砂量

泥浆含砂量是指泥浆中不能通过 200 号筛网的砂子体积的百分比。

根据 API(美国石油学会)的规定,将钻屑按粒度的大小分成三类:

①粘土(或胶体)类　　粒度小于 2μm

②泥渣类　　粒度为 2～74μm

③砂类(API 砂)　　粒度大于 74μm

1. 仪器

含砂量测定仪:由直径 2.5 英寸的 200 目筛子(相当于直径大于 0.74mm)与筛子配套的漏斗及有刻度的玻璃测量管组成(图 2-12)。

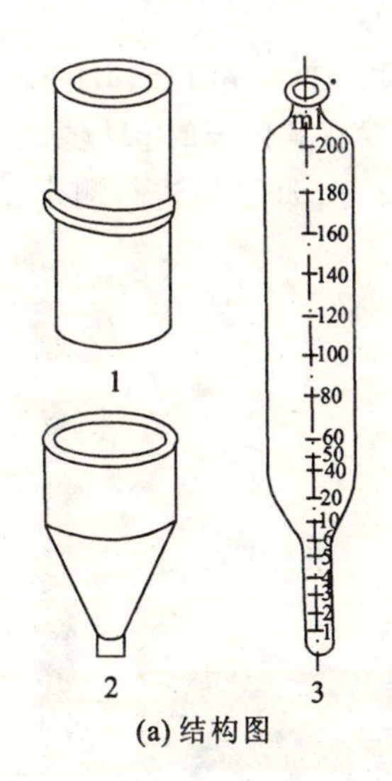

(a) 结构图

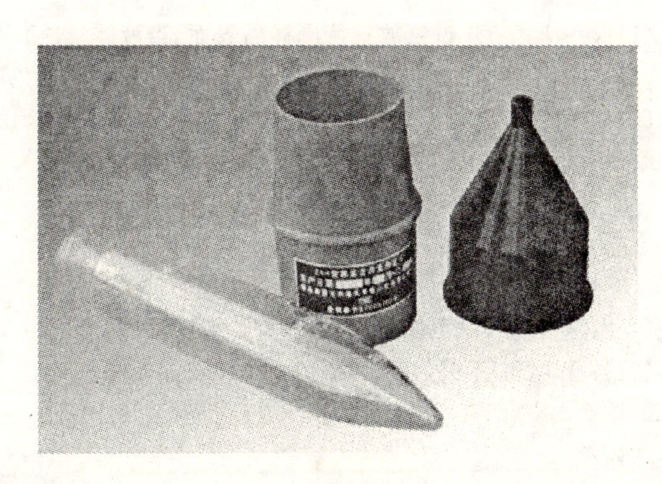

(b) 实物图

图 2-12　LNH 型泥浆含砂量测定器

1—过滤筒;2—漏斗;3—玻璃量杯

2. 测定步骤

(1)将钻井液样品注入玻璃测定管内达到“泥浆”标记处(20mL 或 40mL),再加水至另一个标记处,约 160mL。

(2)用拇指堵住管口激烈振荡。将上层稀液倒到清洁的 200 目小筛上,弃掉液体。再给玻璃管内加水,冲洗出黏附在管内的固体颗粒并倒入小筛中,重复冲洗直至玻璃管内干净为止。

(3)用水冲洗筛子上的砂子以除去残留的钻井液。

(4)将漏斗套在筛子上,并使漏斗的出口管套入玻璃测量管中,翻转筛子以便砂子能掉入玻璃测量管内,用小股水流冲洗筛子以便使砂子冲入玻璃测量管中。

(5)静置玻璃测量管,使砂子沉降,从玻璃测量管刻度读出砂子的体积百分数。

第六节　钻井液 pH 值测定

由碱性物质(如烧碱等)所产生的碱性,是活化粘土和某些添加剂(如分散剂等)所必须的。对 pH 值的要求随所用钻井液类型的不同而不同,分散性钻井液要求 pH 值在 9 至 10.5 或更高,以起到活化分散剂的功效。而对于不分散性聚合物钻井液,则要求其 pH 值维持在 7.5 至 9.5 之间为宜,因为更高的 pH 值会削弱聚合物的作用。

pH 值对钻井工作的影响:

(1)pH 值过高,OH^- 吸附在粘土表面,会促进泥页岩的水化膨胀和分散,对巩固井壁、防止缩径和坍塌都不利,往往会引起井下复杂情况的发生。另外,高 pH 值的钻井液具有强腐蚀性,缩短了钻具及设备的使用寿命。

(2)通过 pH 值的变化,可以预测井下情况。如盐水侵、石膏侵、水泥侵等都会引起 pH 值的变化。

一、用 pH 试纸的测定

(1)取一小条 pH 试纸放进待测样品表面,当液体浸透 pH 试纸时(30s 内)取出试纸。

(2)将变色的试纸条与色标进行比较,确定颜色相同的色标,读取其代表的 pH 值。

(3)如果用广泛 pH 试纸时颜色不好识别,可用近似范围的精密 pH 试纸进行测定。精密 pH 试纸可读至 0.2pH 值单位。

二、用 PHS－25 型酸度计测定

1. 开机

(1)电源线插入电源插座。

(2)按下电源开关,电源接通后,预热 30min(图 2－13)。

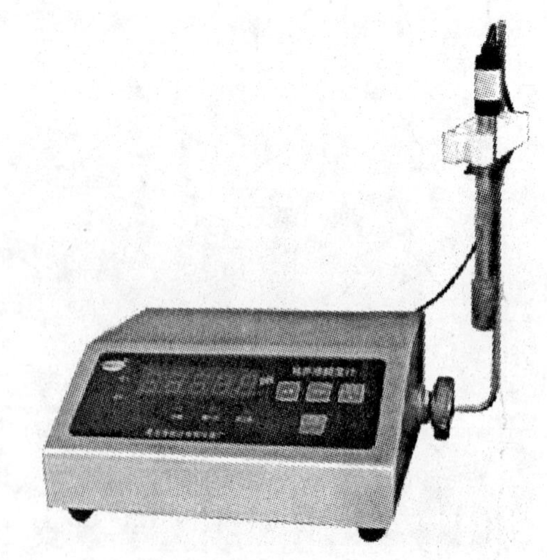

图 2－13　PHS－25 型酸度计

2. 标定

仪器使用前先要标定,一般来说,仪器在连续使用时每天要标定一次。

(1)在测量电极插座处拔下短路插头。

(2)在测量电极插座处插上复合电极。

(3)把“选择”旋钮调到“pH”档。

(4)调节“温度”旋钮,使旋钮红线对准溶液温度值。

(5)把“斜率”调节旋钮顺时针旋到底(即调到 100%位置)。

(6)把清洗过的电极插入 pH＝6.86 的标准缓冲溶液中。

(7)调节“定位”调节旋钮,使仪器显示读数与该缓冲溶液的 pH 值相一致(如 pH=6.86)。

(8)用蒸馏水清洗电极(图 2-14),再用 pH=4.00 的标准缓冲溶液调节“斜率”旋钮到 4.00pH。

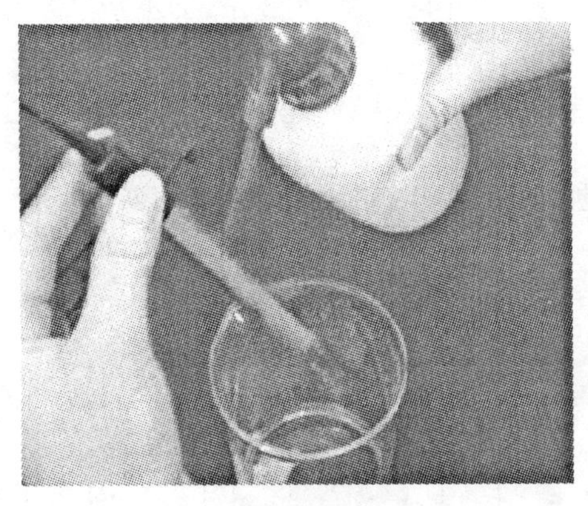

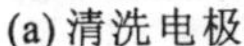

(a)清洗电极

(b)擦干电极

图 2-14 清洗和擦干电极

(9)重复(6)~(8)的动作,直至显示的数据重现时稳定在标准溶液 pH 值的数值上,允许变化范围为±0.01pH。

注意:经标定的仪器“定位”调节旋钮及“斜率”调节旋钮不应再有变动。标定的标准缓冲溶液第一次用 pH=6.86 的溶液,第二次应接近被测溶液的值,如被测溶液为酸性时,缓冲溶液应选 pH=4.00;如被测溶液为碱性时,则选 pH=9.18 的缓冲溶液。一般情况下,在 24h 内仪器不需要再标定。

3. 测量待测溶液的 pH 值

经标定过的仪器,即可用来测量被测溶液,被测溶液与标定溶液温度相同与否,测量步骤也有所不同。

被测溶液与定位溶液温度相同时,测量步骤如下:

(1)“定位调节”旋钮不变。

(2)用蒸馏水清洗电极头部,用滤纸吸干。

(3)把电极浸入被测溶液中,搅拌溶液,使溶液均匀,在显示屏上读出溶液 pH 值。

(4)测量结束后,将电极泡在 3mol/L 的 KCl 溶液中,或及时套上保护套,套内装少量 3mol/L 的 KCl 溶液以保护电极球泡的湿润。

被测溶液和定位溶液温度不同时,测量步骤如下:

(1)“定位调节”旋钮不变。

(2)用蒸馏水清洗电极头部,用滤纸吸干。

(3)用温度计测出被测溶液的温度值。

(4)调节“温度”旋钮,使红线对准被测溶液的温度值。

(5)把电极插入被测溶液内,搅拌溶液,使溶液均匀后,读出该溶液的 pH 值。

第七节　钻井液水质分析

一、钻探用水水质分析

(一)实验目的

了解钻探用水或泥浆失水滤液的水质分析的主要内容及基本方法。

(二)实验器材

1. 仪器

①容量瓶;②滴定管带架;③滴瓶;④试管带架;⑤锥形瓶;⑥烧杯;⑦pH 试纸;⑧刚果红试纸。

2. 试剂

(1)氨水溶液:以氨水与蒸馏水按体积比 1∶1 配比。

(2)饱和草酸铵溶液:将草酸铵溶于蒸馏水中至过饱和为止。

(3)硝酸:取少量浓硝酸溶于 900mL 蒸馏水中。

(4)10%的硝酸银溶液:将 100g 硝酸银溶于 900mL 蒸馏水中。

(5)盐酸溶液:将盐酸与蒸馏水按体积比 1∶1 配比。

(6)2.5%氯化钡溶液:将 25%氯化钡溶于 975mL 蒸馏水中。

(7)0.1%酚酞溶液:将 0.1g 酚酞溶于 100mL 酒精中。

(8)0.05mol/L 的盐酸溶液:取浓度为 37%的盐酸 4.1mL 注于容量瓶内,加蒸馏水至 1L。用碳酸钠标定,标定方法见本节附注(1)。

(9)10%的铬酸钾溶液:取 100g 铬酸钾溶于 900mL 蒸馏水中。

(10)0.05mol/L 氯化钠标准溶液:取 5g 左右氯化钠置于坩埚内,微微加热并不断搅拌,待炸裂声停止后,将坩埚放入干燥皿内冷却至室温,然后称取 2.922 1g 溶于 200mL 左右蒸馏水中,移入 1L 的容量瓶内,稀释至刻度。

(11)硝酸钠标准溶液:称取 8.5g 硝酸银,溶解于 1L 蒸馏水中,并测定其浓度,测定方法见本节附注(2)。

(12)20%氢氧化钠溶液:将 200g 氢氧化钠溶于 800mL 蒸馏水中。

(13)EDTA 标准溶液:称取 EDTA(乙二胺乙酸二钠盐)2g,溶于 100mL 蒸馏水中,稍加热便可溶解。标定方法按本节附注(3)进行。

(14)紫脲酸胺指示剂:取 0.3g 紫脲酸胺和 100g 分析纯的氯化钠,置于研钵中研磨均匀,贮于瓶内盖紧。此指示剂到达终点时,溶液由红色变为紫色。

(15)缓冲溶液:取 20g 分析纯的氯化铵于 200mL 蒸馏水中,加入 100mL 浓氨水,然后用蒸馏水稀释至 1L。

(16)铬黑 T 示剂:取 0.5g 铬黑 T 溶于 10mL 缓冲溶液中,用无水乙醇稀释至 100mL,储于棕色瓶中,放置冰箱内保存,固体铬黑 T 与氯化铵按 1∶100 混合研细,可长期使用。

(17)氯化钡—氯化镁混合溶液:称取二水氯化钡 6.1g,氯化镁 0.1g,用蒸馏水溶解后再稀释至1L,并用0.25mol/L的EDTA标准溶液标定其浓度。称取9.315gEDTA溶于蒸馏水中并稀释至1L,即为0.25mol/L的标准溶液。

(18)氨水—氯化铵缓冲溶液:取57mL浓氨水和6.75g氯化铵稀释至100mL。

(19)2mol/L盐酸溶液:取37%的浓盐酸165.8mL加蒸馏水至1L。

(三)实验原理及步骤

对水样或滤液进行简易定性试验,测定是否有钙离子(Ca^{2+})、硫酸根离子(SO_4^{2-})、氯离子(Cl^-)及碳酸根离子(CO_3^{2-})存在及测定水样或滤液的pH值。

1.钙离子测定

取水样100mL于250mL锥形瓶中,放入刚果红试纸一小块,加入1∶1盐酸酸化,待试纸变成紫色为止,将溶液煮沸2～3min,冷却到40℃～50℃,加入20%的NaOH溶液,使pH值达12以上,再加紫尿酸氨一小勺(约20mg),立即以EDTA溶液滴定,到由红色转为蓝紫色为终点,记下EDTA用量,按下式计算钙离子含量:

$$\mathrm{Ca}=\frac{A\times N\times 20.04\times 1\,000}{V} \tag{2-19}$$

式中:A——EDTA消耗mL数;

V——水样mL数;

N——EDTA溶液的当量浓度。

2.镁离子及总硬度测定

取水样100mL于250mL锥形瓶中,加入10mL缓冲溶液及铬黑T指示剂4～5滴,用0.05g EDTA溶液滴定,摇动使反应完全,由葡萄酒红色经紫蓝色变到蓝色即达终点,记下用量。若滴定前加热溶液至30℃～40℃,则终点更清楚。按下式计算:

$$\text{总硬度}=\frac{V\times N\times 35.453\times 1\,000}{V_1} \tag{2-20}$$

式中:A——EDTA消耗mL数;

V——水样mL数;

N——EDTA溶液的当量浓度。

镁离子=总硬度－钙离子

镁离子=镁离子×12.16

3.氯离子测定

取50mL水样于锥形瓶中,加入浓度为10%的铬酸钾溶液0.5mL,在不断摇动下用硝酸银溶液滴定至呈现不消失的淡黄色为止,按下式计算氯离子含量:

$$\text{氯离子}=\frac{V\times N\times 35.453\times 1\,000}{V_1} \tag{2-21}$$

式中:V——滴定所消耗的硝酸银溶液mL数;

N——硝酸银标准溶液的当量浓度;

V_1——水样mL数。

当水样中含有大量氯化物时,因氯化银沉淀较多,较难确定滴定终点,此时应采用较大浓度的硝酸银溶液,或将水样稀释后滴定。

在酸性溶液中,铬酸钾溶解在遇强碱性溶液后也不能进行。在此遇pH值小于6.3或大于10的卤水样，必须用盐酸氢钠、氢氧化钠或用稀硝酸、硫酸中和到pH值为8.4左右（以酚酞为指示剂），然后用铬酸钾作指示剂进行滴定。

对含有亚硝酸盐和硫化氢的水样，应加双氧水除去。

测定泥浆滤液，当泥浆中存在碳酸盐离子时，部分银会消失形成碳酸银沉淀，因此为了正确分析，可采用滴定总碱度留下的滤液进行试验，或者以硫酸中和滤液（酚酞作指示剂），以除去碳酸盐。

如果滤液因加入单宁酸钠或煤碱剂过多而染成棕色时，可用少量活性碳粉或滴入数滴稀硝酸或稀硫酸褪色。

又如泥浆中含有大量磷酸盐，则要加入硫酸钙或醋酸钙溶液，使沉淀后再用硫酸中和（酚酞作指示剂）后进行滴定。

4. 硫酸根离子测定

用容量法测定，即在水样或滤液中加入过量的氯化钡溶液，将硫酸根变为难溶的硫酸钡沉淀，然后在铬黑T指示剂下，用EDTA标准溶液回滴过量的钡离子，从氯化钡和EDTA标准溶液的用量标出试样中硫酸根的含量来，为了使滴定终点明显，必须在氯化钡中加入少量氯化镁。分析步骤如下：

取水样25mL加入至锥形瓶内，加浓度为2mol/L的盐酸数滴进行酸化，摇动几分钟，加入一定数量的浓度为0.025mol/L的氯化钡和氯化镁混合液，摇动后加热至微沸1～2min，静止冷却至室温，加入$NH_4OH—NH_4Cl$缓冲溶液5～8mL及铬黑T指示剂少许，用浓度0.025mol/L的EDTA标准溶液滴定至溶液由酒红色刚变至纯蓝色时为终点，记下消耗的EDTA毫升数。

加入0.025mol/L的$BaCl_2—MgCl_2$混合液的数量，应根据水样中SO_4^{2-}含量而定。如SO_4^{2-}为50mg/L时加入混合液5mL，50～100mg/L时加入混合液10mL，100～150mg/L时加入混合液15mL，150～200mg/L时加入混合液20mL，若SO_4^{2-}含量很大时，最好将$BaSO_4$沉淀滤去。

为了计算SO_4^{2-}含量测定结果，应先测定滤液中Ca^{2+}、Mg^{2+}含量。按下式计算SO_4^{2-}含量：

$$SO_4^{2-}=\frac{M_1V_1+M_2V_2-M_2V_3}{V_{水样}}\times 96.06\times 1\ 000$$

式中：M_1——$BaCl_2—MgCl_2$溶液的克分子浓度；

M_2——EDTA标准溶液的克分子浓度；

V_1——$BaCl_2—MgCl_2$溶液加入的毫升数；

V_2——同样多的水样中测定Ca^{2+}、Mg^{2+}含量时消耗的EDTA标准溶液的毫升数；

V_3——滴定过量Ba^{2+}时消耗的EDTA标准溶液毫升数；

$V_{水样}$——水样毫升数。

如以毫克当量/升表示，则应除以SO_4^{2-}的当量数48。

5. 碳酸根离子测定

往5mL水样中加入3滴0.1%酚酞指示剂后，如不呈红色，说明没有碳酸根离子存在，反之则有。

(1)采用酸碱中和的原理对水样进行中酸碱度测定

取水样50mL，注入200mL锥形瓶中，加入浓度为0.05%的甲基橙溶液5滴，在不断振荡下，用盐酸滴定至淡桔红色不变为止，按下式计算结果：

$$总酸碱度=\frac{V\times N\times 1\,000}{V_1} \tag{2-22}$$

式中：V——滴定所消耗盐酸溶液的 mL 数；

N——盐酸溶液的当量浓度；

V_1——水样 mL 数。

当水样碱度大于 5mol/L 时，为了除去在滴定中不断生成的 CO_2，可以在滴定到淡玫瑰色后，将溶液煮沸。

(2)不含碳酸根时，重碳酸根的测定

往水样中加入几滴浓度为 0.1%的酚酞指示剂后，如不呈现红色，即说明水样中没有碳酸根离子存在。此时，可按测定总碱度同样的手段测定重碳酸根离子量，其取值也和总碱度相同，如以 mg/L 表示，可乘以 HCO_3^- 的当量数(61.017)即可得到。

(四)附注

1.试剂的标定方法

(1)0.05mol/L 盐酸的标定

取 0.5g 的甲基橙溶于 1 000mL 蒸馏水中，配成 0.05%的甲基橙溶液。

再取 0.2g 无水碳酸钠装入 250mL 锥形瓶中，加入 50mL 蒸馏水，滴入 2～3 滴 0.05%的甲基橙溶液，用配置好的约为 0.05mol/L 的盐酸溶液进行滴定至橙色为终点，盐酸溶液的标准当量浓度 N 为：

$$N=\frac{0.2}{52.995\times 滴定至终点时盐酸消耗的量(L)} \tag{2-23}$$

(2)硝酸银标准溶液的标定

取 10mL 0.05mol/L 的盐酸标准溶液，加入至 250mL 的锥形瓶中，用蒸馏水稀释约至 50mL，加入浓度为 10%的铬酸钾溶液 0.5mL，在不断摇动下用硝酸银溶液滴定至淡桔黄色不消失为止。为使终点便于观察，可取 50mL 蒸馏水按同法滴定，用铬酸钾作指示剂时，当终点达到时已略微过量，故应做空白试验，并加以校正。按下式计算硝酸银的当量浓度：

$$N=\frac{0.05\times 10}{V} \tag{2-24}$$

式中：V——滴定时硝酸银溶液消耗的毫升数。

(3)EDTA 标准溶液的标定

取每毫升含 0.5mg 钙离子的标准溶液 5～10mL，置于 250mL 锥形瓶中，加入蒸馏水稀释至 50mL，用配制好的 EDTA 溶液进行标定。用下式计算 EDTA 的当量浓度：

$$\frac{C\times V_1}{N}=\frac{20.04}{52.995\times 滴定至终点时盐酸消耗的量(L)} \tag{2-25}$$

式中：C——每毫升钙标准溶液所含钙离子毫克数；

V_1——取钙标准溶液的毫升数；

V——EFTA 溶液消耗的毫升数。

(五)实验报告

先求出阴离子总量，然后按阳离子总量等于阴离子总量的原则进行数据整理(表 2-7)，即：

阴离子总量＝阳离子总量；

钾离子＋钠离子＝阳离子总量－（钙离子＋镁离子）总量；

水的总硬度＝（钙离子＋镁离子总量）×2.804

然后区分暂时硬度及永久硬度；

重碳酸根＋碳酸根的数为水样的暂时硬度；

总硬度减去暂时硬度为水样的永久硬度。

表 2－7 实验报告

单位＿＿＿＿＿＿＿＿编号＿＿＿＿＿＿＿＿姓名＿＿＿＿＿＿

室温＿＿＿＿＿＿＿＿水温＿＿＿＿＿＿＿＿日期＿＿＿＿＿＿

pH 值	总碱度 (mg/L)	每升中含量	阴离子				阳离子			
			Cl^-	SO_4^{2-}	HCO_3^-	CO_3^{2-}	Ca^{2+}	Mg^{2+}	$Na^+ + K^+$	重量
		mg								
		mg/L								

注：报告附数据计算及结果分析。

二、钻井液滤液分析方法

钻井液和其滤液的常规化学分析包括碱度、氯根浓度、钙镁离子浓度、总硬度等。这些分析对于确定不同离子的浓度是必不可少的。钻井液中存在的各种离子影响着活性粘土的活性和钻井液添加剂的功效，也影响着钻井液与所钻岩层的相容程度，是分析钻井液性能变化的主要手段之一。

钻井液及滤液化学分析常遇到以下一些问题：

（1）配浆水或钻井液滤液的总硬度是指其中钙镁离子的总含量，因此，总硬度与钙离子含量间的差值，便是镁离子的浓度。

（2）当钻井液受到的钙污染是由石膏所引起，应使用碳酸钠来处理以除去钙，但若钙污染是由水泥所引起，则应使用碳酸氢钠更好。

（3）对于钻井液中或配浆水中的镁离子，应当用烧碱去沉除，因此，为了处理海水中的镁离子，必须使用烧碱。

（4）通常把氯化物总量都算做氯化钠，严格来说，只有当总硬度和钾离子含量低时方是如此。清除氯离子是不切实际的，只能用淡水冲稀。一般情况下，只要在配制和维护钻井液方面作出相应的调整处理，仍能在很大程度上消除或避免氯离子的影响，例如，将膨润土预水化后才用于配制海水钻井液或饱和盐水钻井液，可以收到较好的效果。

（5）淡水和盐水体系的分界线是含盐 $10\,000\times10^{-6}$（氯根含量 $6\,060\times10^{-6}$）。氯化物含量与含盐量之间的换算关系通常如下：

$$Cl = NaCl\times0.606 \tag{2-26}$$

$$NaCl = Cl\times1.65 \tag{2-27}$$

或当密度接近 $1g/cm^3$ 时，也可用下式近似换算：

$$NaCl = Cl\times1.65 \tag{2-28}$$

（6）API 推荐的氯根和总硬度的单位是 mg/L，在低密度时 mg/L 和 10^{-6}kg/L 几乎是相等的，但在高密度时，应以下式换算：

$$Cl=\frac{Cl}{液相密度} \tag{2-29}$$

(一)实验目的

掌握钻井液滤液和钻井配浆用水分析方法。

(二)实验内容

(1)钙离子的测定；
(2)镁离子的测定；
(3)氯离子的测定；
(4)钾离子的测定；
(5)硫酸根离子的测定；
(6)碳酸根离子的测定；
(7)钠离子的测定；
(8)滤液(配浆用水)碱度的计算；
(9)气体型的测定。

(三)实验设备及器材

(1)滤失仪；
(2)分析天平；
(3)电炉：800～1 000W；
(4)酸度计：PHS-2型，带有电极等配件；
(5)磁力搅拌器；
(6)实验室常用玻璃仪器及配套件；
(7)各种分析试剂及溶液。

(四)实验步骤

1. 滤液脱色

用移液管移取滤液5mL，加入6mol/L硝酸溶液和活性炭0.5～1g，搅拌后静止10min，若脱色效果不好，可再煮沸3～5min。

将已冷却的溶液用快速滤纸过滤，用水洗涤3～4次将活性炭倾入滤纸，再用水淋洗之。收集配浆用水，全部转入100mL容量瓶中并稀释至刻度(此为试液A)。

无色钻井液滤液可直接取5mL稀释至100mL备用(亦即试液A)。

直接取钻井液滤液5mL稀释至100mL备用(此为试液B)。

2. 钙离子、镁离子、氯离子、硫酸根离子、碳酸根离子的测定(方法同前)。

3. 钾离子的测定

(1)用移液管移取20mL试液A于100mL容量瓶中，加入20%的氢氧化钠溶液1mL、36%的甲醛溶液1mL和10%的乙二胺四乙酸二钠(EDTA)溶液2mL，再用移液管移取

0.03mol/L四苯硼化钠标准溶液 50mL,用水稀释至刻度,摇匀后静置 10min。

用干燥的漏斗、烧杯、慢速定性滤纸过滤上述溶液,并弃去开始得到的 5~10mL 滤液后得到的滤液为滤液 C,用移液管移取 25mL 滤液 C 于锥形瓶中,加入大胆黄指示液(1g/L)5 滴,用 0.03mol/L 十六烷基三甲基溴化铵标准溶液滴定至肉色变为浅粉红色为终点。记录消耗十六烷基三甲基溴化铵标准溶液的体积。

(2)计算

$$\rho(K^+) = \frac{\frac{1}{4}c_1V_1 - c_2V_2}{V_0} \times 3.910 \times 10^6 \tag{2-30}$$

式中:$\rho(K^+)$——滤液中钾离子的含量(mg/L);

c_1——四苯硼化钠标准溶液的浓度(mol/L);

V_1——加入四苯硼化钠标准溶液的体积(mL);

c_2——十六烷基三甲基溴化铵标准溶液的浓度(mol/L);

V_2——消耗十六烷基三甲基溴化铵标准溶液的体积(mL);

V_0——所取滤液 C 的体积(mL)。

钙离子、镁离子、氯离子、硫酸根离子、碳酸根离子的测定和滤液(配浆用水)碱度的计算测试方法同前。

4.钠离子测定

(1)概念

所测阴离子的物质的量浓度与阳离子的物质的量浓度之差,即为钠离子的物质的量浓度。

(2)计算

$$\rho(Na^+) = (\sum c_{阴} - \sum c_{阳}) \times 22.9 \tag{2-31}$$

$$\sum c_{阴} = \frac{\rho(Cl^-)}{35.45} + \frac{2\rho(SO_4^{2-})}{96.06} + \frac{2\rho(CO_3^{2-})}{60.01} + \frac{\rho(OH^-)}{17.01} + \frac{\rho(HCO_3^-)}{61.02} \tag{2-32}$$

$$\sum c_{阳} = \frac{2\rho(Ca^{2+})}{40.08} + \frac{2\rho(Mg^{2+})}{24.30} + \frac{\rho(K^+)}{39.10} \tag{2-33}$$

式中:$\rho(Na^+)$——滤液中的钠离子的含量(mg/L);

$\rho(Cl^-)$,$\rho(SO_4^{2-})$,$\rho(CO_3^{2-})$,$\rho(OH^-)$,$\rho(HCO_3^-)$,$\rho(Ca^{2+})$,$\rho(Mg^{2+})$,$\rho(K^+)$——实验内容(2)~(7)中各有关离子的测定数值(mg/L)。

三、滤液碱度的测试

(一)仪器与试剂

(1)硫酸溶液:0.02mol/L 标准溶液。

(2)酚酞指示剂溶液:将 1g 酚酞溶于 100cm^{3}浓度为 50%的酒精水溶液中配制而成。

(3)甲基橙指示剂溶液:将 0.1g 甲基橙溶于 100cm^{3}水中配制而成。

(4)pH 计。

(5)滴定瓶:100~150cm^3,最好白色。

(6)带刻度移液管:1cm^{3}和 10cm^{3}各 1 支。

(7)搅拌棒。

(二)测定步骤

1. 测定滤液酚酞碱度 Pf 和滤液甲基橙碱度 Mf

(1)用注射器或移液管取 1cm³或更多一些滤液于滴定瓶中，加入 2 滴或更多一些酚酞指示剂溶液。如果显示粉红色，则用移液管逐滴加入 0.02mol/L 的硫酸并不断搅拌，至粉红色恰好消失为止。如果样品颜色较深不能判断颜色变化，则可用 pH 计测定试样的变化，当 pH 值降至 8.3 时即为滴定终点。

(2)记录所消耗的 0.02mol/L 硫酸溶液的体积 V_1。

(3)在上述试样中再加入 2～3 滴甲基橙指示剂溶液，用移液管逐滴加入 0.02mol/L 硫酸溶液并不断搅拌，直到颜色从黄色变为粉红色为止(如果用 pH 计，则 pH 值降到 4.3 时即达到滴定终点)。

(4)记录加入甲基橙指示剂后所滴加的 0.02mol/L 硫酸溶液的体积 V_2。

(5)计算：

$$\text{滤液酚酞碱度 Pf} = \frac{V_1}{\text{滤液试样体积}} \tag{2-34}$$

$$\text{滤液甲基橙碱度 Mf} = \frac{V_1 + V_2}{\text{滤液试样体积}} \tag{2-35}$$

2. 测定钻井液酚酞碱度 Pm

(1)用注射器或移液管取 1cm³或更多一些泥浆于滴定瓶中，加入 25～50cm³蒸馏水，再加入 4～5 滴酚酞指示剂溶液，边搅拌边用 0.02mol/L 的硫酸溶液迅速滴定到粉红色消失，若用 pH 计测定试样的变化，则当 pH 值降至 8.3 时即为滴定终点。

(2)记录所消耗的 0.02mol/L 硫酸溶液的体积(V_3)。

(3)计算：

$$\text{钻井液酚酞碱度} = \frac{V_3}{\text{钻井液试样体积}} \tag{2-36}$$

钻井液滤液试验报告(表 2-8)及配浆用水试验报告如表 2-9 所示。

表 2-8　钻井液滤液试验报告

委托单位：　　　　试验单位：
试验编号：　　　　报告编号：
取样地点：　　　　收样日期：
取样日期：　　　　收 样 者：
取 样 者：　　　　分 析 者：

测定项目	含量(mg/L)	物质的量浓度(mol/L)	测定项目	含量(mg/L)	物质的量浓度(mol/L)
K^+			Cl^-		
Na^+			SO_4^{2-}		
Ca^{2+}			CO_3^{2-}		
Mg^{2+}			HCO_3^-		
pH			OH^-		
Mf			Pf		

表 2-9　配浆用水试验报告

委托单位：　　　　试验单位：

试验编号：　　　　报告编号：

取样地点：　　　　收样日期：

取样日期：　　　　收 样 者：

取 样 者：　　　　分 析 者：

测定项目	含量(mg/L)	物质的量浓度(mol/L)	测定项目	含量(mg/L)	物质的量浓度(mol/L)
K^{+}			Cl^{-}		
Na^{+}			SO_4^{2-}		
Ca^{2+}			CO_3^{2-}		
Mg^{2+}			HCO_3^{-}		
			OH^{-}		
阳离子总值					
总矿化度					
水性系数	$\frac{c(Na^{+})}{c(Cl^{-})}=$　，$\frac{c(Na^{+})-c(Cl^{-})}{c\left(\frac{1}{2}SO_4^{2-}\right)}=$　，$\frac{c(Cl^{-})-c(Na^{+})}{c\left(\frac{1}{2}Mg^{2+}\right)}=$　。				

当$\frac{c(Na^{+})}{c(Cl^{-})}>1$时

$$\frac{c(Na^{+})-c(Cl^{-})}{c\left(\frac{1}{2}SO_4^{2-}\right)}<1\text{，为硫酸钠型。}$$

$$\frac{c(Na^{+})-c(Cl^{-})}{c\left(\frac{1}{2}SO_4^{2-}\right)}>1\text{，为重碳酸钠型。}$$

当$\frac{c(Na^{+})}{c(Cl^{-})}<1$时

$$\frac{c(Cl^{-})-c(Na^{+})}{c\left(\frac{1}{2}Mg^{2+}\right)}<1\text{，为氯化镁型；}$$

$$\frac{c(Cl^{-})-c(Na^{+})}{c\left(\frac{1}{2}Mg^{2+}\right)}>1\text{，为氯化钙型。}$$

$\frac{M_f}{P_f}>3$，HCO_3^{-} 污染；$\frac{M_f}{P_f}>5$，CO_3^{2-} 污染。

第三章　钻井液基本处理剂实验

第一节　基浆土的纯碱钠化分散

1. 粘土钠化分散原理简介

大部分用来配制钻井泥浆的素土（钙土）是未经钠化的，必须对其进行最基本的除钙钠化处理，把双电层的电动电位尽量提高，让粘土粉充分水化分散，使泥浆的造浆率显著提高，也为后续发挥各种处理剂的作用提供优质基础。钠化一般采用纯碱（Na_2CO_3）、六偏磷酸钠等无机化学物质。

2. 纯碱（Na_2CO_3）处理基浆实验

实验目的：了解无机处理剂碳酸钠（Na_2CO_3）对泥浆性能的影响，确定配浆所用粘土的最优加碱量。

实验仪器：六速旋转粘度计、苏式漏斗粘度计、气压失水量仪、搅拌机、天平、pH广泛试纸、搪瓷量杯、量筒及烧杯等。

实验材料：粘土粉（未钠化）、碳酸钠、淡水。

实验步骤：

(1)配制淡水＋粘土粉的基浆。按每方浆60kg粘土粉的比例配制淡水＋粘土粉的基浆5 000mL，用搅拌机搅拌30min以上；再迅速将其均分成5等分，即各1 000mL分放在5个搪瓷量杯中。此时，每杯中的粘土粉重量为60g。

(2)分别加入不同量的Na_2CO_3。在这5份基浆中分别按粘土粉重量的0%、2%、4.5%、8%、13%各加入Na_2CO_3（粉剂），即用天平相应所称得的Na_2CO_3的重量分别为0、1.2g、2.7g、4.8g、7.8g，再继续搅拌各搪瓷量杯中的浆体60min以上。

(3)测试不同加碱量泥浆的性能参数。用旋转粘度计、漏斗粘度计、失水量仪、100mL玻璃量筒和pH试纸分别测试5种泥浆的塑性粘度、漏斗粘度、失水量、胶体率和pH值。测试结果填入如表3-1所示的表格。

表3-1　Na_2CO_3处理泥浆性能参数表

样品序号	Na_2CO_3加量(%)	Φ_{300}读值	Φ_{600}读值	塑性粘度(mPa·s)	漏斗粘度(s)	胶体率(%)	失水量(mL/30min)	pH值
1	0							
2	2							
3	4.5							
4	8							
5	13							

实验表明,本实验所用粘土的加碱量约为4.5%时表观粘度和漏斗粘度最高,失水量最小,胶体率最大,该加量即为其最优加碱量。而当加碱量小于或大于该最优值时泥浆性能均逐渐变差。

第二节 烧碱提高泥浆pH值和切力及水解实验

1.烧碱(NaOH)作用机理简析

钻井泥浆应该维持其设计的pH值,一般为中性偏碱即pH=8~10,视不同泥浆而有所差别。但由于钻孔内地下物质的混入,在使用中泥浆的碱性往往会降低,造成泥浆性能变差。这时应该添加烧碱(又称片碱,NaOH)来提高pH值,使其恢复到设计值。在泥浆中加入适量烧碱的主要作用还有:

(1)产生适度絮凝以提高泥浆切力。这在悬携重碴等不少钻井情况下是需要的。烧碱提供Na^+离子的能力极强,少量的添加可以使泥浆体系中的Na^+呈轻度过饱和,从而适度压缩双电层使粘土微粒仅在端部失去水化隔膜;同时OH^-也有助于粘土微粒端部的"清障"。所以粘土微粒之间产生端-端相互连接,形成空间网架结构即絮凝状态。此时,泥浆的切力明显提高,粘度也有所上升。

(2)对有机处理剂的水解度进行控制。大多数有机处理剂需要水解后才能有效地溶解在泥浆液相中,而烧碱是性价比很好的水解剂。例如NaOH将PAM中的部分酰胺基置换为羧钠基而使HPAM适度溶于水。又如NaOH将CMC中的部分羟基置换为钠羧甲基而使Na-CMC适度溶于水。

2.NaOH提高泥浆切力实验

实验目的:认识在一些泥浆中适度加烧碱后动切力和表观粘度明显提高的现象。

实验仪器:六速旋转粘度计、苏式漏斗粘度计、气压失水量仪、搅拌机、天平、pH广泛试纸、量杯、量筒及烧杯等。

实验材料:烧碱、粘土粉(未钠化)、碳酸钠、田菁胶粉、淡水。

实验步骤:

(1)预配低切力基浆

将62.5g粘土粉+2.5g纯碱+0.35g田菁胶粉用淡水稀释至1 000mL,充分搅拌120min以上,测出其动切力为6Pa,表观粘度为13mPa·s,塑性粘度为7mPa·s,失水量为18mL/30min。

(2)加烧碱提高泥浆切力

在步骤(1)的配方中再加入0.7gNaOH,充分搅拌120min以上,测其动切力为27Pa,表观粘度为35mPa·s,塑性粘度为8mPa·s,失水量为17mL/30min。

二者比较,加烧碱后的动切力和表观粘度大大提高,而塑性粘度和失水量并无明显变化。

3.NaOH水解PAM实验

实验目的:了解NaOH能促使有机处理剂溶于水的事实,掌握PAM的水解方法。

实验仪器:天平、电动搅拌机、1 000mL三口瓶、温度计(100℃)、酒精灯和加热板、水封及冷凝器、酸式滴定管、烧杯(100mL)、搅拌棒、量筒及量杯。

实验材料:聚丙烯酰胺(PAM)、氢氧化钠(NaOH)、0.1mol/L盐酸(HCl)、酚酞指示剂、甲

基橙指示剂、

实验步骤：

(1)PAM溶解性比较

分别将水解度为30%～75%的HPAM和未水解的PAM各按5g/L与清水拌合。30min后观测可以看到水解的HPAM已较充分地溶解，形成的均匀浆液的表观粘度已达到8mPa·s，而未水解的PAM仍不能溶解，与清水相异离。

(2)加温法用NaOH水解PAM

拟将未水解的PAM处理成水解度为60%的HPAM。首先按下式计算出材料用量：

$$W=\frac{40}{71}\times \text{PAM溶液重量}\times \text{PAM百分含量}\times \text{PAM水解度}(\%)$$

式中：40为NaOH的分子量；71为PAM的链节分子量；W为NaOH的需要重量。依此式计算出水解70gPAM溶液，PAM含量为7%，水解度达到60%，所需NaOH的重量。

将1 000mL三口瓶安装好(如没有三口瓶可用1 000mL烧杯代替)，称浓度为7%的PAM 70g，倒入三口瓶中，加入定量的蒸馏水和固体烧碱。缓慢搅拌，同时用酒精灯(或电炉)加热，要求反应温度在95℃～100℃，水解3～4h后，装入500mL试剂瓶中，为水解度测定实验做好准备。

(3)测试PAM的水解度

①称取已水解好的PAM 10g，装在蒸馏水洗净的烧杯中，加入少量蒸馏水，再滴入两滴酚酞指示剂，溶液呈红色，将0.1mol/L的HCl装入酸式滴定管中，然后进行滴定(要逐步少量滴定以防过量)，一边滴定一边搅拌PAM溶液，一直滴到溶液刚呈无色为止。

②再加入二滴甲基橙指示剂，溶液呈黄色，用0.1mol/L滴定至溶液呈橙色为止，记录下HCl的消耗量(一边滴定一边搅拌)。

③计算出PAM的水解度：

$$H=\frac{N\times V\times 71}{W\times 1\,000}\times 100\,\%$$

式中：H——水解度(%)；

N——0.1mol/L盐酸浓度；

V——加入甲基橙指示剂后消耗盐酸的mL数；

W——PAM的纯重量。

第三节　有机大分子聚合物增粘实验

提高泥浆粘度是配制钻井液的基本需求，是悬排粗大钻碴、粘护松散井(孔)壁的主要手段。作为钻井泥浆高效提粘的主要处理剂有黄原胶、羟乙基纤维素、高粘钠羧甲基纤维素、高粘聚阴离子纤维素、胍尔胶、田菁、魔芋、聚丙烯酰胺等。这些处理剂也可以用来直接配制粘度较高的无固相钻井液。与中低分子量的有机处理剂以及少数无机提粘剂(如大模数的Na_2SiO_3)相比，有机大分子聚合物的增粘效果往往高达10倍以上。

1. 泥浆高效增粘剂实验

实验目的：认识典型的有机聚合物大分子处理剂显著提高泥浆粘度的效果，掌握其很低加量的范围。

实验仪器：六速旋转粘度计、漏斗粘度计、气压失水量仪、比重秤、高速搅拌机、天平、pH广泛试纸、量杯、量筒及烧杯等。

实验材料：粘土粉（未钠化）、纯碱、烧碱、XC（黄原胶）、DFD（改性淀粉）。

实验方法与步骤：

将未钠化的造浆粘土粉62.5g、纯碱2.2g、烧碱0.5g混合加水稀释至1 000mL，低速搅拌60min以上形成基浆。测其表观粘度为11.5mPa·s，苏式漏斗粘度为28s。

接着在该1 000mL基浆中加入0.3gXC增粘剂，继续低速搅拌60min以上。测其表观粘度为14.5mPa·s，苏式漏斗粘度为26s。与前步基浆比较，已形成明显较高粘度的泥浆。若再加入2gDFD降失水剂可使其失水量小于13mL/30min。

2. 无固相高聚物钻井液实验

实验目的：把握一般大分子有机聚合物直接溶于水而形成无粘土钻井液的方法。

实验仪器：六速旋转粘度计、漏斗粘度计、气压失水量仪、比重秤、高速搅拌机、天平、pH广泛试纸、量杯、量筒及烧杯等。

实验材料：黄原胶、羟乙基纤维素、高粘钠羧甲基纤维素、高粘聚阴离子纤维素、胍尔胶、田菁、魔芋、聚丙烯酰胺等大分子聚合物材料。

实验方法：

分别将黄原胶、羟乙基纤维素、高粘羧甲基纤维素、高粘聚阴离子纤维素、胍尔胶、田菁、魔芋、聚丙烯酰胺等大分子聚合物材料直接与淡水混合，剂量为水的重量的0.5%，充分搅拌60min以上，测其六速旋转粘度值和漏斗粘度值。典型的六速旋转粘度实测结果如图3-1所示，它们的流变参数换算值和漏斗粘度的实测结果如表3-2所示。

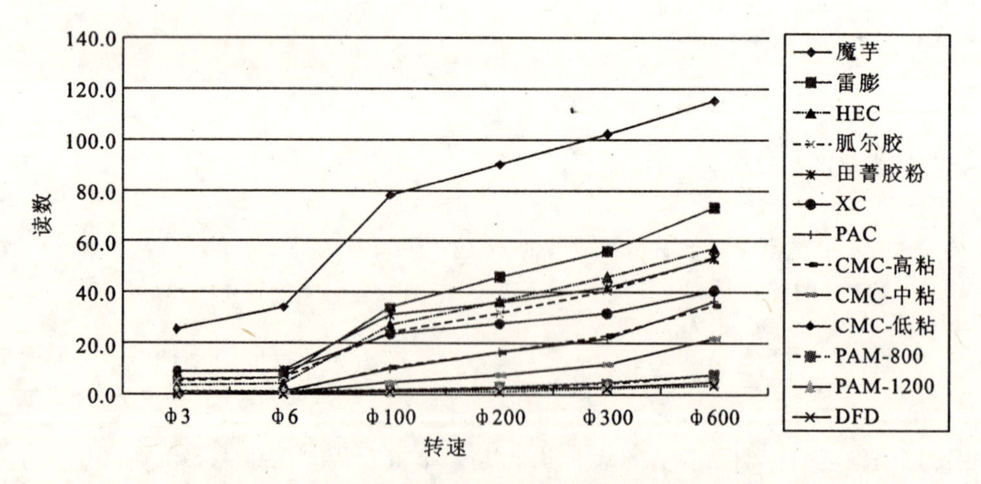

图3-1 有机大分子聚合物溶液六速旋转粘度测试曲线

通过实验可以看出，无需加粘土粉，仅在1m³淡水中加几公斤这些大分子聚合物就可形成较稠溶液，其粘性指标已经满足一般钻井液的要求，可以用来直接配制无固相钻井液。

3. 交联剂对聚合物溶液提粘

可以在一些高聚物（如胍尔胶和田菁粉）溶液中添加少量的专门交联剂，用以在某些钻井

表 3-2　有机大分子聚合物溶液主要流变参数

材料名称	魔芋	雷膨	HEC	胍尔胶	XC	PAC	CMC-任
表观粘度(mPa·s)	57.5	36.5	28.7	27.0	20.5	18.5	17.6
塑性粘度(mPa·s^n)	13.0	17.0	11.5	13.1	9.2	15.0	12.2
漏斗粘度(s)	>100	87.8	53.6	47.3	31.2	28.5	27.6
稠度系数(Pa·s)	17.7	2.6	3.1	1.7	1.7	0.1	0.2
流型指数(无因次)	0.17	0.38	0.32	0.40	0.36	0.75	0.61

场合下大幅度提高钻井液的粘稠度。常用的交联剂有硼砂、硼酸、氢氧化锆、重铬酸钾等。范例实验如下：

在浓度为0.4%的胍尔胶粉或田菁胶粉溶液中加入少量硼砂(其重量是聚合物粉剂重量的10%～20%)，搅拌后即可获得表观粘度不低于120mPa·s的交联稠溶液。如果用六速旋转粘度计测试超出量程，可采用高粘粘度计(图3-2)测试其粘度值(最大量程可测10^6mPa·s)。

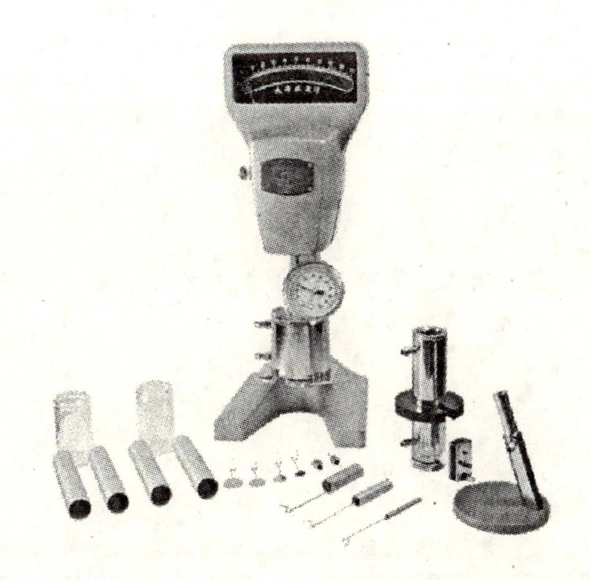

图 3-2　NDJ-79 型高粘粘度计

4. 实验相关注意事项

(1)高聚物提粘剂在钻井液中溶解需要一定时间，溶解速度各有所不同。可以用少量水先将提粘剂溶解成浓缩液，再按计算比例将浓缩液加入钻井液中。

(2)高聚物提粘剂的加量必须准确控制。高聚物添加过量有可能导致泥浆体系发生严重絮凝甚至破坏。

(3)高聚物提粘剂可以辅助提高泥浆的降失水性。以上大分子聚合物在具有高效提粘这种突出效用的同时，均具有一定的降失水性。

(4)搅拌速度过高会导致聚合物大分子断链,泥浆体系粘度下降。例如将魔芋浆液在15 000rpm高速旋转搅拌,其表观粘度仅有低速搅拌时的50%。

(5)高温下的聚合物大分子会有不同程度的降解;钻井液的pH值也对大分子聚合物的增粘效果产生影响。

第四节　降失水剂实验

降低泥浆失水量是解决钻遇率较高的复杂地层孔(井)壁破坏问题的关键技术之一,也对岩矿心采取起到保护作用。常用的钻井泥浆降失水处理剂主要有:中粘钠羧甲基纤维素、改性淀粉、低粘聚阴离子纤维素、腐植酸盐类、腐植酸树脂、聚丙烯酸盐、植物胶等。此外,用于提粘的多数大分子聚合物和用于降切稀释的部分处理剂也兼有一定的降失水能力。

(一)中粘Na-CMC降失水实验

实验目的:通过量化对比认识降失水剂的作用效果,掌握泥浆降失水剂的使用方法。

主要实验仪器:低速搅拌机、旋转粘度计、漏斗粘度计、中压失水量仪。

主要实验材料:造浆粘土粉、纯碱、烧碱、清水、中粘Na-CMC(钠羧甲基纤维素)、黄原胶。

实验步骤:

(1)制备基浆

为了进行对比,首先制备一式3份基浆。每份基浆取清水1 000mL、造浆粘土粉62.5g、纯碱2.2g、烧碱0.5g,混合低速搅拌60min以上形成基浆。测试其中任意一份(第1份)的表观粘度、漏斗粘度和失水量。

(2)添加增粘剂配浆

在第2份基浆中加入0.5g大分子提粘剂(此例为黄原胶)低速搅拌60min以上形成提粘型泥浆。测试其表观粘度、漏斗粘度和失水量。

(3)添加降失水剂配浆

在第3份基浆中加入4.5g中粘Na-CMC低速搅拌60min以上形成降失水型泥浆。测试其表观粘度、漏斗粘度和失水量。

(4)测试数据对比如表3-3所示。

表3-3　上例3种泥浆的实验数据对比表

样份序号	泥浆类型	旋转粘度计读值 Φ(rpm)						表观粘度 (mPa·s)	动切力 (Pa)	失水量 (mL/30min)
		600	300	200	100	6	3			
1	基浆	42.0	39.0	36.5	32.0	27.5	22.5	21.0	18.0	25.0
2	提粘型	60.0	43.0	38.0	28.5	13.5	12.0	30.0	13.0	18.0
3	降失水型	51.0	31.5	26.0	17.0	5.5	4.5	25.5	6.0	12.5

从表3-3的对比可以看出,样份3的失水量最低,中粘Na-CMC降失水效果非常明显。且其粘度适中,动切力较低。

(二)泥浆降失水剂机理分析

钻井泥浆失水是指泥浆中的“自由水”在压差作用下透过井壁的毛细孔向地层中渗滤，同时也在井壁上附着了泥饼。影响失水量大小的因素多且复杂，主要包括造浆粘土水化膜厚度、泥饼的密闭性和韧性、泥浆中“自由水”的相对含量、钻孔中流体与地层孔隙流体之间的压差、滤液的粘度、滤失时间、过滤面积和渗透率以及循环流动对泥饼的冲刷等。静失水量由下式计算：

$$V_f = A\sqrt{\frac{2K\left(\frac{C_c}{C_m}-1\right)\Delta Pt}{\mu}} \tag{3-1}$$

式中：K——泥皮的渗透率；

A——渗滤面积；

ΔP——渗滤压力；

μ——滤液粘度；

V_t——滤失液体的体积即滤失量；

t——渗滤时间；

C_c——泥皮中固体颗粒的体积百分数；

C_m——泥浆中固体颗粒的体积百分数。

对于上述诸多影响因素，泥浆降失水剂主要作用体现在大大增加造浆粘土的水化膜厚度，减少泥浆中“自由水”的相对含量和提高泥饼的密闭性和韧性。降失水剂虽并不能明显提高基液粘度，但可以防范因过粘而使循环压差增大而增大失水量等负面影响。

为此，采用一些中低分子有机化合物作为降滤失剂。这些化合物分子上带有两种基团，一种为水化基团如羟基、醚基，能吸引水分子；另一种为吸附基团如酰胺基、正电基团，能与粘土颗粒及孔壁相吸附。这两种基团的大量存在使造浆粘土微粒表面束缚了厚厚的水化膜。从降失水角度来看，束缚水的增加使向地层渗滤的“自由水”相对含量大大减少；吸附在粘土微粒表面的厚水化膜与粘土微粒骨架共同作用使泥饼的密闭隔水效果进一步增强；这种复合吸附使防渗泥饼的抗冲刷破坏能力也明显提高。

(三)泥饼质量的测试分析

1. 泥浆滤饼强度实验方法

(1)实验仪器及简要依据

实验仪器如图 3-3 所示，在电机带动下，泥饼连同滤饼托盘一起转动，使插入滤饼一定深度的测头通过测杆带动刻度盘转动一定角度。设滤饼相对于测头转动 α 角度时，刻度盘相对于刻度盘指针旋转一定角度 φ。测头相对于滤饼(非刮下部分)转过单位角度所需的能量记为 e，则可得如下近似公式：

$$\varphi = 0.140e + C\alpha$$

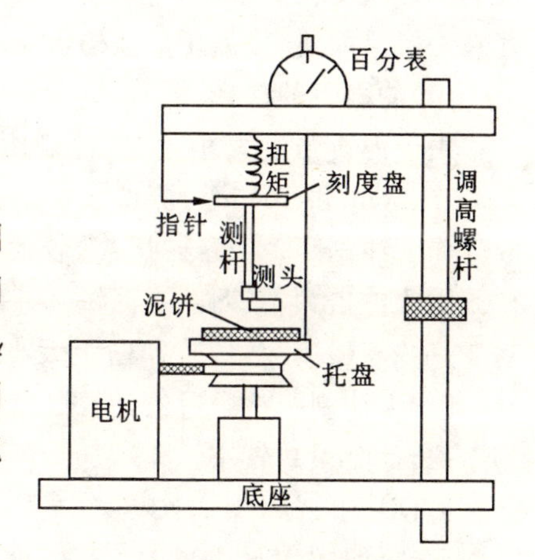

图 3-3　泥浆滤饼强度测试仪示意图

对于滤饼某一厚度的刮层而言，C 为常数，由此可知，若测得一系列 φ 与 α 数据，两者应呈直线关系。其中，直线在 φ 轴上的截距为 $0.140e$，从而可求出 e 值。

(2)实验方法

将充分搅拌均匀的泥浆于常温在 API 滤失测试仪上测其 30 min 内的滤失量，记下滤失数据，小心取下滤饼。将完好的滤饼置于滤饼托盘中央，旋转刮头刮去滤饼上的浮浆，测取滤饼厚度；调节调高螺杆使刮头插入滤饼一定厚度；开启电机，测头每转过 30°读取一个 φ 数据，刮完一层(厚 d)后，将刮头上的滤饼擦掉，再刮第二层，直至刮完最后一层。将每组 φ—α 数据在直角坐标纸上作图得一直线，根据直线在 φ 轴上的截距和上述公式计算出各层的 e 值。显然，e 值越大，滤饼的强度越高。

2. JHNC 泥饼强度冲刷仪

(1)仪器的结构原理及使用方法

该仪器分两部分，即主体部分和控制部分。主体部分包括水池、泥饼安放台、水流循环系统等，控制部分包括自控阀、自动计时系统等，如图 3-4 所示。

试验时，先将仪器安装好，固定水流冲击泥饼的作用距离(即冲刷距)，将泥饼小心地放在泥饼托盘上，注意不要使泥饼折皱、破裂，开启水龙头开关，保证出水口处的水位恒定，然后按控制器的计时按钮，启动电磁阀，则水流沿着管嘴垂直下落冲击泥饼。由于水池中的水位不变，因而流经管嘴处的水流速度恒定。随着水流对泥饼的冲击作用，泥饼逐渐变薄直至破裂，记下冲击泥饼形成约 5mm 左右凹坑所需的时间，用单位厚度泥饼所需的冲击时间来评价泥饼的质量，若冲刷时间越长，则泥饼强度越高。

(2)仪器的主要技术指标

水池中的作用水头 H 为 170mm；管嘴至泥饼之间的距离可以在 50～200mm 之间任意调节；计时器累计计时可达 10h。

(3)泥饼的制取

本试验用泥饼是由 API 滤失试验制取的，试验条件为：常温、压力 0.7MPa、时间 30 min。泥饼厚度是用改进的针入度仪测量的，在测量厚度时，由于泥饼表面存在一层浮泥饼，故需用平缓的水流冲掉。

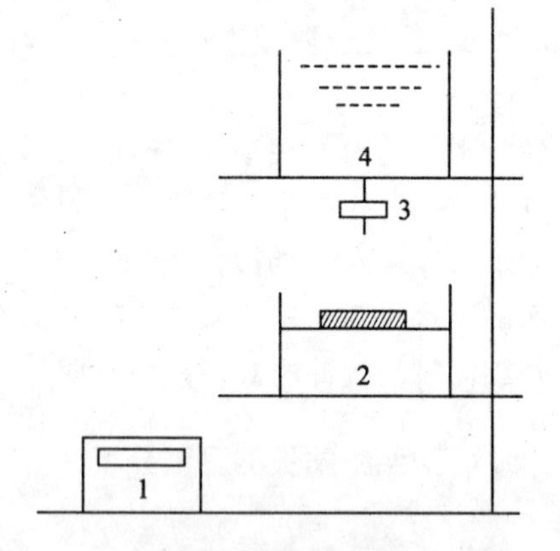

图 3-4 JHNC 泥饼强度冲刷仪示意图

1—控制系统；2—泥饼安放台；3—自控阀；4—水流循环系统

(4)冲刷距的选择

由于泥饼强度大小不等，冲刷距的选择基本上是以 6cm、8cm 和 10cm 为测试条件。实验结果表明，以 6cm 作为冲刷距，实验结果误差较大，8cm 的次之。主要是因为冲击力不够强，在泥饼被冲破之前，泥饼有明显的破裂现象，造成计时误差。尤其是对于一些高强度泥饼，若冲刷距太小，久冲不破，更易造成误差。对于绝大多数泥浆而言，以 10cm 作为冲刷距是合适的，泥饼出现破裂的现象易于观察，5mm 凹坑较易确定，冲刷时间容易掌握，计时误差较小。

3. DL-Ⅱ泥饼测试仪

(1)仪器的主要功能

①能自动找出真假泥饼的界面，精确地测量泥饼的真实厚度，尤其是 HTHP 泥饼。

②能自动绘制出泥饼厚度与强度的关系曲线。

③能自动显示出泥饼任一厚度位置的强度大小。

④由曲线可分析出泥饼的压实程度(包括可压缩的厚度、引起压缩的临界压力、最终压实压力等)。

⑤由曲线可分析出泥饼的致密程度(包括致密层的厚度、致密层的均匀程度、致密层的强度等)。

⑥由曲线可分析出泥饼的最终强度大小。

(2)仪器的结构(图 3-5)

①测量系统:包括传感器、探针、数字电路模数转换电路、稳压电源等。

②动力系统:包括微电路、变速传动装置、升降机构等。

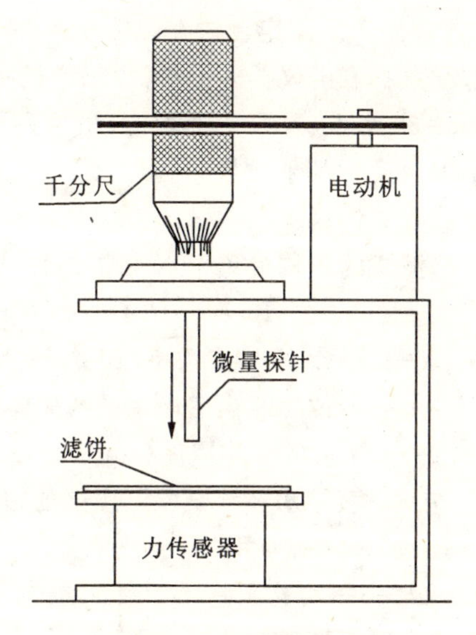

图 3-5 泥饼测试仪

③自动记录系统:包括运算放大电路等。

(3)技术规范

①测量范围:0～3 000g(数字显示为 0～1 999g)。

②针入深度:0～15mm。

③针入面积:6.5mm^2。

(4)工作原理

该仪器的关键部件是恒速下移的探针和放置泥饼的传感器。当探针下移针入真泥饼后其载荷通过传感器转换成电信号输出,一路通过 D/A 模数转换器将信号放大并转换成数字信号,由显示板显示出瞬时载荷的大小。同时另一路输出进入 *X*—*Y* 自动记录仪绘制曲线。记录仪 X 轴方向表示的是泥饼的当量厚度(它是时间、记录仪档位和电机速度的函数),Y 轴方向表示的是泥饼的强度大小。当探针在假泥饼中下移时,由于假泥饼没有内聚力和强度,即没有作用载荷,故无信号输出,数显为零。当数显开始显示时,即是真假泥饼交界面。

4. 泥饼质量评价方法

(1)实验仪器

①GJ-1 型高速搅拌器。

②API 高温高压滤失仪。

③针入度测定仪,用于测定泥饼厚度(为减小目测误差,在该仪器上连一蜂鸣器,当针尖接触泥饼时,蜂鸣器即鸣叫,即可同时在读数盘上读取数据)。

④MP200-1 型电子天平。

⑤202-1 型干燥箱。

(2)实验方法及有关计算

①实验方法

配制质量浓度为 1 020kg/m^3 的膨润土浆为基浆,加入所需的处理剂搅拌 20min,用高温高压滤失仪测定其 30min 的滤失量(测定条件为室温,压力为 0.7MPa)。然后将仪器内泥浆倒出,贴仪器内壁注入少量蒸馏水,轻轻晃动后将水倒出。再注入蒸馏水至刻度处,在室温和

0.7MPa 压力下测定泥饼在蒸馏水条件下的滤失量，每 2min 记录一次读数，约 30min 后实验全部结束。取出仪器内泥饼，用热风机将泥饼烘吹 20s，再用针入度仪测其厚度，每个泥饼选测 20～30 个点、并取其平均值，最后刮下泥饼，称其湿质量 m_w，并置于烘箱中在 105℃下烘 12h，取出后称其干质量 m_D。

②有关计算

1)泥饼的平均渗透率 K 按下式计算：

$$K = q \cdot l \cdot \mu \cdot /(A \cdot \Delta P) \tag{3-2}$$

式中：K——泥饼平均渗透率($10^{-3}\mu m^2$)；

q——单位时间内蒸馏水的滤失体积(cm^3/s)；

l——泥饼的平均厚度(cm)；

μ——蒸馏水在该试验温度下的粘度(mPa·s)；

A—— 滤饼面积；

ΔP—— 实验压差(MPa)。

2)泥饼干湿质量比 f 按下式计算：

$$f = m_D/m_w \tag{3-3}$$

式中：m_D——泥饼的干质量(g)；

m_w——泥饼的湿质量(g)。

3)泥饼的固相体积分数 f_c 按下式计算：

$$f_c = m_D/(A \cdot l \cdot \rho_s) \tag{3-4}$$

式中：f_c——泥饼的固相密度(g/cm^3)。

4)泥饼中固相体积占泥饼及滤失量体积的分数 f_m 按下式计算：

$$f_m = m_D/[(A \cdot l + V_f)\rho_s] \tag{3-5}$$

式中：V_f——泥浆的滤失量(mL)。

ρ_s——滤液(蒸馏水)密度(g/cm^3)。

5)泥饼的平均孔隙度 ϕ，按下式计算：

$$\phi = \frac{(f'-1)\rho_s/\rho_f}{1+(f'-1)\rho_s/\rho_f} \tag{3-6}$$

式中：f'——$1/f$；

ρ_f——滤液(蒸馏水)密度(g/cm^3)。

第五节　稀释剂的降切实验

由于钻孔(井)内某些地下物质的混入，钻井泥浆在使用中时常会出现变稠即切力增高的现象，导致循环流动困难。有时这种状态还很容易转变为水土分层，使泥浆体系遭到破坏。对此，采用一些中低分子量降切力(俗称稀释)剂，如木质素磺酸盐、单宁酸钠、栲胶碱液、腐植酸盐、植物胶等来稀释处理泥浆，在对泥浆密度和失水量影响较小的前提下能明显提高泥浆的流动性，恢复泥浆体系的正常稳定状态。

1. 降切稀释的作用机理

泥浆在使用过程中变稠，从本质上分析是由于粘土微粒之间发生了相互连接形成空间网架结构即严重絮凝。其诱因是外界高价离子(Ca^{2+}、Mg^{2+}、Fe^{3+}、Al^{3+}等)或过量的钠盐侵入使粘土微粒水化膜变薄,致使端部裸露而形成粘土微粒之间的端-端相连。其流变特性表现为泥浆切力剧增,塑性粘度也相应增高。添加稀释剂的目的就是使一些中低分子量的化合物有效地吸附在粘土微粒端部,形成端部的水化膜,以此阻隔微粒之间的连接,拆散空间网架结构,恢复泥浆较低粘阻的流动性。

这里需要解释为什么不采用直接加清水稀释。简单加水对变稠的泥浆进行稀释,从表面上看泥浆的粘度是下降了,但在很多情况下(粘土侵除外)泥浆的质量却遭到了破坏,表现为:①泥浆的失水量恶性增大;②泥浆比重降低;③泥浆的稳定性变差,易导致水土分层使泥浆体系遭到破坏。

2. FCLS的降切稀释实验

实验目的:了解稀释剂降粘的作用,学会用稀释剂降低泥浆过稠的方法。

主要实验仪器:低速搅拌机、旋转粘度计或漏斗粘度计、中压失水量仪等。

主要实验材料:铁铬木质素磺酸盐(FCLS)、造浆粘土粉、纯碱、清水、羟乙基纤维素(或田菁胶粉)、烧碱(或石膏)

实验步骤:

(1)制备普通泥浆

取清水1 000mL、造浆粘土粉62.5g、纯碱2.2g、烧碱0.5g,混合低速搅拌30min以上形成基浆。再加入0.35g田菁胶粉继续低速搅拌60min以上形成普通泥浆。测得其表观粘度为18mPa·s,动切力为5Pa,失水量为17.5mL/30min。

(2)钙侵使泥浆增稠

再加入0.5g$CaCO_3$搅拌30min,可以观察到泥浆已经严重絮凝,流动困难。用旋转粘度计测其动切力高达30Pa,表观粘度高达95mPa·s,失水量大于28mL/30min。

(3)加稀释剂降粘处理

再加入4g稀释剂FCLS搅拌30min。可以观察到泥浆絮凝稠化状况解除,流动性恢复。测其动切力为4.5Pa,表观粘度为17.5mPa·s,失水量为16.5 mL/30min。粘稠性参数明显低于步骤(2)的结果而恢复到步骤(1)的相应数据。

第六节　加重泥浆的配制

在地应力和地层孔隙压力大的钻井(孔)中,必须采用大密度(大比重)泥浆来平衡异常地层高压。仅靠增加造浆粘土来提高泥浆比重是远达不到需求的,过量加粘土还会使泥浆的粘度剧增,此时必须采用加重剂来配制大比重(密度)泥浆。常用的泥浆加重处理剂材料如表3-4所示。

1. 重晶石加重泥浆实验

实验目的:通过重晶石配浆实例掌握加重泥浆的配制方法。

主要实验仪器:低速搅拌机、比重秤、旋转粘度计或漏斗粘度计。

主要实验材料:重晶石粉(400目)、造浆粘土粉、纯碱、烧碱、淡水、黄原胶(XC)、改性淀粉(DFD)。

实验方法:先配制出常规比重的基浆并加处理剂提高泥浆悬浮能力,再按理论计算的重量添加重晶石，形成大比重泥浆。具体步骤如下：

表 3-4　常用泥浆加重处理剂

名　称	重晶石粉	石灰石粉	铁矿粉	方铅矿粉
成分	$BaSO_4$	$CaCO_3$	Fe_2O_3	PbS
密度(g/cm^3)	4.2	2.9	5.3	7.7
用途	配制比重不超过2.3的水基、油基泥浆	密度相对较低，配制比重不大于1.6的钻井液	配制加重钻井液同样比重，加量比重晶石少	配制超高密度钻井液，控制异常高压，成本高

(1)将造浆粘土粉67g、纯碱2.2g、烧碱0.5g混合加水稀释至1 000mL，低速搅拌60min以上形成基浆。用粘度计测其表观粘度为11.5mPa·s，动切力为5.5Pa。

(2)接着加入0.3gXC和2gDFD继续低速搅拌60min以上形成具有较强悬浮结构力且低失水量的普通密度泥浆。测其表观粘度为14.5mPa·s，动切力为7.5Pa，说明悬浮能力高于步骤(1)的结果。测试该原浆比重为1.05左右。

(3)按下式计算配制大密度泥浆时一定体积原浆中所需添加的重晶石的重量G_s：

$$G_s = V \cdot \rho_s \cdot \frac{\rho_m - \rho_{m0}}{\rho_s - \rho_m} \tag{3-7}$$

式中：V——原浆体积(m^3)；

ρ_s——重晶石密度(kg/m^3)；

ρ_m——拟配加重泥浆密度(kg/m^3)；

ρ_{m0}——原浆密度(kg/m^3)。

将V=1 000m^3、ρ_s=4.2kg/m^3、ρ_m=1.35kg/m^3、ρ_{m0}=1.05kg/m^3带入式(3-7)计算得到：若配制密度为1.35kg/m^3的加重泥浆，应在每方原浆中加重晶石442kg。

(4)最后，在步骤(2)配好的1 000mL原浆中加入442g重晶石粉(400目)，搅拌20min即形成悬浮稳定的大比重泥浆。测其比重为1.34，非常接近于设计要求的比重。实测其表观粘度为21.5mPa·s，失水量为17mL/30min，符合通常钻井需求。

2.控制加重材料细度

加重材料在泥浆中的悬浮稳定性与其细度关系密切。颗粒的沉降速度几乎与颗粒直径的平方成反比。所以应尽量选用细粒的加重剂。考虑性价比，一般加重剂的粒度在400～800目之间为宜。上例泥浆的悬浮稳定性良好，用群渣悬浮稳定性测试仪(图3-6)测试的比重-时间曲线下降缓慢。

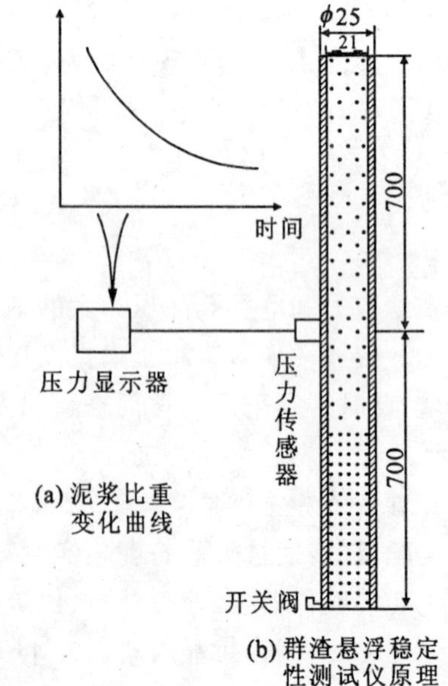

图3-6　加重剂悬浮稳定性实验原理图

3.提高粘度和结构程度

为确保加重材料在泥浆中均匀稳定地悬浮，若需进一步提高基浆粘度及网架结构程度，可以：①在泥浆中添加大分子高聚物提粘；②加交联剂使高聚物适度交联；③加絮凝剂使粘土颗粒适度絮凝。对所形成的重浆体系进行如图3－6(b)所示的群渣悬浮稳定性测试，将测试所得的数据及曲线与图3－6(a)进行比较，以获得加重剂悬浮稳定性的评价指标。

4. 甲酸盐加重剂实验

甲酸盐钻井液的突出特点是密度可调范围宽（1.0～2.3g/cm³）、固相含量低、流变性能优良，在深孔小井眼大密度低循环摩阻的需求下具有看好的应用前景。几种甲酸盐盐水的基本性质如表3－5所示。

表3－5　几种甲酸盐盐水的基本性质表

名称	化学式	饱和浓度(%)	最高密度(g/cm³)	粘度(mPa·s)	pH值
甲酸钠	NaCOOH	45	1.34	7.1	9.4
甲酸钾	KCOOH	76	1.60	10.9	10.6
甲酸铯	CsCOOH	83	2.37	2.8	9.0

实验目的：

配制甲酸盐无固相聚合物钻井液，对其性能进行测试和分析。

实验仪器：

密度计、六速旋转粘度计、中压失水量仪、天平、酸度计（或pH试纸）、普通小型搅拌机、烘箱。有条件时可再配备高温高压膨胀量仪、岩心渗透率仪、悬渣性能测试仪、高温高压动失水仪。

实验材料：

甲酸钾（或甲酸钠、甲酸铯）、黄原胶、其他降滤失提粘聚合物。

实验步骤：

(1)测试饱和浓度下的甲酸钾盐水的密度、粘度、pH值。有条件时还可对甲酸钠、甲酸铯饱和盐水进行测试。

(2)室温下，在饱和甲酸钾盐水中加入0.3%的生物聚合物黄原胶和少量其他降滤失提粘聚合物，低速搅拌30min以上；分别测试其密度、六速旋转粘度、失水量。

(3)用烘箱加热上述甲酸钾聚合物钻井液至100℃以上，再测其密度、六速旋转粘度、失水量，并与室温下的性能进行对比。

(4)可对比其他钻井液体系，进一步测试甲酸钾聚合物钻井液的高温高压膨胀量、岩心渗透率、悬渣性能和高温高压动失水量。

(5)可进一步改变甲酸盐和聚合物种类，配制不同的甲酸盐聚合物钻井液体系，测试其广泛性能。

实验结果分析要求：

与普通加重泥浆对比，用实验数据说明甲酸盐钻井液在具有较大密度的性能下其粘度和切力较低；分析甲酸钾生物聚合物钻井液的降滤失性、高温稳定性、高剪稀释性。可进一步对甲酸盐钻井液的悬渣性能、抑制能力、抗污染能力和储层保护能力进行分析评价。

第四章　粘土造浆能力实验评价

第一节　主要矿物成分鉴定

一、概述

粘土在地表沉积层中分布极广。粘土矿物的定量研究不仅对估价粘土矿床的工业价值有实用意义，而且对许多地质问题的深入研究，特别是在石油地质工作中详细研究生油层、储油层和盖层，进行地层对比，恢复古地理环境等方面，都有十分重要的意义。

二、实验原理

每种粘土矿物都有其特定的构造层型和层间物，构造层型和层间物的不同决定了它们的基面间距不同。一般来说，所谓的粘土矿物X射线衍射定性分析是指将所获得的实际样品中的某种粘土矿物的X射线衍射特征（*d*值、强度和峰形）与标准粘土矿物的衍射特征进行对比，如果两者吻合，就表明样品中的这种粘土矿物与该标准粘土矿物是同一种粘土矿物，从而作出粘土矿物的种属鉴定。粘土矿物的定量分析就是在定性分析的基础上，利用各种矿物相衍射峰的强度、高度关系等计算各自的相对百分含量。每种物质成分都有各自特征的衍射图谱，而且衍射强度与其含量成正比（不是严格成立的）。在混合物中，每一种物质成分的衍射图谱与其他物质成分的存在与否无关。也就是说，试样的衍射图谱是由试样中各组成物质的衍射图谱组成的，这就是X射线衍射做相定量分析的基础。

总之，粘土矿物X射线衍射分析就是根据基面衍射的*d*值和衍射峰强度对粘土矿物进行定性、定量分析。

图4-1　X-射线衍射仪

三、实验仪器及测试条件

仪器名称：X-射线衍射仪（X’Pert PRO DY2198）（图4-1）。

1. 技术指标

（1）衍射角精密度和重现性＜0.002；

（2）衍射峰的准确度/线性度＜0.04；

（3）超纯探测器最大计数率＞130×106cps；

（4）小角散射单色光＜0.01。

2. 主要功能及应用领域

(1)普通物相测定；

(2)微区衍射(X 光光束直径 0.1～0.5mm)；

(3)高温衍射(常温～1 600℃)；

(4)薄模样品测定(物相及厚度)；

(5)小角散射(纳米颗粒的测定)；

(6)数据自动检查系统。

3. 测试条件

(1)Cu－Ka 辐射；

(2)发散狭缝与散射狭缝均为 1°；接收狭缝 0.2mm；

(3)扫描速度 2.4°/rain；

(4)采样步宽 0.02°(2θ)；

(5)工作电压 40kV；

(6)工作电流 40mA；

(7)扫描范围：

N 片：3°～30°(2θ)；

EG 片：3°～30°(2θ)；

T 片：3°～30°(2θ)。

四、实验步骤

(1)自然风干定向样品(N 片)分析

将 40mg 干样放入 10mL 试管中，加入 0.7mL 的蒸馏水，搅匀，用超声波使粘粒充分分散，迅速将悬浮液倒在载玻片上，风干。

(2)乙二醇饱和处理定向样品(EG 片)分析

用乙二醇蒸汽在 40℃～50℃条件下将自然定向片恒温 7h，自然冷却至室温。

(3)加热至 550℃，恒温 2h 处理定向样品(T 片)分析

在 550℃±10℃条件下，将乙二醇饱和片恒温 2h，自然冷却至室温。

(4)特殊片制备

①盐酸片

加 6mol/L 的盐酸于 40～50mg 样品中，80℃～100℃水浴上处理 15min，冷却后离心洗涤至无氯离子。

②联氨片

在装有 6mL 联氨试管中放进一些干样，使粘土充分分散，15h 后经离心并倒出清液，将湿样均匀涂在载玻片上，立即上机分析。

③钾离子饱和片

称 40mg 样品放入试管中，加入 1mol/L 的氯化钾溶液 7mL，饱和三次后用蒸馏水洗涤至无氯离子。

五、试验结果分析

中国地质大学(武汉)国家重点实验室 X 射线物相分析报告

送样单位： 检测结果：

计量单位：$w_B/10^{-2}$

样品编号	蒙脱石	绿泥石	石膏	高岭石	石英

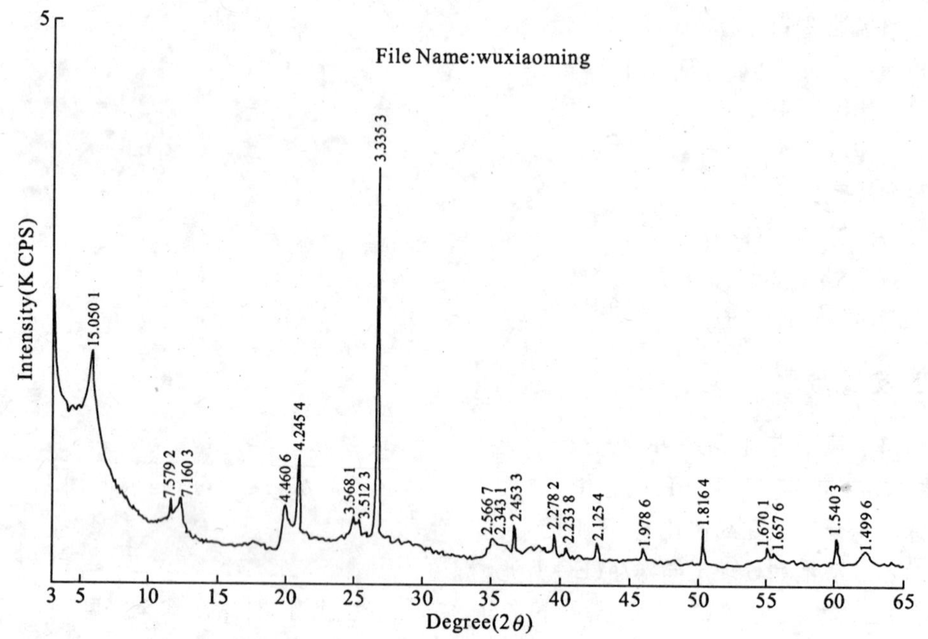

测试类别：X 衍射矿物成分分析

测试依据：JCPDS 卡片(国际粉末衍射标准联合委员会)

主要测试仪器名称及编号：荷兰 X'Pert MPD Pro X 射线衍射仪

测试环境(温度)：24℃ (湿度)：65%

打印： 审核： 报出日期： (公章)

第二节 化学组分测定

一、分析项目

烧失量： loss

二氧化硅： SiO_2

三氧化二铝： Al_2O_3

三氧化二铁： Fe_2O_3

二氧化钛：　TiO_2
氧化钙：　CaO
氧化镁：　MgO
氧化钾：　K_2O
氧化钠：　Na_2O
三氧化硫：　S_2O_3

二、制样和取样方法

(1)分析试样要充分混匀，能表示平均组成。

(2)分析试样要全部通过孔径为 0.088mm 的筛，约取 5g 试样平摊在称量瓶(直径 50mm)中，在 105℃～110℃烘箱中烘 2h 以上，然后保存于干燥器中。分析时，从干燥器里取出，尽快称取。

(3)称取试样精确至 0.000 2g。

三、烧失量的测定

(1)方法类别

烧失量的测定采用重量法。

测定范围：5%～15%。

(2)方法提要

试样在 1 000℃灼烧至恒量，以损失的质量计算其烧失量。

(3)分析步骤

①称取 1g 左右试样，置于已恒量的铂(或瓷)坩埚中。

②将坩埚放入高温炉中，从低温开始，逐渐升温至 1 000℃，灼烧 1h。

③取出坩埚置于干燥器中，冷至室温，称量。

④重复灼烧，每次 20min，直至恒量。

(4)分析结果的计算：

按式(4-1)计算烧失量的质量百分含量：

$$\text{烧失量} = \frac{m_1 - m_2}{m} \times 100 \quad (4-1)$$

式中：m_1——灼烧前试样与铂(或瓷)坩锅质量(g)；

m_2——灼烧后试样与铂(或瓷)坩锅质量(g)；

m——试样质量(g)。

四、二氧化硅的测定

1. 盐酸一次脱水滤液比色法

试样用碳酸钠熔融分解，盐酸浸取，蒸干，再用盐酸溶解可溶性盐类，过滤并将沉淀灼烧成二氧化硅。然后用氢氟酸—硫酸处理，使硅呈四氟化硅形式逸出，氢氟酸处理前后的质量差即为沉淀的二氧化硅量，用硅铝蓝分光光度法测定滤液中残余的二氧化硅量。两者相加即可求得试样中二氧化硅的含量。

2. 试剂

①无水碳酸钠；

②焦硫酸钾；

③盐酸(密度为 1.19g/mL)；

④盐酸(1+6)(1 体积浓盐酸+6 体积水)；

⑤盐酸(1+9)；

⑥盐酸(5+95)；

⑦硫酸(密度为 1.84g/mL)；

⑧硫酸(1+1)；

⑨氢氟酸(40%)；

⑩硝酸银溶液(1%)：贮存于棕色瓶中；

⑪钼酸铵溶液(5%)；

⑫抗坏血酸溶液(2%)：用时配制；

⑬氢氧化钠溶液(10%)；

⑭氟化钾溶液(2%)；

⑮0.5%对硝基苯酚指示剂乙醇溶液；

⑯95%乙醇溶液；

⑰二氧化硅标准贮存溶液(0.5mg/mL)

准确称取 0.500 0g 经 1 000℃灼烧 2h 并冷却后的二氧化硅(光谱纯试剂)于盛有 3g 无水碳酸钠的坩埚中，熔融至透明熔体，继续熔融 7～10min，冷却。用热水将熔块浸取于 300mL 塑料杯中，加入 150mL 沸水，搅拌使其溶解，冷却。移至 1 000mL 容量瓶中，用水冲至刻度，摇匀后转移至干燥洁净的塑料瓶中贮存；

⑱二氧化硅标准比色溶液(0.1mg/mL)

移取二氧化硅标准贮存溶液 50mL，置于 250mL 容量瓶中，用水冲至刻度，摇匀，贮存于塑料瓶中。

3. 仪器

分光光度计。

4. 分析步骤

①准确称取 0.5g 试样，置于盛有 2g 无水碳酸钠的铂坩埚中，混匀，再用 1g 无水碳酸钠盖在上面。

②盖上坩埚盖并留有缝隙，从低温加热，逐渐升高温度至 960℃，熔融至透明的熔体，继续熔融 10～15min 后，旋转坩埚使熔融物均匀地附于增埚壁周围，冷却。

③用热水浸出熔块于铂皿(或瓷皿)中。

④盖上表皿。从缝中滴加 10mL(1+1)盐酸，使熔块溶解，用少量盐酸及热水洗净坩埚，并入蒸发皿中。

⑤将皿置于水浴上蒸发至无盐酸气味，冷却。

⑥加入 10mL(1+1)盐酸，放置约 5min，加热水 50～60mL，搅拌使盐类溶解，以中速定量滤纸过滤，滤液盛于 250mL 容量瓶中，以热(5+95)盐酸洗涤皿壁及沉淀 10～12 次，再用热水洗涤至无氯离子(用 1%硝酸银溶液检查)。

⑦将沉淀及滤纸一并移入铂坩埚中，加 4～5 滴(1+1)硫酸，放在电炉上先以低温烘干，再升高温度使滤纸充分灰化。

⑧于 1 000℃灼烧 1h，冷却，称量。反复灼烧(间融 20min)至恒量。

⑨将沉淀用水润湿加 4 滴(1+1)硫酸及 5～7mL 氢氟酸，于低温电炉上蒸发至干，反复处理一次。逐渐升高温度至三氧化硫白烟驱尽，将残渣在 1 000℃灼烧 20min，冷却，称量。反复灼烧至恒量。

⑩将上述带残渣的坩埚，加入约 2～3g 焦硫酸钾，盖上盖。先低温加热，逐渐升温，待反应结束后，再高温熔融 3～5min，冷却。

⑪用热水浸出，洗净坩埚及盖，冷至室温，并加入二氧化硅的滤液中，用水冲至刻度，混匀。此溶液为(A)液，供测定 SiO_2 和 Al_2O_3，Fe_2O_3，TiO_2，CaO，MgO 用。

⑫吸取(A)液 25mL 于 100mL 塑料杯中，加 5mL 2%氟化钾溶液，摇匀，放置 7～10min，加 1 滴对硝基苯酚指示剂，滴加 10%氢氧化钠溶液变黄，加 8mL(1+6)盐酸后，转入 100mL 容量瓶中，加 8mL 95%的乙醇溶液，4mL 5%的钼酸铵溶液。于 20℃～30℃下放置 15min。加 15mL(1+1)盐酸，用水稀释至约 90mL，加入 5mL 2%抗坏血酸溶液，用水冲至刻度，摇匀。1h 后，于分光光度计上，以试剂空白作参比，选用 5mm 比色槽，在波长 700nm 处，测量溶液的吸光度。

⑬二氧化硅标准曲线的绘制

于一组 100mL 容量瓶中，加 8mL(1+6)盐酸及约 10mL 水，分别注入 0.00，1.00，2.00，3.00，4.00，5.00，6.00，7.00，8.00mL 二氧化硅标准比色溶液(SiO_2：0.1mg/mL)，加 8mL 95%的乙醇溶液，4mL 5%的钼酸铵溶液，于 20℃～30℃下放置 15min。加 15mL(1+1)盐酸，用水稀释至约 90mL，加入 5mL 2%抗坏血酸溶液，用水冲至刻度，摇匀。1h 后，于分光光度计上，以试剂空白作参比，选用 5mm 比色槽，在波长 700nm 处，测量溶液的吸光度。绘制标准曲线。

5. 分析结果的计算

按式(4-2)计算二氧化硅的质量百分含量：

$$SiO_2 = \left(\frac{m_1 - m_2}{m} + \frac{c \times 10}{m \times 1\,000}\right) \times 100 \tag{4-2}$$

式中：m_1——灼烧后未经氢氟酸处理的沉淀与坩埚质量(g)；

m_2——氢氟酸处理后灼烧残渣与坩埚质量(g)；

c——由标准曲线上查得所分取试样溶液中二氧化硅的含量(mg/100mL)；

m——试样质量(g)。

由于本书篇幅有限，其他化学组分测试方法不一一赘述，详见《粘土化学分析方法》(GBT 16399—1996)。

第三节　粒度分布测定

一、概述

通过粒度分析实验可以测定各粉体或浆体样品中各种粒组所占样品总质量的百分数，借以明确颗粒大小分布情况，供土的分类与概略判断土的工程性质及选料之用，这对正确而全面地认识和评价各种样品的组成和级配等物理性质具有重要的意义。随着现代科技的快速发展，钻井工程对粒度分析的实验条件、精度和结果都提出了更高的要求。

二、实验原理

颗粒就是在一定尺寸范围内具有特定形状的几何体。这里所说的一定尺寸一般在毫米到纳米之间，颗粒不仅指固体颗粒，还有雾滴、油珠等液体颗粒。它是组成粉体(由大量的不同尺寸的颗粒组成的颗粒群)能独立存在的基本单元。颗粒的大小叫做颗粒的粒度。

一般用粒径描述颗粒，但颗粒大小不一，形状各异，要研究它们有一定的难度，所以应用等效球体理论，我们得到可以广泛应用于描述各种粒径的等效粒径。等效粒径是指当一个颗粒的某一物理特性与同质的球形颗粒相同或相近时，我们就用该球形颗粒的直径来代表这个实际颗粒的直径。那么这个球形颗粒的粒径就是该实际颗粒的等效粒径。

粒度分析又称“机械分析”，这里是指被研究的土体(或岩体)中各种粒度的百分含量及粒度分布的一种方法。

虽然粒度分析的方法多种多样，基本上可归纳为以下几种方法。传统的颗粒测量方法有筛分法、显微镜法、沉降法、电感应法等，近年来发展的方法有激光衍射法、激光散射法、光子相干光谱法、电子显微镜图像分析法、基于颗粒步朗运动的粒度测量法及质谱法等。其中激光散射法和光子相干光谱法由于具有速度快、测量范围广、数据可靠、重复性好、自动化程度高、便于在线测量等优点而被广泛采用。

Rise－2006 型激光粒度分析仪(图 4－2)即是采用全量程米氏散射理论，充分考虑到被测颗粒和分散介质的折射率等光学性质，根据大小不同的颗粒在各个角度上散射光强的变化反演出颗粒群的粒度分布数据。

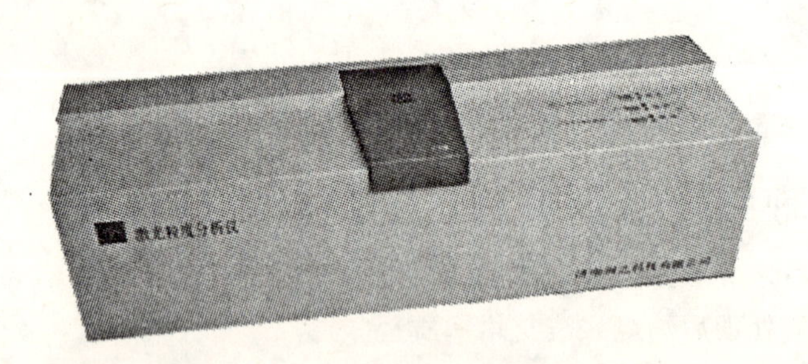

图 4－2　Rise－2006 型激光粒度分析仪

颗粒测试的数据计算一般分为无约束拟合反演和有约束拟合反演两种方法。有约束拟合反演在计算前假设颗粒群符合某种分布规律，再根据该规律反演出粒度分布。这种运算相对比较简单，但由于事先的假设与实际情况之间不可避免会存在偏差，从而有约束拟合计算出的测试数据不能真实地反映粒度群的实际粒度分布。

无约束拟合反演即测试前对颗粒群不作任何假设，通过光强直接准确地计算出颗粒群的粒度分布。这种计算前提是合理的探测器设计和粒度分级，给设计本身提出很高的要求。Rise－2006 型激光粒度仪采用最优的非均匀性交叉三维扇形矩阵排列的探测器阵列和合理的力度分级，从而能够准确地测量颗粒群的粒度分布。

三、实验操作

测量前需要注意以下几点：

(1)开机预热 15～20min，主要考虑到激光的输出要到 15min 以后才能达到稳定，如果环境温度偏低，预热时间要长一些，最长不超过 30min。

(2)使用纯净的分散介质测量基准，观察基准是否正常，如果基准不能达到要求，需要清洗样品窗。

(3)根据样品的特性，选择合适的分散介质、分散剂、循环速度、搅拌速度和超声时间等参数。

手动操作步骤：

(1)开机预热 15～20min。

(2)运行颗粒粒度分析系统。

(3)新建数据文件夹选择合适的目录保存，然后“打开”新建的数据文件夹。

(4)向样品池中倒入分散介质，分散介质液面刚好没过进水口上侧边缘，打开排水阀，当看到排水管有液体流出时关闭排水阀(排出循环系统的气泡)，开启循环泵，使循环系统中充满液体。

(5)点按钮，使测试软件进入基准测试状态，系统自动记录前 10 次基准的测量平均结果，刷新完 10 次后，按下下步按钮，系统进入动态测试状态。

(6)关闭循环泵，抬起搅拌器，将适量样品(根据遮光比控制加入样品的量)放入样品池中，如有必要可加入相应的分散剂。

(7)启动超声，并根据被测样品的分散难易程度选择适当的超声时间(一般为 1min～9min50s)。

(8)启动搅拌器，并调节至适当的搅拌速度，使被测样品在样品池中分散均匀。

(9)启动循环泵，如果加入样品的遮光比超过 0.1，则会显示测量结果(如果遮光比小于 0.1，则被认为是正常的基准波动)，测试软件窗口显示测试数据，当数据稳定时存储(定时存储或随机存储)测试数据。

(10)数据存储完毕，打开排水阀，被测液排放干净后关闭排水阀，加入清水或其他液体冲洗循环系统，重复冲洗至测试软件窗口粒度分布无显示时说明系统冲洗完毕；如果选择有机溶剂做为介质时，要清洗掉粘在循环系统内壁上的油性物质。

(11)随存储后的测量结果可以进行平均统计比较和模式转换等操作。

(12)仪器长时间不使用要切断总电源，用罩罩住仪器。

当仪器测量的数据与正常数据不符时，应对仪器进行标定。正常使用操作，可以每半年标定一次。标定操作步骤如下：

①打开后盖，将样品窗进水端的进水胶管拔下插上标定胶管。

②向 50mL 洁净烧杯中注入 20mL 蒸馏水，把标准物质盖子旋紧，用力摇动使其均匀混合后，向烧杯中滴入 6～8 滴并摇动烧杯使其混合均匀。

③向漏斗中注入适量蒸馏水，抬高漏斗排净气泡后做基准，基准测试完毕使软件进入测试状态，倒出蒸馏水。

④把烧杯中样品摇匀后倒入漏斗，排净气泡后测试，存储测试数据，比较测试数据 D50 与标准值的偏差是否在误差范围内，若测试结果不在误差范围内请与厂家联系。

⑤将样品窗进水端的标定管拔下插上进水胶管，安上后盖，标定结束。

四、数据处理

1.粒度分布表

在该软件中打开实验时保存的某样品数据，每一组数据都包含如下信息：

序号	样品名	检测时间	D10	D50	D90	Dav	S/V	送样单位

且每组数据都对应窗体布局中如下的粒度分布表，如图 4－3 所示。

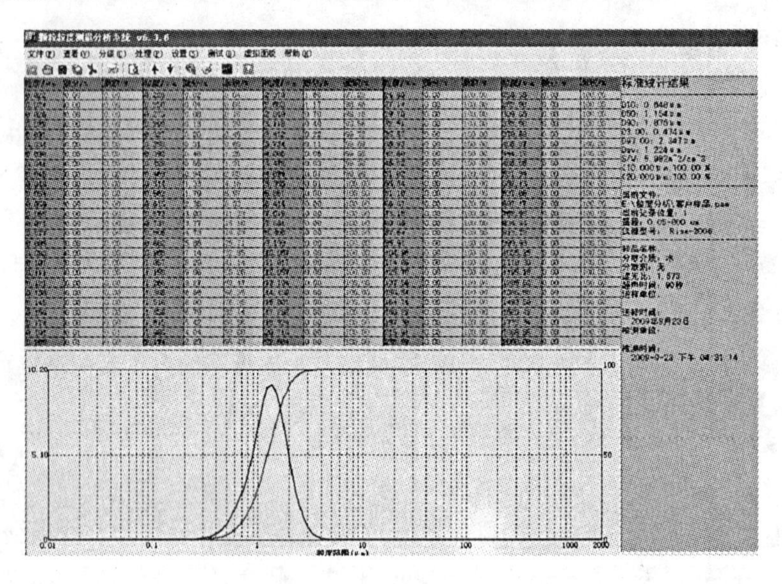

图 4－3　粒度分布图

2.粒度分布图

在粒度分布图中点击鼠标即可保存或另存，也可以进行打印等。

3.设置测试信息

可依照需要设置相应的测试信息，包含颗粒折射率、介质折射率、颗粒密度和理想遮光比、样品名称、分散剂、超声时间、送样单位、检测人、检测时间和检测单位，选择通讯口，设置页眉、页脚及中英文等。

4.其他数据分析

借用软件可以进行数据比较、数据平均、数据统计、数据修改以及对多余数据进行删除。

第四节　蒙脱石含量测定

1.实验目的

通过本实验，学会利用染色法和亚甲基蓝吸收容量法来鉴定粘土矿物类型及计算蒙脱石含量。

2. 实验器材

(1)仪器

①滴定台、管。

②锥形瓶。

③滴瓶。

④带穴瓷板。

⑤玻璃棒。

⑥角匙。

⑦试管、架。

⑧分析天平。

⑨加热器。

⑩滤纸。

⑪量杯。

(2)材料

①盐酸联苯胺醋酸溶液。将盐酸联苯胺1～2g溶于30mL浓度为30%左右的醋酸中,使之达到饱和。

②结晶紫硝基苯溶液。将0.1g结晶紫溶于25mL硝基苯中即可。

③0.05%盐酸联苯胺水溶液。将0.5g盐酸联苯胺溶于500mL蒸馏水中,过3h后过滤,再加蒸馏水至1L。

④0.01%碱性金黄[2、4—二氨(代)偶苯]水溶液。将0.1g碱性金黄溶于1L蒸馏水中即可。

⑤氯化钾饱和溶液。取30mL蒸馏水,向水中加入氯化钾至过饱和。

⑥5%盐酸溶液。

⑦浓度为5N的硫酸溶液。

⑦0.01毫克当量亚甲基蓝溶液。取1g亚甲基蓝样品在100℃下烘干至恒重,按下式对取样配置溶液的亚甲基蓝重量进行校正,将所取亚甲基蓝溶于1L蒸馏水中。

$$\text{取样重量}=3.74\times\frac{0.855\,5}{\text{恒重后的样品重量}}$$

⑨0.001%亚甲基蓝溶液

将0.01g亚甲基蓝溶于1L蒸馏水中即可。

3. 实验原理

利用盐酸联苯胺醋酸溶液、结晶紫及亚甲基蓝对粘土进行染色试验和阳离子交换容量试验。根据不同染色结果和阳离子交换容量大小,来鉴别粘土矿物种类。

利用粘土中蒙脱石在水溶液中能吸附亚甲基蓝的方法测得粘土中蒙脱石的相对含量。

亚甲基蓝是一种有机阳离子染料,而膨润土常常带负电,它对亚甲基蓝的吸附能力最强,而高岭土和伊利石对亚甲基蓝的吸附量小,为此,可以利用粘土对亚甲基蓝的吸附量来确定粘土中蒙脱石的相对含量。

当把亚甲基蓝溶液加入粘土水溶液中时,开始很快被粘土颗粒吸附掉,而液相不含亚甲基蓝，所以取一滴泥浆在滤纸上，泥饼周围无蓝色晕环出现，再继续不断地加入亚甲基蓝溶液，当粘土达到饱和吸附时，溶液中含有亚甲基蓝，会使滴在滤纸上的泥饼周围出现蓝色的晕环，根据粘土吸附亚甲基蓝量，可概略地测出粘土中蒙脱石的含量。

4. 实验步骤

(1)在白瓷板上进行染色试验

取少量不同粘土矿物各两份装入白瓷板穴中，将其中一份滴几滴盐酸联苯胺醋酸溶液，使之基本浸湿；观察 1min、10min、20min，甚至一天后粘土的染色情况，并作记录。再将其中另一份各滴 1～2 滴盐酸酸化，再加入几滴结晶紫进行染色，观察并作记录，结果如表 4-1 所示。

(2)在试管中进行染色试验

取不同粘土矿物的悬浮液各 5mL，分别装入各自试管中，然后各加入 5mL0.01%的亚甲基蓝溶液，观察并作记录。在此基础上再加入 4～5 滴饱和氯化钾溶液，观察并作记录。

依上法取 5mL 粘土悬浮液，加入 0.05%的盐酸联苯胺溶液 5mL，摇动观察并作记录。在此基础上再加入 1～2 滴氨水和 1～2 滴 5%盐酸溶液，观察并作记录。

再依上法取 5mL 粘土悬浮液，加入 5mL 碱性金黄溶液，摇动观察并作记录。在此基础上再加入 5%盐酸溶液 2～3 滴，观察并作记录。染色结果如表 4-1 所示。

表 4-1　染色结果参考表

染色剂 \ 粘土矿物	高岭土	蒙脱石	水云母(伊利石)
加亚甲基蓝溶液后再加饱和 KCl 溶液	淡紫色，沉淀物致密再加入 KCl 后不改变，加硅胶数粒，停 24h 后色被硅胶吸收	鲜紫色或天蓝色，沉淀物呈胶凝状，加入 KCl 变蓝色，加硅胶不吸色	紫色，沉淀物致密，再加 KCl 变为天蓝色，加硅胶稍吸色
0.05%的盐酸联苯胺溶液	不染色	天蓝色或深蓝色	浅灰蓝色
0.01%的碱性金黄溶液	不染色(淡黄色)	砖红色	浅土红色
结晶紫硝基苯溶液	紫色	绿色—绿青 黄—棕黄	黑绿色

注：1. 蒙脱石用盐酸联苯胺染色后，加一滴氨水，再加二、三滴盐酸后，色增强；
2. 水云母用碱金黄染色后，加 1～2 滴 5%的盐酸后色增强；
3. 用亚甲基蓝吸收容量法测定粘土矿物的阳离子交换容量及计算蒙脱石的含量。

称取干粘土试样 0.5g 放锥形瓶中，加入 50mL 蒸馏水及 0.5mL 5mol/L 硫酸，盖上表面皿，加热微沸 5min，冷却到室温后，用亚甲基蓝溶液进行滴定。

滴定时，第一次可加入预计消耗亚甲基蓝溶液的 2/3 左右，然后按每次 1mL 的量加入悬浮液中。

每加入亚甲基蓝溶液于锥形瓶内悬浮液中后，都要搅匀约 30min。当粘土颗粒仍处于悬浮状态时，用玻棒很快从瓶中取出一滴悬浮液于滤纸上，在滤纸上则留下一个由被染色的粘土颗粒组成的色点，色点外围为扩散的水分。继续加入亚甲基蓝溶液并摇、搅匀和取出液滴于滤纸另一处，当粘土仍能吸收亚甲基蓝时，结果和前述相同，只是色点颜色加深而已。一直滴定粘土已不吸收亚甲基蓝时，这时多余（游离）的亚甲基蓝就会在深色点的周围散开，形成天蓝色晕圈（其外围是水份圈见图 4-4），即表示已达终点。但应注意，由于粘土吸收亚甲基蓝的过程要有一定的时间，因而初步得到的终点往往不可取，要继续摇或觉拌 2min（或更长点时间），再重取液滴于滤纸上，如稳定地出现 1.5～2mL 宽的晕圈时，即证明确实已到终点；如天蓝晕圈又消失，则再少量地加入亚甲基蓝溶液，继续试验，直至稳定终点为止。

计算方法分述如下。

1. 计算吸蓝量及由此计算出粘土样品的蒙脱石含量

$$M=\frac{A\times B}{C}\times 100 \tag{4-3}$$

式中：M——吸蓝量（g/100g 粘土试样）；

A——每毫升亚甲基蓝溶液中含有亚甲基蓝量（g），本试验为 0.003 74g/mL；

B——滴定时消耗亚甲基蓝的毫升数；

C——粘土试样重量（g）。

报据有关资料介绍及大量试验证明，每 100g 100%的蒙脱石能吸附 44g 亚甲基蓝。因此，粘土样品中的相对蒙脱石含量可按下式计算：

$$蒙脱石含量=\frac{M}{44}\%$$

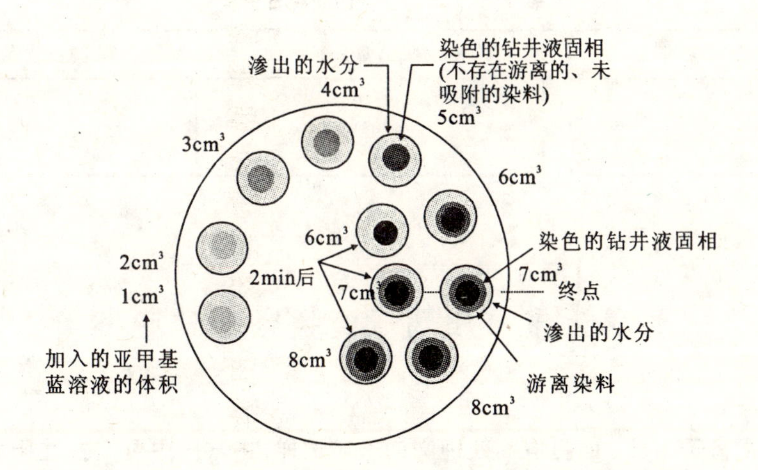

图 4-4　在滤纸上滴出亚甲基蓝吸附蓝点示意图

2. 计算粘土样品吸附亚甲基蓝的交换容量

由于每毫升亚甲基蓝溶液为 0.01 毫克当量，因此，0.5g 粘土试样时：

100mg 粘土的交换容量＝2×100×0.01×亚甲基蓝溶液毫升数（毫克当量）

3. 根据美国 API 第 13 类标准介绍的计算方法

膨润土量＝5×亚甲基蓝指数×磅/桶泥浆

＝5×亚甲基蓝指数×2.85kg/m³ 泥浆

式中：亚甲基蓝指数$=\frac{亚甲基蓝消耗的毫升数}{泥浆的毫升数}$

4. 附注

(1)实验时，所用的试剂均预先配好；

(2)如测定含有有机处理剂的泥浆的吸蓝量时，则需加入浓度为3%的双氧水15mL进行处理；

(3)实验室所采用的1、2、3号粘土矿物样品，均由学生自己进行鉴定。

5. 实验报告(表4-2，表4-3)

表4-2 实验报告

室温________ 水温________ 日期________

样品编号 / 染色剂	1	2	3	备注
0.01%亚甲基蓝溶液				
0.05%盐酸联苯氨溶液				
0.01%碱性金黄溶液				
结晶紫硝基苯溶液				

分别作三组土样的实验：

表4-3 不同土样的蒙脱石含量

土 样	吸蓝量(g)	蒙脱石含量(%)

整理实验数据并进行分析。

第五节 阳离子交换容量测定

1. 方法提要

用含指示阳离子NH^{4+}的提取剂处理膨润土矿试样，将试样中可交换性阳离子全部置换进入提取液中，并使试样饱和吸附指示阳离子转化成铵基上。将铵基土和提取液分离，测定提取液中的钾、钠、钙及镁等离子，则为相应的交换性阳离子量。

2. 主要试剂和材料

(1)离心机：测量范围为0～400r/min；

(2)磁力搅拌器：测量范围为50～2 400r/min；

(3)钾、钠、钙、镁混合标准溶液[c(0.01Na^+、0.005Ca^{2+}、0.005Mg^{2+}、0.002^{K+})]称取0.500 4g碳酸钙(基准试剂)，0.201 5g氧化镁(基准试剂)，0.5844 g氯化钠(高纯试剂)和0.149 1g氯化钾(高纯试剂)于250mL烧杯中，加水后以少量稀盐酸使之溶解(小心防止跳

溅)。加热煮沸赶尽二氧化碳,冷却。将溶液移入 1 000mL 容量瓶中,用水稀释至刻度,摇匀,移于干燥塑料瓶中保存;

(4)交换液:称取 28.6g 氯化铵置于 250mL 水中,加入 600mL 无水乙醇,摇匀,用 1+1 氨水调节 pH 为 8.2,用水稀释至 1L,即为 0.5mol/L 氯化铵-60%乙醇溶液。

(5)EDTA 标准溶液[c(0.01EDTA)]:取 3.72g 乙二胺四乙酸二钠,溶解于 1 000mL 水中。

标定:吸取 10mL 0.01mol/L 氯化钙(基准试剂)标准溶液于 100mL 烧杯中,用水稀释至 40~50mL 左右。加入 5mL 4mol/L 氢氧化钠溶液,使 pH≈12~13,加少许酸性铬蓝 K-萘酚绿 B 混合指示剂,用 EDTA 溶液滴至纯蓝色为终点。

$$C_1 = C_2 \cdot V_3 / V_4 \tag{4-4}$$

式中:C_1——EDTA 标准溶液的实际浓度(mol/L);

C_2——氯化钙标准溶液的浓度(mol/L);

V_3——氯化钙标准溶液的体积(mL);

V_4——滴定时消耗 EDTA 标准溶液的体积(mL)。

(6) 洗涤液:50%乙醇,95%乙醇。

3. 试验步骤

称取在 115℃~110℃下烘干的试样 1.000g,置于 100mL 离心管中。加入 20mL 50%乙醇,在磁力搅拌器上搅拌 3~5min 取下,离心(转速为 300r/min 左右),弃去管内清液,再在离心管内加入 50mL 交换液,在磁力搅拌器上搅拌 30min 后取下,离心,清液收集到 100mL 容量瓶中。将残渣和离心管内壁用 95%乙醇洗涤(约 20mL),经搅拌离心后,清液合并于上述 100mL 容量瓶中,用水稀释至刻度,摇匀,待测。残渣弃去。

交换性钙、镁的测定:取上述母液 25mL 置于 150mL 烧杯中,加水稀释至约 50mL,加 1mL1+1 三乙醇胺和 3~4mL4mol/L 氢氧化钠,再加少许酸性铬蓝 K-萘酚绿 B 混合指示剂,用 0.01mol/LEDTA 标准溶液滴定至纯蓝色,记下读数 V_5,然手用 1+1 盐酸中和 pH 为 7,再加氨水-氯化铵缓冲溶液(pH=10),再用 0.01mol/L EDTA 标准溶液滴至纯蓝色,记下读数 V_6。

交换性钾、钠的测定:取 25mL 母液于 100mL 烧杯中,加入 2~3 滴 1+1 盐酸,低温蒸干。加入 1mL1+1 盐酸及 15~20mL 水,微热溶解可溶性盐,冷却后溶液移入 100mL 容量瓶中,以水稀释至刻度、摇匀,在火焰光度计上测定钾、钠。标准曲线的绘制:分取 0、3、6、9、12、15mL 钾、钠、钙、镁混合标准溶液于 100mL 容量瓶中,加入 2mL1+1 盐酸,用水稀释至刻度、摇匀。在与试样同一条件下测量钾、钠的读数,并绘制标准曲线(此标准系列分别相当于每 100g 样中含有 0、170、345、520、690、860mg 的交换性钠和 0、60、120、175、240、295mg 的交换性钾。

4. 结果计算

钙、镁的含量按下式计算:

交换性钙 g/100g=$(40C_5V_5)/(2.5m)$

交换性镁 g/100g=$[24C_5(V_6-V_5)]/(2.5m)$　　　(4-5)

式中:C_5——EDTA 标准溶液的实际摩尔浓度(mol/L);

V_6、V_5——滴定时耗用 EDTA 标准溶液的毫升数(mL);

m——试样质量(g)。

钾、钠的含量按下式计算：

$$\begin{aligned}&\text{交换性钾}(g/100g)=K\ mg/(2.5m)\\&\text{交换性钠}(g/100g)=Na\ mg/(2.5m)\end{aligned}\tag{4-6}$$

式中：K mg、Na mg——由标准曲线上查得的钾、钠的毫克数；

m——试样质量(g)。

第六节　膨胀容测定

1. 方法提要

将干燥试料加入一定酸度的溶液中，放置一定的时间后测定其膨胀容。

2. 主要仪器与试剂

(1)振荡器：每分钟 150～200 次。

(2)天平：称量 100g，感量 0.1g。

(3)具塞量筒：容量为 100mL，刻度为 1mL，直径为 25mm。

(4)盐酸：1mol/L。

(5)蒸馏水。

3. 测定步骤

称取试料 2.0g，分数次加入于已加水约 60mL 的具塞量筒中，边加边摇，勿使试料结块，待全部试料加入后再加入配好的盐酸 25 mL，再振荡约 1min 用水稀释至 100mL，静置 24h 后读出沉淀物界面处的刻度值。如沉淀物界面呈斜坡状时，可取其最高及最低刻度值的平均值。

4. 结果的表示

膨胀容以膨胀体积/样重(mL/g)来表示，取两次平行测定的平均值作为最后结果，保留小数点后一位。计算公式如下：

$$A=\frac{B}{m}\tag{4-7}$$

式中：A——膨胀容(mL/g)；

B——膨胀体积(mL)；

m——试料的质量(g)。

第七节　造浆率测定

1. 造浆率

在规定的实验条件下，每小时膨润土能配制出表观粘度为 15mPa·s 的悬浊液的 m^3 数，用 YD 表示。

2. 湿筛筛余(200 目)

试样在蒸馏水中经中性磷酸盐分散后的悬浮液，过 200 目筛，将筛余物干燥后，其质量与原试样质量之比，用百分数表示。

3. 实验目的

掌握目前国际上通行的 API 和 OCMA 的膨润土评价标准和造浆试验方法。

4. 实验内容

(1)按 API 试验程序配制泥浆及测定性能。

(2)按 OCMA 试验程序配制泥浆及测定性能。

(3)按 API 标准和 OCMA 标准,评价造浆用粘土质量。

5. 实验用仪器及药品

(1)电动搅拌机。

(2)高速五轴搅拌机。

(3)天平(精确度 0.1g)。

(4)搪瓷量杯。

(5)量筒或量杯。

(6)移液管。

(7)旋转粘度计。

(8)ZNS 型失水量仪。

(9)比重秤。

(10)pH 试纸。

6. 实验步骤

(1)API 标准

①按 350mL 蒸馏水中加入 22.5g 粘土的配比配制泥浆。先将需加的 Na_2CO_3 溶液稀释至 350mL,开动搅拌机,将 28g 粘土粉缓缓加入,高速搅拌 20min(或用低速搅拌机搅拌 30min,再高速搅拌 5min)。

②在室温下,将泥浆密封静放 16h(过夜)。

③将泥浆高速搅拌 5min,保持温度在 24℃±3℃,用旋转粘度计测出 300r/min 和 600r/min 的读数。计算塑性粘度及动切力。

④温度在 24℃±3℃时测定失水量。

(2)CMA 标准

①配制 3 个 350mL 的泥浆,每份泥浆中含有不同重量的粘土和碱量,使其表观粘度在 10～25mPa·s 之间,高速搅拌 20min(或用低速搅拌机搅拌 30min,再高速搅拌 5min),期间最少要中断两次,以刮下粘附在容器壁上的粘土。

②在密闭的容器中静放 24h 后高速搅拌 5min,测定它们的表观粘度和 API 失水量。

③在半对数坐标纸上作表观粘度、API 失水量对粘度的关系图。

在图上画出通过 3 点粘度的直线,从而确定表观粘度为 15mPa·s 时所需的粘土浓度(g/100mL),并由表中查出相对的造浆量。画出通过 3 点的失水量直线,从而求得每 100mL 水中含有 7.5g 浓度的 API 失水量。

7. 实验结果

(1)整理出测试和计算的数据(表 4－4)。

(2)用 API 和 OCMA 两个标准评价所测的粘土质量,两标准对造浆粘土的规定如表 4－5、表 4－6 所示。

(3)写出实验报告,分析并作对比。

表 4-4　粘土的造浆性能评价

配　方	比　重	pH	Φ_{600}	Φ_{300}	η_A	η_P	τ_d	滤失量(mL)	防塌效果

8. 注意事项

(1)要按最优加碱量确定碱量。

(2)如粘土中水分超过10%(重量计),则粘土的重量应按含水10%时取22.5g计算(此为API标准的要求)。

表 4-5　API标准对造浆粘土的规定

要　　求	指　　标
旋转粘度计600r/min的读数	最小30
屈服值(磅/100平方英尺)	不大于3×塑性粘度
失水量(mL/30min)	最大13.5
200目湿筛筛余	最大4%
水分(按加工厂运出计)	最大10%

表 4-6　OCMA标准对造浆粘土的规定

要　　求	指　　标
表观粘度15mPa·s时造浆量	不小于16m^3/h
泥浆含土量为7.5%时的API失水量	不大于15mL/30min
200目湿筛筛余	不大于2.5%
100目干筛筛余	不大于2%
水分	不大于15%

第五章　钻井液扩展性能实验

第一节　泥浆润滑性与泥饼粘附性实验

1. 实验目的

(1)了解泥浆润滑性测试仪的构成,掌握泥浆润滑性测试方法。

(2)了解泥浆粘附性测试仪的构成,掌握泥浆粘附性测试方法。

2. 实验内容

(1)操作泥浆润滑系数测试仪和泥浆粘附系数测试仪,测定润滑系数和粘附系数。

(2)配制强润滑泥浆,与普通泥浆进行润滑系数的测试比较。

(3)配制防泥包和解粘附泥浆,与普通泥浆进行粘附系数的测试比较。

3. 实验仪器及实验材料

(1)Baroid 润滑系数测定仪和变压器。

(2)EP 型极压润滑仪。

(3)LEM 润滑仪。

(4)泥饼摩阻系数测定仪。

(5)Baroid 公司高温高压滤纸,编号 988。

(6)电子天平。

(7)粘土粉、纯碱。

(8)润滑剂:石墨、柴油、LG 植物胶、RH-3。

(9)高速搅拌机、搪瓷杯等。

4. 实验步骤

(1)泥浆润滑系数测定

泥浆润滑系数可采用 EP 型极压润滑仪(图 5-1)或 Baroid 润滑系数测定仪进行测试。

1)标定试验块和试验环

①用水和清洗剂清洗试验块和试验环。

②将试验环安装在轴底部的锥形台肩上,并用防松螺母拧紧。

③将试验块放在夹座内,凹形侧面向外并与试验环对准。

④用水(大约 300mL)装满试验容器,并定位使其覆盖住试验块表面。

⑤开动电动机,调节变压器,使主轴转速为 60r/min。

⑥用扭矩臂施加 15.96N·m 的负荷,并保持速度为 60r/min。

⑦观察仪器的电流表,直到读数稳定,水的润滑系数应在 0.33～0.36,若不在此范围,可以继续在水中研磨。若仍达不到要求,可以在试验块与试验环接触表面上加凡尔砂研磨,直到

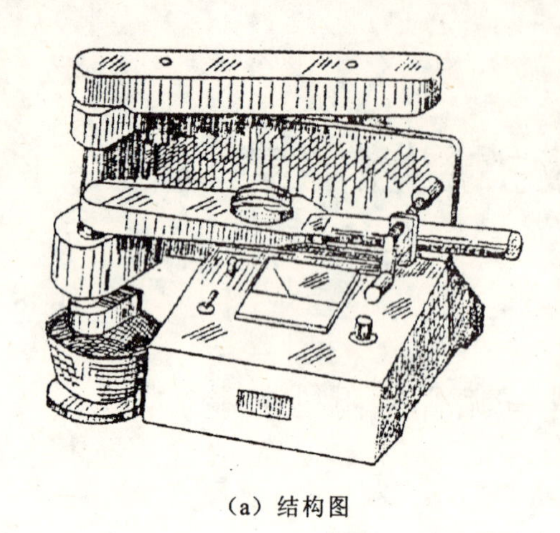

(a) 结构图

(b) 实物图

图 5-1　EP 型极压润滑仪

二者的表面完全接触,表面磨光,再测水的润滑系数,使其稳定在 0.33～0.36 之间。

2)实验步骤

①将泥浆样品放入容器并覆盖实验块。

②将电动机空转 5min,调动调节钮使仪器指针为零。

③调变压器,使其转速为 60 r/min。

④用扭矩臂施加 15.96N·m 的负荷,并保持转速为 60 r/min。

⑤观察电流表,直到读数稳定,记下此读数。

3)计算方法

$$泥浆润滑系数=电流表读数/100 \tag{5-1}$$

(2)泥浆的润滑性能测试

评价泥浆润滑性能的另一个比较好的方法是采用 Magcobar 公司所生产的 LEM 泥浆润滑仪。此仪器可以较好地模拟井下的动态条件,并配有显示、记录等系统。图 5-2 是 LEM 润滑仪的结构示意图。以旋转的不锈钢轴模拟钻具,以环形的人造岩心模拟井筒,同时泥浆可以在"井筒"中不断地循环。另外,由于真空泵抽真空使内外环形空间产生压差,从而可为研究泥饼与钻具界面的润滑性能提供薄韧的泥饼。测试步骤如下:

①接好线路后,通上电源预热 15min;

②调节主机速度为 60r/min 处,然后锁住。60 r/min(即把"SPEED"档对准"60"处),调节"TORQUE"档对准"60"处,然后锁住;

③调节显示器。先利用粗、细调零钮调零,然后把"NULL"键向上推,调节电容平衡调节器,使其显示零。再将"CAL"键上推,调节"SPANCOARSE"和"SPANFINE"钮,使之显示出"6683±20"。重复上述步骤,直至显示器为零时,当"NULL"键向上推时,显示亦为零,且"CAL"键向上推时,显示读数在"6683±20"范围内(6683±20,是 Magcobar 提供的数据,是扭矩标定的满度范围,可把记录器曲线换算成数值);

④当上述过程完成后,在"井筒"中加入适量的自来水(600～700mL),开动循环泵和主机(不加负荷),此时显示为 300～800g·cm,15min 后,看其是否稳定,若不在此范围内,则可视主机是否垂直而加以调节;

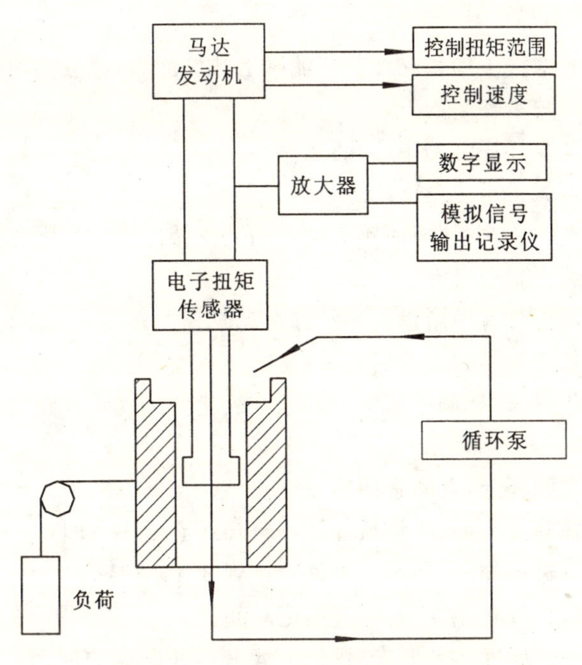

图 5-2　LEM 润滑仪的结构示意图

⑤若在此范围内，再调节粗、细调零钮，使显示器为零，然后锁住；

⑥将上述步骤完成后，在“井筒”里加入待测试样。开动循环泵及主机，抽真空，观察压力计，控制压力在一定范围内。待泥饼形成后开始测定；

⑦分别加负荷 2kg、4kg、6kg、8kg，在加负荷时启动记录仪，观察显示器。记录平稳段的显示数，为了精确起见，最好是根据记录曲线换算成平均读数(例如，在使用记录器时，是将 6710 标定在 20 cm 位置上，即在 Y 轴方向上每厘米代表：6710/20，这样，将记录曲线中心位置与 6710/20 相乘，即可得出此负荷下的扭矩)；

⑧每做完一个试样，应用淡水冲洗岩心和循环系统，用氮气从外环形室向内环形室进行气洗，以保证岩心的孔隙畅通。这是确保数据重复性的必要手段。在做下个试样前，先用 10kg 负荷，在淡水介质中校正一下，当读数、记录曲线与前次校正值一致时，方可做下个试样；

⑨经本系统取得的试验数据，可作出以下各种润滑性能曲线：扭矩-负荷特性曲线；扭矩-添加剂加量特性曲线；降扭矩百分率-加量特性曲线。

摩阻系数的计算公式如下：

$$\begin{aligned}\text{摩阻系数} &= \text{扭矩观测值}/(\text{负荷} \cdot \text{轴半径}) \\ &= \text{扭矩观测值}/(\text{负荷} \times 1.58\text{cm})\end{aligned}$$

按照此公式，计算出各种泥浆的摩阻系数，并根据摩阻系数评价泥浆润滑性能的好坏。同时亦可以根据各试样的记录曲线进行直接比较，从而看出润滑效果随时间的关系。

(3)泥浆泥饼摩阻系数的测定

在钻井过程中发生的各种类型的卡钻中，最为频繁、危害最严重的是泥饼粘附卡钻。钻具与泥饼的粘附力与泥饼摩阻系数呈正比。为了预防泥饼粘附卡钻，钻井过程中需经常测定泥浆的泥饼摩阻系数，常用泥饼摩阻系数仪测定这项数据。

1)测量步骤

①仪器与粘附盘应擦洗干净。在泥浆杯滤网上放好滤纸、橡胶垫圈和聚四氟乙烯垫圈,然后用提放扳手把提放环拧紧在垫圈上;

②把阀杆拧紧在泥浆杯底部的中心孔;

③向泥浆杯内注入泥浆至主刻度线上;

④把泥浆杯放在支架上,并使杯底 4 个销钉插入支架的 4 个小圆孔中;

⑤把粘附盘插入盖子中心带有"O"形垫圈的中心孔;

⑥用钩扳手紧紧地把带有粘附盘的盖子拧在泥浆杯上;

⑦把另一阀杆拧紧在盖子的一个侧孔上;

⑧松开调压器调节杆(即把调压器关闭),把二氧化碳小气弹放到加压装置中,拧紧弹夹持器,直到弹壳孔被刺破;

⑨把加压装置套在阀杆上,再插紧插销;

⑩把量筒放在底部阀杆下面,再将顶部阀杆轻轻地旋转 1/4 圈;

⑪拧紧调压器把手进行加压,使压力表读数达到 3.44MPa;

⑫轻轻地将底部阀杆旋转 1/4 圈,并开始记时间;

⑬当泥浆体积或泥浆厚度达到要求后,记下滤液体积和滤失时间。将压杆的槽扣住支架的横梁,用力下压直到粘附盘粘在泥饼上;

⑭让粘附盘粘住,待 5min 或更长时间,置套筒于扭矩扳手上,调整扭矩扳手下的刻度盘至零值,将扭矩扳手套筒套在粘附盘杆的六角形顶端。用一只手把压杆卡在支架的两个立柱间,用另一只手转动扭矩扳手,并记录扭矩扳手刻度盘的读数;

⑮松开调压器调节螺钉,打开放气,然后抽出锁紧销,取下加压装置;

⑯卸开盖子,倒出泥浆;

⑰卸开提放环,取下泥饼和滤纸,并卸下阀杆;

⑱清理仪器并擦干,用洗涤剂清洗粘附盘,然后用清水清洗并揩干。

2)计算方法

①把扭矩换算成滑动力:当粘附直径为 5.08cm 时,滑动力等于扭矩乘以 $1.5\times4.448/0.113$。

②当粘附盘面积是 20.26cm^2 时,粘附盘上的差动力等于 $3.14\times500\times4.448$。

③泥饼摩阻系数是粘附盘开始滑动所需的力和盘上差动力的比值。

$$\text{泥饼摩阻系数}=\frac{\text{扭矩}\times1.5\times4.448/0.113}{3.14\times500\times4.448}=\text{扭矩}\times8.45\times10^{-3} \qquad (5-2)$$

注:此公式仅适用于压差为 3.44MPa 的情况,当压差为 3.28MPa 时,泥饼摩阻系数等于扭矩 $\times8.85\times10^{-3}$。上述扭矩的单位为 N·m。

(4)不同泥浆的润滑性效果和泥饼摩阻系数测定

1)基浆的配制

基浆共配制 5 份,配制方法如下:称取 16g 粘土粉,按粘土重量的 6%称取 Na_2CO_3,将粘土粉和 Na_2CO_3分别放入装有 400mL 清水的搪瓷量杯中,在高速搅拌机上搅拌 20min,静放 24h,再用高速搅拌机搅拌 5min,即配制成基浆。

2)不同泥浆的润滑性效果和泥饼粘附评价

取基浆一份(400mL),采用EP极压润滑仪润滑系数,然后进行泥浆的滤失量测试(测试方法见第二章第三节),用泥饼进行摩阻系数测试;

取基浆一份(400mL),按泥浆体积的1%称取石墨粉,加入基浆中,在高速搅拌机上搅拌15min,采用EP极压润滑仪润滑系数,然后进行泥浆的滤失量测试(测试方法见第二章第三节),用泥饼进行摩阻系数测试;

取基浆一份(400mL),按泥浆体积的0.5%称取柴油,加入基浆中,在高速搅拌机上搅拌15min,采用EP极压润滑仪润滑系数,然后进行泥浆的滤失量测试(测试方法见第二章第三节),用泥饼进行摩阻系数测试;

取基浆一份(400mL),按泥浆体积的1%称取LG植物胶,加入基浆中,在高速搅拌机上搅拌15min,采用EP极压润滑仪润滑系数,然后进行泥浆的滤失量测试(测试方法见第二章第三节),用泥饼进行摩阻系数测试;

取基浆一份(400mL),按泥浆体积的0.3%称取RH－3,加入基浆中,在高速搅拌机上搅拌15min,采用EP极压润滑仪润滑系数,然后进行泥浆的滤失量测试(测试方法见第二章第三节),用泥饼进行摩阻系数测试。

(5)实验报告内容及要求

1)用表列出测试和计算的数据(表5-1)。

表5-1 不同泥浆的润滑性效果和泥饼摩阻系数

配　方	润滑系数	滤失量(mL)	泥饼厚度(mm)	泥饼摩阻系数
基　浆				
基浆＋1%石墨				
基浆＋0.5%柴油				
基浆＋1%LG				
基浆＋0.3%RH-3				

2)分析有机及高分子化学处理剂的作用。

第二节　钻井液解卡性能评价

一、技术标准

钻井液用解卡剂技术指标如表5-2所示。

表 5-2 钻井液用解卡剂技术指标

项目			指标
筛余量(%)			15.0
解卡剂流变性能	热滚前	塑性粘度(mPa·s)	35.0
		动切力(Pa)	3.5
	热滚后	塑性粘度(mPa·s)	30.0
		动切力(Pa)	3.0
解卡剂热稳定性			无硬沉淀
解卡性能			经解卡剂浸泡后泥饼出现网状裂纹
筛余量仅作为钻井液用粉状解卡剂的技术指标			

二、试验方法

1.仪器与设备

(1)电热干燥箱:最高温度 200℃,控温灵敏度±1℃。

(2)电动搅拌器:功率 80～100W。

(3)高速搅拌器:在负载情况下的转速为 10 000r/min±300r/min,搅拌轴上装有单个波形叶片,叶片直径为 2.5cm。

(4)滚子加热炉:XGRL-2 型或同类产品。

(5)直读式粘度计:Fann35 型或同类产品。

(6)解卡液分析仪:JK 型。

(7)粘附系数测试仪。

(8)钻井液用密度计:测量范围 0.70～2.40g/cm^3。

(9)扭力天平:分度值 0.1mg。

(10)高温老化罐:容积 500mL。

(11)电热恒温水浴:控温灵敏度±1℃。

(12)标准筛:孔径 0.90mm(20 目)。

(13)玻璃棒:直径 Φ7mm,长 25cm。

2.试剂与材料

(1)柴油:O#;

(2)钻井液试验用钠膨润土;

(3)重晶石;

(4)偏磷酸钠:化学纯;

(5)无水碳酸钠:化学纯;

(6)氢氧化钠:化学纯;

(7)滤纸:Whatman50 型或等效产品。

3.性能测定

(1)筛余量的测定。称取试样 50.0g(称准至 0.01g)放在孔径为 0.90mm(20 目)的标准筛中，立即用手摇动，拍击标准筛直至试样不再漏下为止，称取筛余物的质量，并用式(5－3)计算筛余量。平行样之间的误差应在0.5%范围内，并取其算术平均值。

$$F = \frac{m_1}{m} \times 100 \tag{5-3}$$

式中：F——筛余量，单位为百分数(%)；

m_1——筛余物质量，单位为克(g)；

m——试样质量，单位为克(g)。

(2)塑性粘度和动切力的测定。按所检产品的使用说明，在高速搅拌杯中配制未加重的解卡液400mL，然后加入重晶石粉140.0g，高速搅拌20min。用直读式粘度计测定在50℃±3℃条件下解卡液的塑性粘度和动切力。

将解卡液装入老化罐中，充入氮气(压力为690kPa)，放置在滚子加热炉中，在150℃±5℃的条件下滚动16h，取出老化罐冷却至室温，将解卡液倒入高速搅拌杯中高速搅拌20min，用直读式粘度计测定50℃±3℃条件下解卡液的塑性粘度和动切力。平行样之间的误差应在±1范围内，并取其算术平均值

(3)解卡液热稳定性的测定。按所检产品的使用说明，在高速搅拌杯中配制未加重的解卡液400mL，然后加入重晶石粉140.0g，高速搅拌20min，装入老化罐中，充入氮气(压力为690kPa)，垂直放置在温度为150℃±5℃的干燥箱中陈化16h后，冷却至室温开罐，用规定的玻璃棒从解卡液液面位置垂直自由下落探测沉淀，玻璃棒底端如能直接接触罐底，则为无硬沉淀，否则为有硬沉淀。

三、解卡性能的测定程序

1.基浆的配制

在高速搅拌杯中加入蒸馏水350mL、偏磷酸钠0.12g，高速搅拌5min，以后每间隔5min依次加入膨润土10.0g、评价土22.0g、抗盐土18.0g，高速搅拌5min，用50%氢氧化钠水溶液调pH值至9.0～10.0，加入重晶石粉140.0g，高速搅拌20min后，测定基浆的表观粘度、滤失量和pH值。基浆性能应符合表5－3要求。

表5－3　基浆性能

项目	表观粘度(mPa·s)	滤失量(mL)	pH
指标	15.0±2.0	20.0±3.0	9.0～10.0

2.解卡性能测定

按所检产品使用说明，在高速搅拌杯中配制未加重的解卡液400mL，加入重晶石粉140.0g，高速搅拌20min后备用。

用解卡液分析仪或粘附系数测试仪在压力690kPa条件下，测定基浆30min的滤失量，然后倒出基浆注入解卡液，在压力690kPa条件下，浸泡泥饼30min，倒出解卡液，观察泥饼裂开情况(如看不清楚，可用水轻轻清洗)，泥饼表面应出现网状裂纹。

第三节　剪切稀释实验

钻井速度受钻井液的流速及密度、喷嘴直径、流体在钻头的粘度等水力参数的影响。当水力参数达到某一临界值时，降低流体在钻头水眼的粘度与增加循环速度同等重要。也就是说，当作用于流体的剪切速率增加时，钻井液剪切稀释，这种剪切稀释作用有利于清洗井底，减少钻头对钻屑的重复破碎作用和提高钻速，也有利于携带钻屑。因此，剪切稀释性在钻进工艺中是关键要素之一。

水力学计算结果表明，对于塑性流体，在一定的环形空间里，流动剖面平板化的程度，也就是流体直径的大小与动塑比有关。该值越高，则平板化程度越大。对于幂律流体，减少 n 值如同提高动塑比，也可以使环空液流逐渐转变为平板型层流。一般认为，就有效地携带岩屑而言，将动塑比保持在 0.36～0.48 Pa/(mPa·s)或 n 值保持在 0.4～0.7 是比较合适的。如果动塑比过小会导致尖峰型层流；动塑比过大，则因为动切力的增大而引起泵压的显著升高。通常用动塑比和 n 值来表征钻井液的剪切稀释性能。若钻井液的动塑比较高或 n 值较低，则其具有较强的剪切稀释性。此时的钻井液携岩能力强，能较好地保持井内清洁，能避免因为各种钻屑引起的粘度上升情况，从而降低钻井液的循环压降。

1. 造浆土粉剪切稀释性实验举例

样品：①4%山东膨润土＋土重 5%的纯碱

②4%穿越公司现场用膨润土(简称穿越土)

③5%穿越公司现场用膨润土

④6%穿越公司现场用膨润土

⑤8%穿越公司现场用膨润土

⑥10%穿越公司现场用膨润土

⑦12%穿越公司现场用膨润土

⑧15%穿越公司现场用膨润土

分别高速搅拌 10min 后测试性能，如表 5-4 所示。

表 5-4　流变性记录表

编号	η_A (mPa·s)	η_P (mPa·s)	τ_d (Pa)	FL (mL/30min)	τ_d/η_P	n	pH
1	12.2	4	8.2	26.5	0.205	0.778	8.0
2	12.2	4.4	7.8	28.0	0.650	0.526	8.0
3	12.8	6.6	6.2	22.0	0.960	0.430	8.0
4	15.7	7.4	8.3	21.2	1.146	0.388	8.5
5	30.4	9.6	20.8	16.8	2.214	0.248	9.5
6	57.0	9.5	47.1	14.4	5.110	0.126	9.5
7	95.75	10.5	85.25	11.6	8.298	0.081	8.0
8	超过量程						

山东膨润土为未经过处理的土，穿越公司现场用膨润土为钠化处理过的土，显然，在同等加量的情况下，穿越土有更好的剪切稀释性。穿越用土试样中，随着固相含量的增加，土粉颗粒间搭接得更加紧密，动塑比呈递增趋势，流动性和失水量呈递减的趋势。

第四节　钻井液循环的水力特性实验

1. 实验目的

(1)了解冲洗液循环水力损失的实际构成与分布。

(2)掌握冲洗液类型、特性、流量与水力损失的关系。

2. 实验内容

(1)钻杆、钻杆接头、锁接头中水力损失的测定。

(2)环状空间中水力损失的测定。

3. 实验仪器及材料

(1)冲洗液循环水力损失模拟实验装置(图 5-3)，它主要由以下装置组成：

①BW-150 型泥浆泵。

②多管测压计 。

③差压测压计。

④电磁流量计。

⑤Φ50 钻杆、接头及锁接头。

⑥Φ50 外丝钻杆、接箍及锁接头。

⑦Φ64/Φ50 钢一钢环空。

⑧Φ56/Φ50 岩一钢环空。

⑨应变仪。

⑩多功能实时记录仪。

⑪数字万用表。

(2)粘土及试验所用处理剂。

图 5-3　冲洗液循环水力损失模拟实验装置

(3)比重秤、六速旋转粘度计,漏斗粘度计及失水仪。

4. 实验准备

(1)启动水泵,打开回水阀,关闭送水阀,循环清水,变更档次,检查水泵工作是否正常。如不正常,应该排除。

(2)变更水泵档次,以容积法检验各档次流量,简易的做法是用秒表记录泵出水装满水桶或其他容器的时间,用容器容积除以所用时间。

(3)启开送水阀,关闭回水阀,仍用清水,以 2 档或 3 档进行管路循环,检查管路中是否有泄漏。

(4)以测压计校准差压计。

(5)检查台面所用仪器、连接线路是否正确。

5. 实验步骤

(1)牛顿流体水力损失实验

①配制所测牛顿型冲洗液 500L,测其性能,填写数据。

②启动水泵,用 7 或 8 档在管路中循环冲洗液,由大至小变更流量,在流量计上读出并记录所调流量,同时在多管测压计或差压测压计上读出并记录相应的水力损失。

③变更每种流量,待流量稳定后用雷诺观察器观察流态。

④重复 4～5 次,以便各种流量有 4～5 个水力损失读数。

⑤将实验数据记入表格。

(2)宾汉型冲洗液水力损失实验

①配制宾汉型冲洗液 500L,测其性能,填写数据。

②启动水泵,用 7 或 8 档在管路中循环冲洗液,由大至小变更流量,在流量计上读出并记录所调流量,同时在多管测压计或差压测压计上读出并记录相应的水力损失。

③变更每种流量,待流量稳定后用雷诺观察器观察流态。

④重复步骤 4～5 次,以便各种流量有 4～5 个水力损失读数。

⑤将实验数据记入表格。

(3)幂律型冲洗液水力损失实验

①配制幂律型冲洗液 500L,测其性能,填写数据。

②启动水泵,用 7 或 8 档在管路中循环冲洗液,由大至小变更流量,在流量计上读出并记录所调流量,同时在多管测压计或差压测压计上读出并记录相应的水力损失。

③变更每种流量,待流量稳定后用雷诺观察器观察流态。

④重复 4～5 次,以便各种流量有 4～5 个水力损失读数。

⑤将实验数据记入表格。

(4)清水水力损失实验

①准备清水 500L,测其性能,填写数据。

②启动水泵,用 7 或 8 档在管路中循环冲洗液,由大至小变更流量,在流量计上读出并记录所调流量,同时在多管测压计或差压测压计上读出并记录相应的水力损失。

③变更每种流量,待流量稳定后用雷诺观察器观察流态。

④重复 4～5 次,以便各种流量有 4～5 个水力损失读数。

⑤将实验数据记入表格。

(5)中粘冲洗液水力损失实验

①准备中粘冲洗液 500L,漏斗粘度计测值约 28s 左右,测其性能,填写数据。

②启动水泵,用 7 或 8 档在管路中循环冲洗液,由大至小变更流量,在流量计上读出并记录所调流量,同时在多管测压计或差压测压计上读出并记录相应的水力损失。

③变更每种流量,待流量稳定后用雷诺观察器观察流态。

④重复 4～5 次,以便各种流量有 4～5 个水力损失读数。

⑤将实验数据记入表格。

(6)高粘冲洗液水力损失实验

①准备高粘冲洗液 500L,漏斗粘度计测值约 40s 左右,测其性能,填写数据。

②启动水泵,用 7 或 8 档在管路中循环冲洗液,由大至小变更流量,在流量计上读出并记录所调流量,同时在多管测压计或差压测压计上读出并记录相应的水力损失。

③变更每种流量,待流量稳定后用雷诺观察器观察流态。

④重复 4～5 次,以便各种流量有 4～5 个水力损失读数。

⑤将实验数据记入表格。

6. 实验报告

(1)记录钻杆内、接头及环空中水力损失、流量等数据,并绘制流量与水力损失的关系曲线(表 5-5)。

表 5-5　冲洗液水力损失记录表

冲洗液类型	配方	漏斗粘度(s)	Φ_{600}	Φ_{300}	滤失量(mL)	流量 L(L/min)	压力损失(Pa)		
							钻杆内	接头	环空
牛顿流体									
宾汉流体									
幂律流体									
清水									
中粘泥浆									
高粘泥浆									

(2)将实测数据与冲洗液水力损失计算数据进行对比分析。

实验报告附录内容:回形管测水力损失实验(扩展实验)

将实验管路换成回形管,并将压力测试仪安装在泵出口和回形管中部,然后按照本节实验步骤方法进行实验。

第五节　悬碴能力实验

钻井过程中会产生大量的岩屑,在一定的泵量下,只有钻井液具有良好的流动性,同时更要有良好的悬碴能力,才能通过钻井液及时将岩屑排出孔外,并保持孔内清洁,良好的悬碴效果更能保证在停泵时间内保持钻头部位的清洁。

测试泥浆中小球沉降速度装置及测试方法。

图 5-4 是测试泥浆内沉降速度的装置简图。实验步骤如下：

(1)将泥浆搅拌后放入深度为 194cm、直径为 61cm 的容器中。泥浆必须通过排量为 $560m^3/h$ 的离心泵泵送，这样便能剪切液体使之在进行测量之前最大限度地混合均匀。

(2)各种大小的球形颗粒直径范围从 0.318～1.59cm，主要是聚四氟乙烯、玻璃和钢制的小球，由一端插入液体的塑料管放入容器内。

(3)沿着颗粒下落的路径，用两个电导率传感器来测定通过的颗粒。两个传感器之间相隔 125cm，球形颗粒从距上面的传感器 20cm 处往下落，安装在下面的传感器至少离容器底部 20cm。

(4)电导率传感器是两块规格为 2.5cm×5cm 的矩形金属板，然后串联在 1kHz 的电导桥上。为了获得正比于电桥不平衡值的电流电信号，交流输出应经整流和滤波，这个过程在小球通过传感器时完成。

(5)小球从一个传感器下落到另一个传感器时，以数字形式记录下电流输出值，以便对它进一步处理。

在测量沉降速度期间，要定期循环实验液体，以免产生过高的静切力。在停泵后 2min 内不能进行测量，因为在测量沉降速度以前，需要对实验装置进行校正，然后才测量，约隔 1min 进行一次。

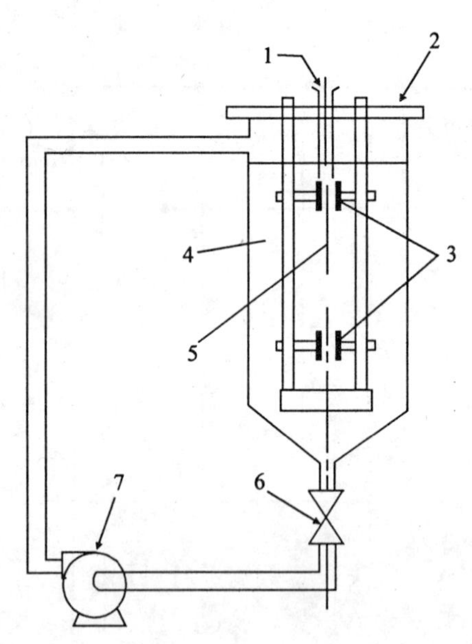

图 5-4　测定泥浆内沉降速度的实验装置

1—投入小球管；2—支撑传感器框架；3—电导传感器；4—泥浆；5—落下小球；6—阀门；7—离心泵

第六节　钻井乳状液实验设计方法

一、乳状液的技术原理

乳状液是一种或多种液体以液珠的形式分散在另一种和它不相溶的液体中所形成的分散

体系。按照内外相的不同，乳状液可以分为简单乳液和多重乳液。其中简单乳状液又分为W/O(油包水乳液，即水为内相，而油为连续相)和O/W(水包油乳液，即油为内相，而水为连续相)，通过把极性有机物质乙二醇分散到非极性的烷烃中，形成了O/O乳液(油包油型乳液)，但这种情况极少出现；而多相乳液则分为W/O/W和O/W/O乳液，当相态超过3后，乳液已经很不稳定。按照乳化剂类型的不同可以分为分子或离子稳定的乳液、表面活性剂稳定的乳液、聚合物稳定的乳液、聚电解质稳定的乳液、聚合物和表面活性剂共同稳定的乳液、液晶相稳定的乳液以及固体颗粒稳定的乳液。

乳状液在钻井和完井过程中具有很多功能，如井壁稳定性、润滑性和油层保护性，目前作为乳液处理剂加入的乳化沥青和石蜡纳米乳液都是性能优良的油层保护剂，相对而言，石蜡纳米乳液的油层保护效果更佳。而油包水乳状液是一种性能极佳的钻井液体系，应用广泛，特别适合在特复杂井段使用。

目前，人们用到的乳液制备很多，主要包括：乳化剂在水中法、乳化剂在油中法、轮流加液法、初生皂法、自乳化法、相转变温度法(PIT)和D相乳化法等等。

1. 乳化剂在水中法

这种方法适用于使用亲水性强的乳化剂，具体步骤是把乳化剂直接溶于水中，再在激烈搅拌下将油加入表面活性剂水溶液中形成O/W型乳液。若要得到W/O乳液，则继续加油直至发生相反转。用此方法得到的乳液颗粒大小不均匀，乳液滴粒径较大，稳定性较差。为克服不稳定和颗粒多、分散性高的缺点，经常使用胶体磨或均质器进行处理。

2. 乳化剂在油中法

乳化剂在油中法也叫转相乳化法，是将乳化剂加入油相中再加入水直接制得W/O型乳液。如要制成O/W型乳液，则继续加水直至发生相反转。如果把乳化剂加入油中形成乳化剂与油的混合物，将此混合物直接加入大量水中，也可直接生成O/W型乳液。用乳化剂在油中法所得乳液一般液滴相当均匀，因此稳定性良好。此法获得的乳液液滴比乳化剂在水中法得到的液滴粒径小的原因是把乳化剂溶解到油相后再加入水，在加水过程中先转变成层状液晶结构，再转变成表面活性剂连续相所包裹的油滴O/D凝胶结构，最后才转变成W/O型乳液。由于在乳化过程中表面活性剂连续相形成D相结构把油滴分散溶解使它不能聚集变大，所以得到比较细微的乳液。

3. 轮流加液法

将水和油轮流加入乳化剂中，每次只加少量使两相混合形成乳液。

4. 初生皂法

用肥皂作乳化剂制备O/W型或W/O型乳液都可以用这种方法。把脂肪酸溶于油中，把碱溶于水中，然后使油水两相接触，在界面上即有肥皂(脂肪酸盐)生成并形成稳定的乳液。当使用肥皂作乳化剂时，初生皂法最好。

5. 自乳化法

这是一种没有机械外力作用下获得乳液的过程。在十分有效的乳化剂存在条件下，油和水发生平静的接触也可以形成乳液而不需要搅拌，这种形成乳液的方法叫自乳化法。

6. 相转变温度法(PIT)

对于给定的油-水体系，每一非离子型表面活性剂均存在相变温度，低于此温度体系形成O/W乳液，高于此温度则形成W/O乳液，而在该温度下表面活性剂达到亲水亲油平衡。有文献研究表明，在接近 PIT 附近体系的界面张力最低，所形成的液滴粒径最小。因此，在相变温度下乳化可得到粒径细小的粒子，然后迅速冷却，就能得到 O/W 乳液。

7. D 相乳化法

在相转变法制备的乳液中，在乳化过程中形成了层状液晶，但在一些表面活性剂的油－水体系中不能形成层状液晶相，可以采用 D 相乳化法。在 D 相法中，除了表面活性剂、油、水外，还需要加入助乳化剂——多元醇。乳化的具体步骤是将少量的水与一定的多元醇和表面活性剂混合形成 D 相，然后将油逐滴加入 D 相中，随油量增加逐渐形成 O/D 的凝胶相。向此凝胶相加入水、表面活性剂和多元醇，凝胶相消失，自发形成 O/W 乳液体系。上述的这些方法都只是针对表面活性剂体系而言，对于聚合物和固体颗粒稳定的乳液则没有这么多制备方法，大多数是采用前两种方法。

二、乳状液的配制及其稳定性实验

纯的油和水相混合是得不到稳定的乳状液的，它们不久又会分成油和水两层。如果加入一些表面活性剂或其他物质就可以得到相当稳定的乳状液。乳状液的稳定性与乳状液的物理性质有关，主要表现在液珠的大小和分布、电现象。以下分别介绍乳状液的电稳定性实验、显微观察实验、静止观察实验。

（一）电稳定性实验

油包水乳状液的相对稳定性由绝缘击穿电压表示，该电压下乳状液变成导电的。测定时将一对准确、永久隔开的电极板插入乳状液中。增加电极间的电压。乳状液变成导电时的电压由电极间的电流指示，该电流接通电路，并使指示灯泡发光。本实验所用仪器是电稳定性仪。对它的技术要求是：0～2 000V 范围，以 0～1 500V 最适宜；330～350Hz 工作频率；乳状液击穿时的瞬时电流为 61μA；电极间隔 1.59mm。

1. 测定步骤

（1）将已筛去（用漏斗粘度计）大于 20 目的颗粒的试样放入容器，并用手搅动电极 30s。

（2）调节试样的温度到 50℃±2℃。在泥浆报告表上记录温度。

（3）将电极浸入乳状液中，确保液体覆盖电极表面，并使电极不接触容器的边或底。

（4）在整个测量期间按下并固定电源按钮。测定时不要移动电极。

（5）从零读数开始，以顺时针方向转动度盘来增大电压。增加的速率应为每秒约 100～200V。继续增加电压直到指示灯亮为止。

（6）记下度盘读数并将度盘转回到零。

（7）将纸巾穿过电极板之间缝隙充分擦净电极。

（8）要确定可重复性，必须进行重复试验。重新搅拌试样 30s，并按照测定步骤中的第 3 步至第 6 步重复试验。

2. 计算

$$电稳定性=2\times 度盘读数$$

在此处所得结果（V），允许最大偏差为±5%。例如：初始乳化稳定性为 900 V，重复试验应在 855～945 V 之间变动（900 V 的 5%＝45 V）。

(二)显微观测法

显微镜法是在装有测微目镜的显微镜下观察乳状液的液珠数目及其分布。给出分布曲线，一般每次要测定许多液珠。如若分布曲线指示小的半径的液珠最多，而且这个高峰很窄，这就表示稳定性高，若分布曲线随着时间改变，最高峰向大的半径移动，而且越来越宽，就表示乳状液不稳定。

(三)静止观察法

将配制好的乳状液在试管中放置一定时间(如 3～5d)，观察其是否有析油及上下有无分层情况，来判断其稳定性的好坏。

三、表面张力和界面张力的测定

表面张力的测定是在单纯的表面活性剂水溶液中进行的，测定表面张力，可了解活性剂浓度与表面张力的关系，可求出不同活性剂的临界胶团浓度，从而掌握活性剂的用量。下面介绍常用于测定表面张力和界面张力的圆环法。

1. 仪器

界面张力仪：备有周长为 40mm 或 60mm 的铂丝圆环。

圆环：用细铂丝制成一个周长为 40mm 或 60mm 圆度较好的圆环，并用同样细铂丝焊于圆环上作为吊环。必须知道两个重要的参数，即圆环的周长、圆环的直径与所用的铂丝的直径比。

试样杯：直径不小于 45mm 的玻璃烧杯或圆柱形器皿。

2. 准备工作

(1)仪器的准备

①用石油醚清洗全部玻璃器皿，接着分别用丁酮和水清洗，再用热的铬酸洗液浸洗，以除去油污。最后用水及蒸馏水冲洗干净。如果试样杯不立即使用，应将试样杯倒置于一块清洁布上沥干。

②在石油醚中清洗铂丝圆环，接着用丁酮漂洗，然后在煤气灯或酒精灯的氧化焰中加热铂丝圆环。

(2)仪器的校正

①按照制造厂规定的方法，用砝码校正界面张力仪。调节张力仪的零点。

②再用砝码校正张力仪。使圆环每一部分都在同一平面上。

(3)试样的准备

试样用直径为 150mm 的中速滤纸过滤，每过滤约 25mL 试样后应更换一次滤纸。注：试样不宜贮放在塑料容器内，以免影响测定结果。

3. 试验步骤

(1)测定试样在 25℃的密度，准确至 0.001g/mL。

(2)把 50～75mL 25℃±1℃的蒸馏水倒入清洗过的试样杯中，将试样杯放到界面张力仪的试样座上，把清洗过的圆环悬挂在界面张力仪上。升高可调节的试样座，使圆环浸入试样杯中心处的水中，目测至水下深度不超过 6mm 为止。

(3)慢慢降低试样座，增加圆环系统的扭矩，以保持扭力臂在零点位置，当附着在环上的水膜接近破裂点时，应慢慢地进行调节，以保证水膜破裂时扭力臂仍在零点位置。当圆环拉脱时读出刻度数值，使用水和空气密度差($\rho_0-\rho_1$)=0.997g/mL这个值计算水的表面张力，计算结果应为71～72毫牛(顿)/米。如果低于这个计算值，可能是由于界面张力仪调节不当或容器不净所致，应重新调节界面张力仪，清洗圆环和用热的铬酸洗液浸洗试样杯，然后重新测定。若测得仍较低，就要进一步提纯蒸馏水(例如:用碱性高锰酸钾溶液将蒸馏水重新蒸馏)。

(4)用蒸馏水测得准确结果后，将界面张力仪的刻度盘指针调回零点，升高可调节的试样座，使圆环浸入蒸馏水中的5mm深度，在蒸馏水上慢慢倒入已调至25±1℃过滤后试样至约10毫米高度，注意不要使圆环触及油-水界面。

(5)让油-水界面保持30±1s，然后慢慢降低试样座，增加圆环系统的扭矩，以保持扭力臂在零点。当附着在圆环上水膜接近破裂点时，扭力臂仍在零点上。上述这些操作，即圆环从界面提出来的时间应尽可能地接近30s。当接近破裂点时，应很缓慢地调节界面张力仪，因为液膜破裂通常是缓慢的，如果调节太快则可能产生滞后现象使结果偏高。从试样倒入试样杯，至油膜破裂全部操作时间大约60s。记下圆环从界面拉脱时的刻度盘读数。

4.计算

试样的界面张力δ[毫牛(顿)/米]按下式计算：

$$\delta=M\cdot F \tag{5-1}$$

式中：M——膜破裂时刻度盘读数，毫牛(顿)/米；

F——系数，按下式计算。

$$F=0.7250+\sqrt{\frac{0.03678M}{rv^2(\rho_0-\rho_1)}+P} \tag{5-2}$$

$$P=0.04534-\frac{1.679r_w}{r_\gamma} \tag{5-3}$$

式中：ρ_0——水在25℃时的密度(g/mL)；

ρ_1——试样有25℃时的密度(g/mL)；

P——常数；

r_w——铂丝的半径(mm)；

r_γ——铂丝环的平均半径(mm)。

四、乳化泥浆的配制实验

乳化泥浆是在水基泥浆中加入一部分矿物油(机油或柴油)，在乳化剂的配合下，使油和泥浆中的水和粘土亲和，使油类均匀的分散于泥浆中形成的一种稳定的多相分散体系。乳化泥浆的制备都是在混油和加乳化剂之前，把欲乳化的泥浆调整到合乎要求的性能，按加入油及乳化剂的方法不同，乳化泥浆有两种制备方法。

(1)油、乳化剂直接加入泥浆中进行乳化的配制方法。这是石油钻井中乳化泥浆(混油泥浆)的配制法。此法是先配成合乎性能要求的泥浆，然后根据需要或加入乳化剂或不加(泥浆中的化学处理剂已有足够量)，最后混油。混油量按需要可为5%～30%，乳化剂的用量为油体积的3%(1g水)或5%(盐水)，当仅混入5%～10%的油时，泥浆的润滑性即得到显著的改善，混油量愈多，失水量愈降低。混油可在泥浆泵或泥浆槽加入，并用泥浆枪冲刺使之乳化。

(2)油、乳化剂先配成乳化油(也有叫润滑剂的),然后往性能已调整到合乎要求的泥浆中加入,用量一般为泥浆体积的1%～2%,多者到4%～5%,乳化油往泥浆中加入的方法,可在泥浆泵吸入处加入,经过循环即乳化。

据石油钻井的经验,除普通分散泥浆淡水泥浆可以混油外,各种类型的泥浆都可以混油,特别是钙处理泥浆混油乳化效果较好。

(1)普通淡水乳化泥浆:泥浆降粘剂及降失水剂,也是起乳化剂作用,按情况可不加或少加乳化剂,混油量按需要可为5%～30%,一般为10%～15%左右。

(2)盐水乳化泥浆:将盐水泥浆制备成良好的乳化泥浆较淡水泥浆或pH值高的钙处理泥浆稍有困难,这是由于在水溶液中有大量的电解质(食盐),它能中和乳化剂粒子的电荷而产生团聚,结果使两相分离,或造成乳化剂的盐析,这是乳化剂的数量要增加,有资料介绍在饱和盐水泥浆中加入0.5%～0.8%的烧碱和4%～6%的木质素磺酸钠及10%～30%的油,泥浆的失水量可维持在2.5mL。

第六章　钻井液对储层影响的测试

第一节　储层敏感性的测定

一、研究目的

测试碎屑岩及碳酸盐岩储层岩样的速敏性、水敏性、酸敏性、碱敏性和应力敏感性等储层敏感性质，以用来分析和揭示储层损害潜在的敏感因素，从而诊断出储层在哪些方面具有产能损害的可能性，来指导钻进用浆液的配制。

二、方法原理

根据达西定律，在实验设定的条件下注入各种与地层损害有关的流体，或改变渗流条件（流速、净围压等）测定岩样的渗透率及其变化，以评价储层渗透率损害程度。

三、实验准备

1. 岩样准备

（1）直径：ϕ2.54cm 或 ϕ3.81cm；

（2）长度：不小于直径的 1.5 倍，应尽量选用接近夹持器允许的长度上限的岩样。

2. 实验用水

（1）盐水：通常为（模拟）地层水或（模拟）注入水，也可采用标准盐水，矿化度为 8%（质量分数），或根据地层情况，按质量比配制所需矿化度的标准盐水。

（2）工作液：通常指注入水、地层水、标准盐水、酸液、碱液、压井液、压裂液的滤液、钻井液的滤液或油田要求的其他液体。

3. 仪器仪表

（1）高压驱动泵（平流泵）：流速范围 0.05～6.0mL/min，工作压力不小于 20MPa；

（2）环压泵（氮气瓶）；

（3）岩心夹持器：样品直径 ϕ2.54cm 或 ϕ3.81cm，样品长度大于 5cm，工作压力不小于 16 MPa。实验装置如图 6－1 所示。

四、实验介绍与方法

（一）速敏性评价实验

1. 速敏定义及实验目的

因流体流动速度变化引起储层岩石中微粒运移、堵塞孔道，导致岩石渗透率或有效渗透率

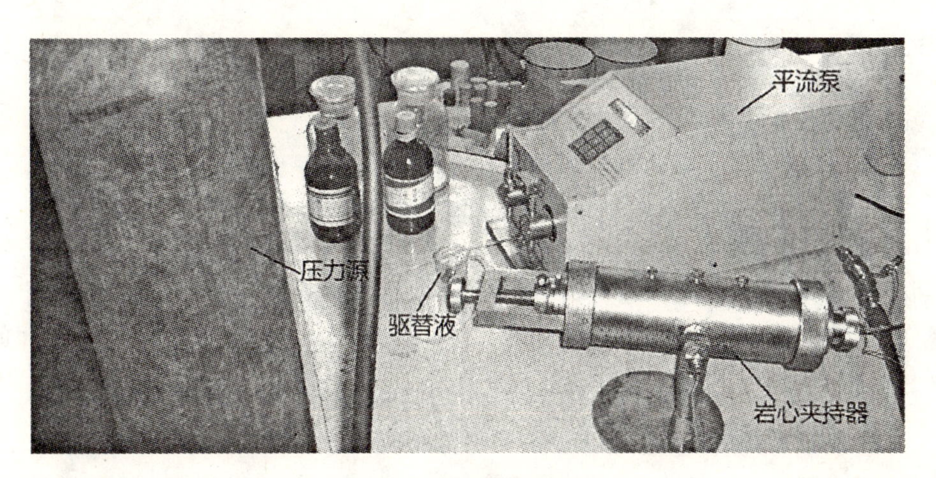

图 6－1　实验装置连接图

下降的现象称之为速敏。

速敏性评价实验的目的在于了解储层渗透率的变化与储层中流体流动速率的关系，如储层有速敏性，则测定开始发生速敏时的流速即临界流速 V_c，并评定速敏性程度。评价结果既可以为室内其他流动实验限定合理的流动速度，也可以为油藏的注水开发提供合理的注入流量，并为采油速度的合理选择提供实验依据。

2. 实验步骤

(1)制备模拟岩样(经过抽空饱和)和实验盐水；

(2)将平流泵、岩心夹持器按要求连接好，将实验盐水装入烧杯中；

(3)将岩心放入岩心夹持器，并连接好管线，缓慢将围压调至 2MPa，除应力敏感性评价实验外，检测过程中始终保持围压大于岩心上游压力 1.5～2.0MPa；

(4)打开岩心夹持器进口端排气阀，打开平流泵(泵速不超过 1mL/min)，这时平流泵至岩心上游管线中的气体从排气阀中排出。当气体排净，管线中全部充满实验液体，流体从排气阀中流出时，关闭平流泵；

(5)打开夹持器出口端阀门，关闭排气孔；

(6)将平流泵的流量调节到实验选定的初始流量，一般为 0.1mL/min，当岩样空气渗透率大于 0.5μm^2时，初始流量为 0.25mL/min，打开平流泵；

(7)按规定时间间隔测量压力、流量、时间及温度，待流动状态趋于稳定后，记录检测数据，计算该盐水的渗透率；

(8)按照规定的 0.1mL/min、0.25mL/min、0.50mL/min、0.75mL/min、1.0mL/min、1.5mL/min、2.0mL/min、3.0mL/min、4.0mL/min、5.0mL/min 及 6.0mL/min 的流量，一次进行测定，当测出临界流速后，流量间隔可以加大；

(9)若一直未测出临界流速，应进行至最大流速(6.0mL/min)；

(10)对于低渗透的致密岩样，当流量尚未达到 6.0mL/min，而压力梯度已大于 3MPa/cm，且随着流量的增加岩样渗透率始终无明显下降时，则认为该岩样无速敏性；

(11)当流量已达规定的最大流量，盐水渗透率始终没有下降(甚至上升)，则应在完成 6.0mL/min 的测量后，立即进行换向流动实验，按(2)～(5)步骤进行操作；

(12)关闭平流泵，结束实验；

(13)当换向流动实验表明无微粒运移特征时，则认为该岩样无速敏性。

3. 数据处理

(1)按达西定律公式计算样品的渗透率。

(2)以流量(mL/min)或流速(m/d)为横坐标，以液体渗透率为纵坐标，绘出流速曲线图。

(3)临界流速的确定和计算

当流速小于临界流速时，液体渗透率不随流量的增加而变化，称为损伤前渗透率$\overline{K_w}$。当液体渗透率出现下降，且下降幅度超过 10% $\overline{K_w}$时，拐点的前一个流速值即为临界流速值 V_c。

按下式将实验流量换算成渗流速度：

$$v=\frac{14.4Q}{A\cdot\varphi} \tag{6-1}$$

式中：v——流体渗流速度(m/d)；

Q——流量(mL/min)；

A——岩样截面积(cm^2)；

φ——岩样渗透率($10^{-3}\mu m^2$)。

4. 岩样的渗透率损害率

由速敏性引起的渗透率损害率由下式计算：

$$D_{k1}=\frac{\overline{K_{w1}}-K_{min}}{K_{w1}}\times 100\% \tag{6-2}$$

式中：D_{k1}——速敏性引起的渗透率损害率(%)；

$\overline{K_{w1}}$——临界流速前岩样渗透率的算术平均值($10^{-3}\mu m^2$)；

K_{min}——临界流速后岩样渗透率的最小值($10^{-3}\mu m^2$)。

速敏渗透率损害程度评价指标如表 6-1 所示。

表 6-1 速敏损害程度评价指标

渗透率损害率(%)	损害程度
$D_{k1}\leqslant 5$	无
$5<D_{k1}\leqslant 30$	弱
$30<D_{k1}\leqslant 50$	中等偏弱
$50<D_{k1}\leqslant 70$	中等偏强
$D_{k1}>70$	强

(二)水敏性评价实验

1. 水敏定义及实验目的

水敏是指因流体盐度变化引起粘土膨胀、分散、运移，导致岩石渗透率或有效渗透率下降的现象。

进行水敏性实验的目的在于了解发生水敏的过程，综合评价储层水敏性程度，并测定最终使储层渗透率降低的程度。

2. 实验盐水

(1)应选择不少于5种浓度的盐水(盐水1～盐水5)进行实验。高盐度时,浓度间隔大些;随着盐度的降低,间隔逐渐减小;

(2)初始盐水(盐水1)为(模拟)地层水(或与地层水矿化度相同的标准盐水),矿化度逐渐递减至最后一种实验用水(蒸馏水);

(3) 当地层水矿化度等于或低于1×10^4mg/L时,应使用1×10^4mg/L的标准盐水作为初始盐水。

3. 实验步骤

(1)将实验盐水装入烧杯中。

(2)抽空岩样及饱和(模拟)地层水(或与地层水矿化度相同的标准盐水,即盐水1)。

(3)按速敏性评价实验中实验步骤(2)～(7)操作,测得平衡渗透率K_f(或K_s)。同时,记录平衡压力p_f(或p_s)(平衡渗透率对应的压力)(其中:K_f是用模拟地层水测定的渗透率,K_s是用标准盐水测定的渗透率,p_f是K_f对应的压力,p_s是K_s对应的压力);

(4)将平流泵流量调至临界流速的0.8倍左右,打开阀门,让(模拟)地层水(或同矿化度的标准盐水)流过岩心;

(5)按速敏性评价实验中实验7步骤操作,测定(模拟)地层水(或同矿化度的标准盐水)的渗透率;

(6)用10～15倍孔隙体积的盐水2驱替(以替代盐水1),驱替速度为0.1～0.2mL/min(使得驱替时的压力始终小于或等于p_f或p_s);

(7)停平流泵,在盐水2中浸泡12h以上;

(8)按速敏性评价实验中实验(7)步骤操作,测定盐水2的渗透率;

(9)根据实验用水的设计,重复(6)～(8)步骤;

(10)用10～15倍孔隙体积的蒸馏水驱替,驱替速度为0.1～0.2mL/min;

(11)测定蒸馏水的渗透率,按速敏性评价实验中实验(7)步骤执行。

水敏性评价指标如表6-2所示。

表6-2　水敏性评价指标

水敏指数(%)	水敏性程度
$I_w\leqslant5$	无水敏
$5<I_w\leqslant30$	弱水敏
$30<I_w\leqslant50$	中等偏弱水敏
$50<I_w\leqslant70$	中等偏强水敏
$70<I_w\leqslant90$	强水敏
$I_w>90$	极强水敏

4. 数据处理

(1)以系列盐水的浓度为横坐标,各盐水的渗透率恢复值(或渗透率损害率)为纵坐标,作盐度曲线;

(2)临界盐度的判定:盐度曲线的形态出现明显变化处所对应前一点的盐度点为临界盐度 Sc;

(3)采用水敏指数评价岩样的水敏性。水敏指数按下式计算:

$$I_k = \frac{\overline{K}_{w2} - K_w^*}{K_{w2}} \times 100\% \tag{6-3}$$

式中:I_k——水敏指数;

K_w^*——用蒸馏水测定的岩样渗透率($10^{-3}\mu m^2$);

$\overline{K}_{w2}$——临界盐度 S_c 前一个点渗透率的算术平均值($10^{-3}\mu m^2$)。

(三)应力敏感性评价实验

1.应力敏感性定义及实验目的

应力敏感性是指岩石所受净应力改变时,孔喉通道变形、裂缝闭合或张开,导致岩石渗透能力变化的现象。

应力敏感性评价是为保护裂缝性油气层而设计的一种评价方法。其基本考虑为:由于裂缝两个表面之间只有少量的岩石骨架支撑,在钻井没打开裂缝时,它处于原始状态。如果在钻井过程中垂直于裂缝表面的地应力增加(如油层中夹有泥页、泥页岩的水化应力),可能使这种处于原始开启状态的裂缝闭合或变小。另一方面,在开采裂缝性油气层时,如果孔隙给裂缝的供油气速度低,也可能使裂缝中流体压力下降,从而使裂缝趋于闭合。闭合的程度以及渗透率下降的程度如何,都可以通过研究裂缝岩心的应力敏感得到。很显然,裂缝性储层的应力敏感与储层岩石的力学性质和裂缝特征有很大关系。

2.实验说明

该实验可采用气体、中性煤油或标准盐水(质量分数为8%)作为实验流体。

3.实验步骤

(1)损害前液体渗透率的测定按速敏性评价实验中实验(1)~(7)步骤操作。

(2)保持进口压力值不变,缓慢增加围压,使净围压依次为2.5MPa、3.5MPa、5.0MPa、7.0MPa、9.0MPa、11MPa、15MPa、20MPa。

(3)每一压力点持续1h后,测定岩样渗透率。

(4)缓慢减小围压,使净围压依次为15MPa,11MPa,9.0MPa,7.0MPa,5.0MPa,3.0MPa,2.5MPa。

(5)每一压力点持续1h后,按速敏性评价实验中实验步骤(7)测定岩样渗透率。

(6)所有压力点测完后关平流泵。

4.渗透率损害系数的计算

渗透率损害系数按下式计算:

$$D_{kp} = \frac{K_i - K_{i+1}}{K_i \mid (P_{i+1} - P_i) \mid} \times 100\% \tag{6-4}$$

式中:D_{kp}——渗透率损害系数(MPa^{-1});

K_i——第 i 个净围压下的岩样渗透率($10^{-3}\mu m^2$);

K_{i+1}——第 $i+1$ 个净围压下的岩样渗透率($10^{-3}\mu m^2$);

P_i——第 i 个净围压值(MPa);

P_{i+1}——第 $i+1$ 个净围压值(MPa)。

5. 数据处理

(1)以净围压为横坐标,对应压力点的渗透率损害系数为纵坐标,绘制应力敏感曲线。

(2)确定临界应力:在应力敏感曲线上,选取渗透率损害系数出现明显拐点(下降)时所对应的应力值,即为临界应力。

(3)计算渗透率损害率

按下式计算应力敏感性引起的渗透率损害率 D_{k2}:

$$D_{k2}=\frac{K_1-K'_{\min}}{K_1}\times 100\% \qquad (6-5)$$

式中:D_{k2}——应力不断增加至最高点的过程中产生的渗透率损害最大值;

K_1——第一个应力点对应的岩样渗透率($10^{-3}\mu m^2$);

$K'_{\min}$——达到临界应力后岩样渗透率的最小值($10^{-3}\mu m^2$)。

应力敏感性评价指标如表 6-3 所示。

表 6-3　应力敏感性评价指标

渗透率损害率(%)	损害程度
$D_{k2}\leqslant 5$	无
$5<D_{k2}\leqslant 30$	弱
$30<D_{k2}\leqslant 50$	中等偏弱
$50<D_{k2}\leqslant 70$	中等偏强
$70<D_{k2}\leqslant 90$	强
$D_{k2}>90$	极强

(四)酸敏性评价实验

1. 酸敏性定义及实验目的

酸敏性是指酸液与储层矿物或流体接触发生反应,产生沉淀或稀释出颗粒,导致岩石渗透率或有效渗透率下降的现象。

酸敏评价实验的目的就是要了解不同酸液是否对储层产生伤害及伤害程度的大小,以便选择适合于储层的酸液进行施工,以达到最佳的酸化效果和保护储层目的。

2. 实验说明

酸敏性评价实验分为酸敏化学实验、酸敏动力学实验、酸敏热力学实验、盐酸酸敏性评价和土酸酸敏性评价,本节以盐酸酸敏性评价为例介绍其实验步骤,其他实验步骤可参考中华人民共和国石油天然气行业标准《储层敏感性流动实验评价方法》(SY/T5358—2002)酸敏评价部分。

3. 实验步骤

(1)用与地层水相同矿化度的 KCl 盐水按速敏性评价实验中实验(1)~(7)步骤测定酸处理前的液体渗透率;

(2)砂岩样品反相注入 0.5~1.0 倍孔隙体积 15%HCl,碳酸盐岩样品则注入 1.0~1.5 倍孔隙体积 15%HCl；

(3)停平流泵模拟关井，砂岩样品包括注酸在内的酸反应时间为 1h，碳酸盐岩样品包括注酸在内的酸反应时间为 0.5h；

(4)打开平流泵正向驱替，注入与地层水矿化度相同的 KCl 盐水，连续测定时间、压差、温度、液量，同时用精密 pH 试纸测定流出液 pH 值的变化；

(5)从注酸开始，连续收集数份流出液体待测，直至累计量达到 10～15 倍孔隙体积；

(6)当流动状态稳定且 pH 值不变时，关平流泵，停止实验；

(7)分析流出液中各酸敏性的浓度。

4. 数据处理

(1)以驱替液的孔隙体积倍数为横坐标，以与地层水相同矿化度的 KCl 盐水渗透率为第一纵坐标，以流出液的 pH 值为第二纵坐标，绘制出酸的驱替曲线。

(2)以驱替液的孔隙体积倍数为横坐标，以注入酸过程中各酸敏性例子的浓度为第一纵坐标，以流出液的 pH 值为第二纵坐标，绘制酸敏曲线。

(3)酸敏性评价指标

驱替法酸敏性评价指标计算如下：

$$I_a = \frac{K'_f - K_{ad}}{K'_f} \times 100\% \tag{6-6}$$

式中：I_a——酸敏指数；

K'_f——酸处理前用与地层水相同矿化度的 KCl 盐水测定的岩样渗透率($10^{-3}\mu m^2$)；

K_{ad}——酸处理后用与地层水相同矿化度的 KCl 盐水测定的岩样渗透率($10^{-3}\mu m^2$)。

酸敏损害的评价指标如表 6-4 所示。

表 6-4 酸敏损害的评价指标

酸敏指数(%)	酸敏损害程度
$I_a \approx 0$	弱酸敏
$0 < I_a \leqslant 15$	中等偏弱酸敏
$15 < I_a \leqslant 30$	中等偏强酸敏
$30 < I_a \leqslant 50$	强酸敏
$I_a > 50$	极强酸敏

(五)碱敏性评价实验

1. 碱敏性定义及实验目的

碱敏性是指碱性液体与储层矿物或流体接触后发生反应，产生沉淀或释放出颗粒，导致岩石渗透率或有效渗透率下降的现象。

碱敏评价实验之目的是找出碱敏发生的条件，主要是临界 pH 值，以及由碱敏引起的油气层伤害程度，为各类工作液的设计提供依据。

2. 实验步骤

(1)用 pH 计测地层水 pH 值作为初始 pH 值。

(2)抽空岩样及饱和地层水

将岩样放入夹持器，应使液体在岩样中的流动方向与测定气体渗透率时气体移动方向一致。始终保持环压大于岩心夹持器进口压力1.5～2.0MPa。

(3)开泵将岩心夹持器进液一端管线中的气体排出，使管线全部为液体充满。

(4)将平流泵流量调至小于临界流速流量，打开阀门，让地层水流过岩样。

(5)准确计量流量，并测量不同时间的压差及温度。待流动状态趋于稳定后，每10min测一次，连测三次，压差的相对误差小于1%时停泵。

(6)用NaOH调KCl溶液pH值(pH计测)并按1～1.5个pH值的间隔提高碱液pH值(即每提高1～1.5pH值为一个实验点)。

(7)向岩样中注入已调好pH值的碱性溶液，注入量为10～15倍孔隙体积，静置浸泡12h以上，测岩样渗透率。

(8)开泵将平流泵调至低于临界流速流量并测定岩样渗透率。准确计量流量，待状态趋于稳定后，每10min测一次，连测三次，压差的相对误差小于1%时停泵。

(9)重复操作直至pH值提高到13为止。

3.数据处理

(1)以pH值为横坐标，以不同pH值碱液测定的岩样渗透率为纵坐标，作曲线图。

(2)在碱度曲线图上，岩样渗透率开始显著下降时，相应点的前一个pH值为临界pH值。

(3)pH值变化产生的碱敏指数计算如下：

$$I_b = \frac{K_{wo} - K''_{min}}{K_{wo}} \times 100\% \tag{6-7}$$

式中：I_b——碱敏指数；

K_{wo}——初始KCl盐水测定的岩样渗透率($10^{-3}\mu m^2$)；

K''_{min}——系列碱液测定的岩样渗透率的最小值($10^{-3}\mu m^2$)。

碱敏损害的评价指标如表6-5所示。

表6-5　碱敏损害的评价指标

碱敏指数(%)	碱敏损害程度
$I_b \leqslant 5$	无碱敏
$5 < I_b \leqslant 30$	弱碱敏
$30 < I_b \leqslant 50$	中等偏弱碱敏
$50 < I_b \leqslant 70$	中等偏强碱敏
$I_b > 70$	强碱敏

第二节　岩心的钻井液污染实验

一、工作液对油气层的损害评价

1.渗透率恢复值实验

渗透率恢复值实验是评价钻井液和完井液储层损害程度或储层保护效果的最主要和最直

观的方法。它是用天然岩心或人造岩心在岩心流动实验装置上测量实验岩心污染前后的渗透率,两渗透率的比值即为渗透率恢复值,它比较直观地反映了储层岩心的损害程度。渗透率恢复值越大,钻井液、完井液对储层的损害越小。对开发井而言,渗透率恢复值一般应不小于75%。

2.损害带半径的测定

钻井液或完井液侵入储层造成储层损害,其实就是引起侵入带储层原始渗透率的降低,滤液侵入引起渗透率降低的储层深度与井眼半径之和即为损害半径。损害半径的测定是通过在高温高压动失水装置上模拟井下温度、压差和流动速梯的实验条件下对实验岩心进行动、静失水实验,测量一定时间内的滤失总量,然后根据公式推算出钻井液或完井液与油层接触期间侵入储层的深度即损害半径。损害半径的测定目前国内外没有统一的方法,使用不同的实验装置需采用不同的公式进行计算。损害带半径的大小反映了外来液体影响储层的深度,因此一般要求钻井液和完井液的损害带半径应尽可能小。

二、评价钻井液、完井液体系及处理剂的实验程序

为了确定完井液体系配方和筛选配伍处理剂,必须针对油气田的实际储层特征进行储层保护的评价实验。实验程序一般按下列步骤进行:

(1)选样和岩样制备。研究完井液体系配方,筛选处理剂时一般采用与储层物性相似的人造岩心,而完井液体系的最终确定或储层保护效果的最终验证必须使用储层的天然岩心。人造岩心已经直接作成了实验用的岩样,天然岩心需从其岩心上钻取圆柱形岩塞作为实验样品。

(2)测定岩样的空气或氮气渗透率 k_a、克氏渗透率 k_∞ 和孔隙度 ϕ。

(3)模拟原始含水饱和度。先将岩样抽真空,用地层水(或模拟地层水)饱和岩样,再用煤油或柴油驱替地层水,使岩样中含水饱和度达到其束缚水状态。

(4)在岩心流动实验装置上测定岩样污染前的油相正向渗透率。

(5)模拟动态污染。将岩样装入动态模拟装置(如高温高压动失水仪),用完井液或按使用浓度配制成的处理剂水溶液在设定的动态条件下反向挤入岩样进行污染,污染结束后,取出岩样并刮去反向端面形成的滤饼。

(6)测污染后的油相正向渗透率。在与步骤4相同的条件下,测定完井液污染后岩样的油相正向渗透率,该渗透率与污染前的油相渗透率的比值即渗透率恢复值,用它即可评价完井液的储层损害程度,反之也反映了完井液的储层保护效果。

1.仪器与材料

(1)JHDS高温高压动失水仪或性能相当的类似仪器;

(2)氮气及氮气瓶;

(3)电炉:1 000W～1 500W;

(4)耐热容器:4 000～5 000mL;

(5)量筒:分度值0.1mL;

(6)温度计:150℃;

(7)计时器:精确度为0.1s;

(8)游标卡尺:精确度为0.02mm;

(9)金属环:长20～30mm,外径25.4mm,壁厚1～2mm。

2. 实验参数

速梯：$300s^{-1}$，或根据现场的实际使用情况计算；

压差：3.5MPa，或根据现场实际使用的钻井液液柱力与孔隙压力差确定；

温度：是相应的储层温度；

动滤失实验时间：125min。

3. 实验步骤

(1)仪器准备。按仪器操作说明书检查和清洗仪器。

(2)搅拌预热钻井液。将 4 000mL 左右的钻井液倒入耐热容器中，置于电炉上加热搅拌，预热钻井液至 50℃左右。

(3)安装岩心。将已测定 K_o 的岩心迅速反向(测定岩心 K_o 时的煤油出口端对着动失水仪的实验液腔)装入岩心夹持器的胶套内。将岩心的围压加到 2～3MPa 后(注意观察围压加到所需值后，压力能否稳定，若不能稳定，说明围压漏，检查是胶套破损，还是岩心直径太小；若是胶套破损，则更换胶套；若是岩心太小或安装不当，可以在岩心外缠一层聚四氟乙烯膜后重新安装，直到围压稳定)，用吸满煤油的吸耳球排除出口端的空气，并立即在滤液出口处接上已排除空气的冷却接收器，然后关闭出口端阀门，将岩心夹持器装在主机上。

(4)灌注钻井液及加压。用手压泵将预热后的钻井液从主机底部的放水阀处注入仪器内，要求钻井液必须充满仪器的实验液腔、管线和中间容器(标志是放空管线有钻井液流出)，以便排净空气。关好放空阀与放水阀后，通过增压泵给实验液腔加 0.5～1MPa 的压力，然后，关闭中间容器上部与增压泵相连的阀门。

(5)加热与调节实验温度。打开仪器电源开关，接通电源，拨动“温控 I”和“温控 II”拨码开关的数值到低于实验温度 5℃，加温过程中，同时在稍低于实验速梯下搅拌钻井液，以便均匀加热；当实验温度高于 70℃时，必须打开冷却水循环，以防止仪器上腔温度过高，损坏仪器。

(6)压力调节。压力调节分两步进行，先将岩心的围压加到 3MPa，用增压泵将实验液腔内压力提高到 2.5MPa(或低于所需实验压力 0.5MPa)，再提高围压至 4.5～5MPa(或高于实验压力 1.5～2MPa)，再用增压泵将实验液腔内压力提高到 3.5MPa(或所需实验压力)。

(7)速梯调节。当温度、围压和实验腔内的压力达到所需实验值后，调节速梯到实验值。

(8)动滤失测定。当温度、围压、实验液腔压力和速梯达到实验值后，在岩心出口处放好量筒，按动“清零”按钮的同时打开滤液出口阀，开始计时、计量，并记下初始滤失体积(即瞬时滤失)。动滤失测定实验过程中按表 6－6 的格式进行记录。动滤失实验时间为 125min。

(9)结束实验。动滤失实验结束后，立即关闭滤液出口阀，停止加温，并开大冷却水进行冷却，同时进行慢速搅动。当温度降至 50℃时，则可卸压，停止转动，放出实验液，取出岩心，测量泥饼厚度。马上清洗动失水仪，擦干备用。

4. 测定钻井液损害岩心后岩心对煤油的渗透率 K_{od}

(1)装入岩心。将带有泥饼的岩心按测定渗透率 K_o 的方向装入实验装置流程的岩心夹持器中，在岩心出口端放入金属环后，再装上岩心夹持器两端的堵头，并加以固定，加环压后，驱替煤油排除进口端空气。

(2)建立含水饱和度及测定损害前岩心对煤油的渗透率 K_o。用煤油先在 0.4 倍临界流量 Q_c 下驱替到不出水和稳定压力，然后再提高流量到 0.8 倍 Q_c 下驱替到不出水和稳定压力，含水饱和度实验过程中按表 6－7 的格式进行记录。用 0.5 倍 Q_c 下的流量驱替到稳定流量和稳

表 6-6 钻井液完井液损害油层室内模拟评价滤失试验记录

<table>
<tr><td rowspan="5">基础资料</td><td colspan="2">油田区块</td><td></td><td colspan="2">井号</td><td></td></tr>
<tr><td colspan="2">岩心号</td><td></td><td colspan="2">井深(m)</td><td></td></tr>
<tr><td colspan="2">岩心长度 L(cm)</td><td></td><td colspan="2">岩心直径 D(cm)</td><td></td></tr>
<tr><td colspan="2">K_a($10^{-3}\mu m^2$)</td><td></td><td colspan="2">渗透率 K($10^{-3}\mu m^2$)</td><td></td></tr>
<tr><td colspan="2">孔隙体积(cm^3)</td><td></td><td colspan="2">孔隙度(%)</td><td></td></tr>
<tr><td rowspan="5">评价液配方与主要性能</td><td colspan="2">配方</td><td></td><td colspan="2"></td><td></td></tr>
<tr><td colspan="2">密度 ρ(g/cm^3)</td><td></td><td colspan="2">API 失水量(cm^3)</td><td></td></tr>
<tr><td colspan="2">漏斗粘度 η_L(s)</td><td></td><td colspan="2">表观粘度 η_A(mPa·s)</td><td></td></tr>
<tr><td colspan="2">η_P(mPa·s)</td><td></td><td colspan="2">屈服值 τ_d(Pa)</td><td></td></tr>
<tr><td colspan="2">pH</td><td></td><td colspan="2"></td><td></td></tr>
<tr><td rowspan="12">滤失损害实验记录</td><td>时间(min)</td><td>温度(℃)</td><td>压力(MPa)</td><td>速梯(s^{-1})</td><td>滤失体积(cm^3)</td><td>备注</td></tr>
<tr><td></td><td></td><td></td><td></td><td></td><td></td></tr>
<tr><td></td><td></td><td></td><td></td><td></td><td></td></tr>
<tr><td></td><td></td><td></td><td></td><td></td><td></td></tr>
<tr><td></td><td></td><td></td><td></td><td></td><td></td></tr>
<tr><td></td><td></td><td></td><td></td><td></td><td></td></tr>
<tr><td></td><td></td><td></td><td></td><td></td><td></td></tr>
<tr><td></td><td></td><td></td><td></td><td></td><td></td></tr>
<tr><td></td><td></td><td></td><td></td><td></td><td></td></tr>
<tr><td></td><td></td><td></td><td></td><td></td><td></td></tr>
<tr><td></td><td></td><td></td><td></td><td></td><td></td></tr>
<tr><td></td><td></td><td></td><td></td><td></td><td></td></tr>
</table>

实验人： 计算人： 审核人： 分析时间： 年 月 日到 年 月 日

定压力，测定损害前岩心对煤油的渗透率，实验过程中按表 6-8 的格式进行记录，用达西公式计算损害前岩心对煤油的平衡渗透率 K_o。

(3)测定渗透率 K_{od}。采用与(2)测定岩心 K_o 相同的流量，正向驱替煤油 $20V_p$ 以上，达到稳定压力和稳定流量后，测定钻井液损害岩心后岩心对油相的渗透率，实验过程中记录数据，用达西公式计算损害后岩心对煤油的平衡渗透率 K_{od}。同时注意观察记录驱替过程中的最高返排压差。

5. 计算实验结果

(1)动滤失速率 F_d

$$F_d = \frac{60 \times \Delta V}{A \cdot \Delta t} \tag{6-8}$$

表 6-7　钻井液完井液损害油层室内模拟评价岩心抽空饱和与建立含水饱和度试验记录

<table>
<tr><td rowspan="6">基础资料</td><td colspan="3">油田区块</td><td colspan="3"></td><td colspan="3">井号</td><td colspan="3"></td></tr>
<tr><td colspan="3">岩心号</td><td colspan="3"></td><td colspan="3">井深(m)</td><td colspan="3"></td></tr>
<tr><td colspan="3">岩心长度 L(cm)</td><td colspan="3"></td><td colspan="3">岩心直径 D(cm)</td><td colspan="3"></td></tr>
<tr><td colspan="3">K_a($10^{-3}\mu m^2$)</td><td colspan="3"></td><td colspan="3">渗透率 K($10^{-3}\mu m^2$)</td><td colspan="3"></td></tr>
<tr><td colspan="3">岩心干重(g)</td><td colspan="3"></td><td colspan="3">岩心湿重(g)</td><td colspan="3"></td></tr>
<tr><td colspan="3">孔隙度(%)</td><td colspan="3"></td><td colspan="3">孔隙体积(cm^3)</td><td colspan="3"></td></tr>
<tr><td colspan="3" rowspan="2">饱和盐水</td><td>名称</td><td colspan="3"></td><td colspan="3">总矿化度(mg/L)</td><td colspan="3"></td></tr>
<tr><td>配方</td><td colspan="9"></td></tr>
<tr><td colspan="4">抽空饱和时间</td><td colspan="9">年　月　日　时　分至　年　月　日　时　分</td></tr>
<tr><td rowspan="10">建立含水饱和度实验记录</td><td colspan="2">时间</td><td rowspan="2">温度
(℃)</td><td rowspan="2">流量
(cm^3/min)</td><td rowspan="2">压力
(MPa)</td><td rowspan="2">出水
(cm^3)</td><td colspan="2">时间</td><td rowspan="2">温度
(℃)</td><td rowspan="2">流量
(cm^3/min)</td><td rowspan="2">压力
(MPa)</td><td rowspan="2">出水
(cm^3)</td></tr>
<tr><td>时</td><td>分</td><td>时</td><td>分</td></tr>
<tr><td></td><td></td><td></td><td></td><td></td><td></td><td></td><td></td><td></td><td></td><td></td><td></td></tr>
<tr><td></td><td></td><td></td><td></td><td></td><td></td><td></td><td></td><td></td><td></td><td></td><td></td></tr>
<tr><td></td><td></td><td></td><td></td><td></td><td></td><td></td><td></td><td></td><td></td><td></td><td></td></tr>
<tr><td></td><td></td><td></td><td></td><td></td><td></td><td></td><td></td><td></td><td></td><td></td><td></td></tr>
<tr><td></td><td></td><td></td><td></td><td></td><td></td><td></td><td></td><td></td><td></td><td></td><td></td></tr>
<tr><td></td><td></td><td></td><td></td><td></td><td></td><td></td><td></td><td></td><td></td><td></td><td></td></tr>
<tr><td></td><td></td><td></td><td></td><td></td><td></td><td></td><td></td><td></td><td></td><td></td><td></td></tr>
<tr><td></td><td></td><td></td><td></td><td></td><td></td><td></td><td></td><td></td><td></td><td></td><td></td></tr>
<tr><td colspan="4">驱出水总量(cm^3)</td><td colspan="2"></td><td colspan="5">含水饱和度(%)</td><td colspan="2"></td></tr>
</table>

实验人：　　计算人：　　审核人：　　分析时间：　年　月　日到　年　月

(2) 动态渗透率恢复值 R_d

$$R_d = \frac{K_{od}}{K_o} \times 100\% \tag{6-9}$$

式中：R_d——动态渗透率恢复值；

K_o——钻井液损害岩心前岩心对煤油的平衡渗透率($10^{-3}\mu m^2$)；

K_{od}——钻井液损害岩心后岩心对煤油的平衡渗透率($10^{-3}\mu m^2$)。

6. 钻井液、射孔液、压井液损害油层静态评价实验

(1)仪器与材料

①耐压中间容器：200mL。

②可接 6mm 管线的特殊岩心夹持器堵头。

③恒温烘箱：体积可放置岩心夹持器，可加温到 150℃。

④氮气及氮气瓶。

表 6-8　钻井液完井液损害油层室内模拟评价渗透率测定试验记录

基础资料	油田区块		井号	
	岩心号		井深(m)	
	岩心长度 L(cm)		岩心直径 D(cm)	
	$K_a(10^{-3}\mu m^2)$		渗透率 $K(10^{-3}\mu m^2)$	
	孔隙度(%)		含水饱和度(%)	
	孔隙体积(cm^3)			
评价液配方				

建立含水饱和度实验记录	评价液损害前					评价液损害后					备注
	时间		温度(℃)	流量(cm^3/min)	压力(MPa)	时间		温度(℃)	流量(cm^3/min)	压力(MPa)	
	时	分				时	分				
损害前平均压力 P_0(MPa)						损害后最大反排压力 P_{max}(MPa)					

实验人：　　计算人：　　审核人：　　分析时间：　年　月　日到　年　月

⑤量筒：分度值 0.1mL。

⑥温度计：150℃。

⑦计时器：精确度为 0.1s。

⑧游标卡尺：精确度为 0.02mm。

⑨金属环：长 20～30mm，外径 25.4mm，壁厚 1～2 mm。

⑩氮气及氮气瓶。

(2)实验参数

①时间：120min。

②压差：3.5MPa，或根据现场实际使用的钻井液液柱压力与孔隙压力差确定。

③温度：室温或储层温度。

(3)模拟储层温度实验程序

①安装岩心。将已测定过 K_o 的岩心迅速装入岩心夹持器的胶皮套内，在测 K_o 的反方向端装入 1 个金属环，金属环后装入可接 6mm 管线的特殊岩心夹持器堵头；在岩心夹持器的另一端装入堵头后，拧上堵头固定器压紧岩心。

②注入评价液。加环压到 1.5～2MPa。将岩心夹持器堵头端用煤油排除其中的空气后，

关闭阀门。连接装有评价液的中间容器到岩心夹持器特殊堵头端，打开该堵头的放空阀，用氮气瓶给中间容器慢慢加压，把中间容器中的评价液压入金属环的空腔中。当放空阀的出口有评价液流出时，关闭放空阀和氮气瓶上的阀门。

③加热与调节温度。将岩心夹持器和中间容器置于恒温烘箱中。接通恒温烘箱的电源，调节温度到实验所需温度，开始加温。注意观察温度计读数，直至温度加到预定温度。当实验温度超过93℃时，使用回压接收器，以防滤液蒸发。

④调节压力。将环压调节到4.5～5MPa(或高于实验压力1.5～2MPa)，打开气瓶总阀，调节减压阀阀杆，将压力调至3.5MPa(或所需实验压力)。

⑤测定岩心静滤失。当温度、压力达到实验值后，打开出口阀门，开始静滤失实验。实验过程中，按附表3的格式记录不同时间的滤液体积。静滤失实验进行120min。

⑥结束静滤失实验。关闭气源阀门，切断烘箱电源，打开烘箱门降温。

7. 温度操作方法

除不必把岩心夹持器和中间容器放入烘箱中，以及不必加热、恒温外，其余操作与(3)中规定的储层温度下的评价步骤相同。

8. 测定评价液损害岩心后岩心对煤油的渗透率 K_{os}

(1)重新安装岩心

当温度降到接近室温时，卸下装评价液用的中间容器，将夹持器特殊堵头端放空后，泄掉环压，取下特殊堵头，倒出金属环中的泥浆，取出金属环冲洗干净。重新装上金属环和特殊堵头，固定堵头。加环压到2～3MPa，并排除正向进口端的空气。

(2)测定岩心的煤油渗透率 K_{os}

按《钻井液损害油层动态模拟评价实验》中的操作要求进行。

9. 计算实验结果

(1)静失水速率

按《钻井液损害油层动态模拟评价实验》中的要求进行。

(2)静态渗透率恢复值

静态渗透率恢复值 R_s 计算公式为：

$$R_s = \frac{K_{os}}{K_o} \times 100\% \tag{6-10}$$

式中：R_s——静态渗透率恢复值；

K_o——钻井液损害岩心前岩心对煤油的平衡渗透率($10^{-3}\mu m^2$)；

K_{os}——钻井液静态损害岩心后岩心对煤油的平衡渗透率($10^{-3}\mu m^2$)。

第三节　岩心渗透率恢复实验

储油(气)岩石绝大多数的孔隙是相互连通的，它不仅具有储存油气的能力，还有渗透流体的能力。在一定的压差下，岩石允许流体通过的性质称为岩石的渗透性，从数量上度量岩石的渗透性参数就叫做岩石的渗透率。

对于煤层工程师来说，渗透率无疑是一项必须加以重点关注的地层参数。它是确定一口井是否应当完井和投产的依据。同时，它也是钻井煤层保护、完井射孔方案选择、最佳排液位置和生产速率以及三次采气措施制定的基础。

多孔介质传导流体的能力一般用渗透率来描述，它仅与介质的粒径（或孔径）、形状、分布、比表面、弯曲率、压缩性等骨架性质有关。渗透率是表征流体在储层中流动特性的一个重要参数，渗透率的求取精度直接影响着对煤层的评价和开发方案的制定，目前还没有一种连续直接测定地下储层渗透率的方法。确定储层渗透率方法一般有3种，即室内岩心测定法、测井或地震反演处理法、地层测试法。JHGP气体渗透率测定仪测试就是室内岩心测定法。

1. 仪器的主要技术参数

(1)测试岩心直径：ϕ25mm。

(2)测试岩心长度：20～70mm。

(3)工作介质：氮气。

(4)仪器配套：高压钢瓶一只、气压表一个、游标卡尺一把、感测器一个（存放岩样用）。

测试范围：$(1\sim5\ 000)\times10^{-3}\mu m^2$。

2. 工作原理

这台仪器是基于达西定理设计的。

设有一横截面积为A、长度为L的岩石，将其夹持于岩心夹持器中，使粘度为μ的流体在压差ΔP下通过岩心，测得流量Q。计算岩石的渗透率为：

$$K=\frac{Q\mu L}{A\Delta P} \tag{6-11}$$

这就是所谓的"达西方程"，从式中可以看出A、L是岩石的几何尺寸，ΔP是外部条件，当外部条件、几何尺寸、流体性质都一定时，流体通过量Q的大小就取决于反映岩石可渗透性的比例常数K的大小，我们把K称为岩石的渗透率。

前面讨论的都是以不可压缩流体（液体）为基础的，我们设计的气体渗透率是以气体作为介质，因为气体是压缩流体，所以达西公式需要修正才能应用。可压缩的气体最大的特点是当压力增加流体能被压缩，当压力降低时流体就发生膨胀，当温度一定时，流体的膨胀服从玻义儿定律，如果以最简单的平面线渗流考虑，设进口压力为P_1出口压力为P_2。显然，当压力从P_1变化到P_2时，气体的体积必然变化，故流速也会变化，因此，必须考虑用平均体积流体$\overline{Q}$代入达西方程。

若把气体膨胀视为等温过程，按玻义儿定律：

$$Q_1P_1=Q_2P_2=\cdots Q_0P_0=\overline{QP} \tag{6-12}$$

则$\overline{Q}=\dfrac{Q_0P_0}{\overline{P}}$，而$\overline{P}=\dfrac{P_1+P_2}{2}$，因此

$$\overline{Q}=\frac{Q_0P_0}{\overline{P}}=\frac{2Q_0P_0}{P_1+P_2} \tag{6-13}$$

式中：$\overline{P}$——平均压力(MPa)；

$\overline{Q}$——平均压力下的平均体积流量(mL/s)；

P_0——大气压力(MPa)；

Q_0——大气压力下的气体流量(mL/s)。

从上面分析得出，对可以压缩的流体的达西公式的修正只要把流量用平均流量带入即可：

$$K_g=\frac{2Q_0P_0\mu_gL}{A(P_1^2-P_2^2)}\times10^{-1} \tag{6-14}$$

式中：μ_g——气体的粘度。

也就是说，用气体测定渗透率时，气体的体积流量是要用标准状况下的体积 Q_0 值。

仪器的工作流程图如图 6－2 所示，从中可以了解到仪器的各个组成部分。

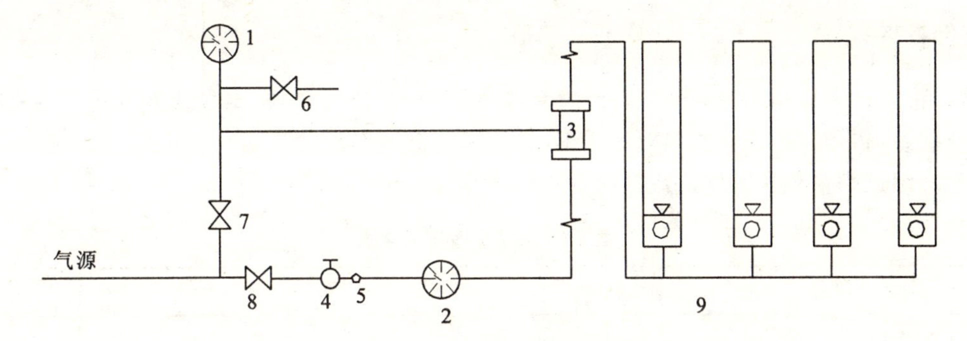

图 6－2　渗透率仪流程图

1—环压表；2—上流压力表；3—岩心夹持器；4—压力调节器；5—干燥器；6—放空阀；7—环压阀；8—气源阀；9—转子流量计

3. 测试步骤

本仪器可安装在稳定的试验台上，最好台面防震，并离门远一点。具体的操作步骤如下。

(1)将高压气瓶的输出压力调到 0.5MPa，开气源阀，调节压力调节器(一般压力由小到大调节)，调至所需的上流压力。

(2)选择一只流量计，在不同上流压力下读取流量(气体渗流率仪上装有四支流量计，其量程各不同，使用时应根据流量大小，选择适当量程的流量计，在满足要求的情况下尽量选小量程的流量计)。

(3)调节压力调制器，使上流压力降至零，开放空阀，使环压降至零，重复步骤，取出岩样。

(4)如果要继续测试，再重复实验；实验结束后将加压柱塞推进夹持器中，拧紧手轮，关闭所有阀门，测试完毕。

(5)记录数据：① 记录当天的大气压力；② 记录所有气体类别；③记录上流压力；④记录流量；⑤记录岩样号、长度、直径。

(6)上述测定的参数填入原始数据记录表格。

(7)注意事项：①端面必须垂直于岩样的轴线，并且两端面应互相平行，岩样端面不规则时，可能使橡皮筒产生褶皱或被划破；②岩心夹持器中未放样品时，绝对不能加环压，否则就会损坏橡皮筒；③岩样的直径比夹持器直径小 1～1.5mm 时，放入夹持器中不会损坏橡皮筒，如果更小，就应采取适当的方法加以处理；④在测定气体流量时，用 1 只流量计，其他流量计的针形阀必须关死。

4. 数据处理

(1)由于单相流体通过岩样，其渗流规律也不总是服从达西定律，只有在压力梯度较小、流速较低时，单相流体在多孔介质中的流动才服从达西线性渗流定律。当压力梯度超过某一极限值时，就不再服从达西定律，而是服从非线性渗流规律。为此需要做 $Q-\Delta P/L$ 曲线来验证达西定律。

(2)取 $Q-\Delta P/L$ 曲线中直线段的点，按下式分别计算气体渗透率 K_g。

$$K_g=\frac{2Q_0P_0\mu_gL}{A(P_1^2-P_2^2)}\times10^{-1} \tag{6-15}$$

式中：K_g——气体渗透率(μm^2)；

μ_g——气体的粘度(mPa·s)(根据所用的温度查表而来)。

(3)根据 $\frac{1}{P}=\frac{1}{\sqrt{P^1+P^2}}$，计算 $1/P$ 的值。

(4)将测试点得到的 K_g 和 $1/P$ 值绘制成 K_g-1/P 曲线，再根据直线外推平移后在纵坐标上的截距，得到岩心的真实绝对渗透率(等值液体渗透率)。

岩芯渗透率恢复实验原始数据如表 6-9 所示。

表 6-9　原始数据记录表

项目	符号	1	2	3	4	5
岩样进口压力(表)(MPa)	p_1^1					
岩样进口压力(绝)(MPa)	p_1					
岩样进口压力(表)(MPa)	p_1^2					
岩样进口压力(绝)(MPa)	p_2					
气体流量(测)(mL/s)	Q					
气体流量(校)(mL/s)	Q_0					
岩样长度 L=　　cm			岩样直径 D=　　cm			
岩样横截面积 A=　　cm^2			大气压力 p_0=　　MPa			
气体温度 t=　　℃			气体粘度 μ_g=　　mPa·s			

第四节　油基钻井液保护储层实验

油基泥浆是以油为分散介质、有机土为分散相的泥浆。油可以用原油、柴油、矿物油。油基泥浆润滑性好，有利于井壁稳定，对油层伤害小。

根据储层保护基本思路，除要控制合理的钻压差和钻速、减少复杂事故、缩短钻井液浸泡时间外，还要通过优质的钻井液实现储层保护。保护油气层技术是提高石油勘探开发效益进程中带有战略性意义的关键技术之一，国外石油公司十分重视此项技术的发展。油基泥浆(包括油包水乳化泥浆)具有强抑制性、强耐温性、抗污能力好、保护油气层、润滑性能好、抗腐蚀性强等显著优点，它是目前钻深井、大斜度井、水平井及在各种复杂地层中成井的主要技术手段，并且可作为解卡液、完井液、修井液和取芯液，但在降低成本、提高钻速、环境友好等方面需继续深入研究。

油基泥浆保护油储层的实验主要有密度试验，失水量，流变性和碱度，水、油和固相实验，化学分析，电稳定性和石灰等。前 4 个实验在前几章有详细的介绍，下面分别介绍后 4 种实验方法与步骤。

一、水、油和固相实验

用蒸馏试验测定从油基钻井液样品中释放出来的水和油的量，方法是通过在一校正好且工作正常的“蒸馏器”中加热样品而测定的。在蒸馏试验中，将已知体积的油基钻井液样品在一蒸馏器中加热，使其中的液相成分挥发，然后让蒸汽冷凝，并收集在一带有精确刻度的接收器中。从钻井液样品体积中减去总的液相体积，即可算出蒸馏后残余的固相体积百分数。

1. 仪器

(1)蒸馏器：推荐用于油基钻井液的蒸馏器有 $10cm^3$ 和 $20cm^3$ 两种规格，并配有外部加热套。

(2)冷凝器：能够将油和水的蒸汽冷却至它们的液化温度以下。

(3)加热套：额定功率 350W。

(4)温度控制器：能够把蒸馏器的温度限制在 500±38℃。

(5)液体接收器：是一种专门设计的量筒形玻璃器皿，底部为半圆形，以便于清洗，顶部为漏斗状，可以接收落下的液滴。

(6)细钢毛(标号 No.000)：用于填充蒸馏器主体。

(7)螺纹密封剂/润滑剂：高温润滑剂。

(8)清管器：用来清洗冷凝器和蒸馏器主体。

(9)毛刷：用于清洗接收器。

(10)蒸馏器刮刀：用于清洗样品杯。

(11)软木塞起子：用于清除用过的钢毛。

(12)注射器($10cm^3$ 或 $20cm^3$)：用于注满样品杯。

(13)筛网：孔眼尺寸 1.52 mm。

2. 步骤

(1)洗净并干燥蒸馏器装置及冷凝器。

(2)采集并准备油基钻井液样品。采集有代表性的油基钻井液样品，使之通过马氏漏斗筛网。记录样品温度。彻底搅拌钻井液样品，以保证其完全均一。注意不得混入空气，而且不得有固相停留在容器底部。

(3)使用一支洁净的注射器注满样品杯，动作要慢，以避免混入空气。轻轻叩击样品杯的一侧以排除空气。盖上样品杯的小盖并旋转之，使杯与盖恰好吻合。要保证有少许过量的钻井液从盖上的小孔溢出。将过量的钻井液擦去，同时要避免将杯内样品吸出。

(4)向蒸馏器主体中填入钢毛。

(5)在样品杯的螺纹上涂敷润滑油/密封剂，保持小盖在样品杯上，用手将蒸馏器主体与样品杯旋紧在一起。

(6)在蒸馏器喷嘴的螺纹上涂敷润滑油/密封剂，并连接好冷凝器。将蒸馏装置放到加热套内，关闭隔热门。

(7)将洁净而干燥的液体接收器置于冷凝器出口下方。

注：可能会因接收器过长而需倾斜放置，这种情况下或许可利用试验台的边缘支撑住接收器。

(8)接通蒸馏器的电源，让其加热至少 45 min。

(9)移开液体接收器，使之冷却。读取并记录液相总体积、油体积、水体积。

注：如果在油相与水相之间存在一个乳化界面，将界面加热有可能破乳。本程序建议用手握住冷凝器将蒸馏装置从加热套中取出，然后小心地加热乳化界面，加热方法是让接收器与热

的蒸馏器轻轻接触片刻。要避免使液体沸腾。当界面破乳后，使接收器冷却。在弯月面的最低点读取水的体积。

(10)断开蒸馏器的电源，使其冷却之后再进行清洗。

3.计算

将测得的油和水的体积，以样品杯中钻井液的体积为基准，换算成体积百分数。

(1)计算油的体积百分数 V_o：

$$V_o = \frac{V'_o}{V_{RC}} \times 100 \tag{6-16}$$

(2)计算水的体积百分数 V_w：

$$V_w = \frac{V'_w}{V_{RC}} \times 100 \tag{6-17}$$

(3)计算蒸馏固相的体积百分数 V_s：

$$V_s = 100 - (V_w + V_o) \tag{6-18}$$

式中：V_o——油体积(cm^3)；

V_w——水体积(cm^3)。

二、化学分析

化学分析主要包含碱度测试、氯根含量测试、钙含量测试。

(一)仪器和材料

(1)溶剂：二甲苯和无水异丙醇 1/1 体积比混合物。

注意：二甲苯和异丙醇易燃，其蒸汽有害。

(2)滴定容器：广口瓶或 400mL 烧杯。

(3)酚酞指示液：1g 酚酞/100mL50%的异丙醇水溶液。

(4)硫酸溶液：0.05 mol/L 标准溶液。

(5)铬酸钾指示液：5g/100mL 水。

(6)硝酸银试剂：浓度 47.91g/L(相当于 0.01gCl/mL，0.282mol/L)，贮存于琥珀色或不透明的瓶子中。

(7)蒸馏水或去离子水。

(8)一次性注射器：两支 5mL。

(9)量筒：一支 25mL。

(10)刻度移液管：两支 1mL，两支 10mL。

注：一对移液管用于硫酸溶液，另一对用于硝酸银溶液。

(11)带有 38mm 搅拌棒(带镀层)的磁力搅拌器。

(12)钙缓冲溶液：1mol/L 氢氧化钠(NaOH)，用 CAS 认可的新鲜的 NaOH 配制，其碳酸钠质量百分含量应小于 1%。

注：钙缓冲溶液应贮存在密闭的瓶子中，以尽可能减少对空气中 CO_2 的吸收。

(13)钙指示剂：CalverII 或羟基萘酚蓝。

(14) EDTA 溶液(维尔希酸盐或相当的试剂)：0.1mol/L EDTA，即二水合乙二胺四乙酸二钠盐的标准溶液(1mL=10.000mg/L $CaCO_3$，1 mL =4 000mg/L 钙)。

(二)钻井液碱度测试

1. 钻井液碱度测试步骤

(1)向 400 mL 烧杯或广口瓶中加入 100 mL 二甲苯和异丙醇的 1/1 混合溶剂。

(2)用一支 5 mL 注射器，吸入 3 mL 以上的钻井液样品。

(3)将其中的 2.0 mL 钻井液转移到烧杯或广口瓶中，搅拌钻井液和溶剂，直至混合均匀。

(4)加入 200 mL 蒸馏水(或去离子水)。加入 15 滴酚酞指示液。

(5)在用磁力搅拌器快速搅拌的同时，用 0.05mol/L 硫酸溶液慢慢滴定直至粉红色恰好消失。继续搅拌，如果在 1min 之内没有粉红色重新出现，则停止搅拌。

注：可能有必要停止搅拌，允许两相发生分离，以便更清楚地观察水相的颜色。

(6)让样品静置 5min。如果粉红色不再出现，则表明已达终点。若粉红色复现再用硫酸进行二次滴定。若粉红色再次出现则进行三次滴定。如果在三次滴定之后仍有粉红色复现，则认为此时已达终点。

(7)用(6)中达终点所需要的 0.05mol/L 硫酸的体积(mL)计算钻井液的碱度 C_{SA}。

2. 钻井液碱度计算

$$C_{SA}=\frac{V_{H_2SO_4}}{2.0} \tag{6-19}$$

式中：C_{SA}——钻井液碱度(mg/L)；

$V_{H_2SO_4}$——消耗 0.05mol/L 硫酸的体积(mL)。

(三)钻井液氯根含量测试

1. 钻井液氯根含量测定步骤

(1)执行钻井液碱度测试步骤中(1)至(6)条中的碱度测试程序。

注：向待测氯根的混合溶液中加入 10～20 滴或更多些的 0.05mol/L 硫酸，以保证混合液呈酸性(pH 值低于 7.0)。加入 10～15 滴铬酸钾指示液。

(2)在用磁力搅拌器快速搅拌的同时，用 0.282mol/L 硝酸银溶液慢慢滴定，直至出现橙红色并稳定至少 1min 不退色。

2. 钻井液氯根含量的计算

测定步骤(2)或测定所消耗的 0.282mol/L 硝酸银溶液的体积(mL)按下式计算钻井液的氯根含量。

$$C_{Cl^-}=\frac{V_{AgNO_3}}{2.0}\times 10.000 \tag{6-20}$$

式中：C_{Cl^-}——钻井液中氯根含量(mg/L)；

V_{AgNO_3}——消耗的 0.282mol/L 硝酸银的体积(mL)。

(三)钻井液钙含量测试

1. 钻井液钙含量测定程序

(1)向广口瓶中加入 100 mL 二甲苯和异丙醇的 1∶1 混合溶剂；

(2)用一支 5mL 注射器，吸入 3mL 以上的钻井液样品；

(3)将其中的 2.0 mL 钻井液转移到广口瓶中，盖紧瓶盖，用手剧烈摇动 1min；

(4)向广口瓶中加入 200 mL 蒸馏水或去离子水；

(5)加入 3.0mL 1mol/L 氢氧化钠缓冲溶液；

(6)加入 0.1～0.25g CalverII 指示剂粉；

(7)重新盖紧瓶盖，再次剧烈摇动 2min。静置几秒钟，以便上、下两相分离。如果水相(下层)出现淡红色，则表明有钙离子存在。将广口瓶放到磁力搅拌器上，并放入一个搅拌棒；

(8)开动搅拌器，使之刚好能搅动水相(下层)而又不致使上、下两层混合，同时用 EDTA(威尔矽酸盐或相当的试剂)溶液非常缓慢地滴定。在终点时会有一个明显的颜色变化，即从淡红色变为蓝绿色。记录所加入的 EDTA 溶液体积。

2. 钻井液钙含量的计算

测定程序 1 中步骤(8)达终点时所需要的 EDTA(威尔矽酸盐或相当的试剂)溶液体积按下式计算钻井液的钙含量。

$$C_{Ca^{2+}}=\frac{V_{EDTA}}{2.0}\times 4\,000 \tag{6-21}$$

式中：$C_{Ca^{2+}}$——钻井液钙含量(mg/L)；

V_{EDTA}——0.1mol/L EDTA 的体积(mL)。

三、电稳定性

油基钻井液的电稳定性(ES)是与其乳状液稳定性及油润湿性相关联的一个参数。ES 的测定，是向浸在钻井液中的一对平行板电极施加一个电压逐渐上升的正弦电信号，使之产生电流。初始电流很微弱，直至达到一个临界电压，此后电流强度急剧上升。这个临界电压称为钻井液的 ES 值，其单位为伏特(在电流强度达到 61μA 时所测得的峰值电压)。

1. 仪器

(1)电稳定性测定仪

规格：

波形	正弦波，总谐波失真率<5%
AC 频率	(340±10)Hz
输出单位	峰值电压，伏特
升压速度	(<150±10)v/s，自动升压
最小量程	3V～2 000V
电流	(61±5)μA

(2)电极

规格：

外壳	制造材料至 105℃，均可抵抗油基钻井液各成分的腐蚀
材料	防腐金属
直径	(3.18±0.03)mm
电极间距	在 22℃时为(1.55±0.03)mm

(3)校正用电阻/二极管

规格：

数量	两只(一只低压，一只高压)
型号	标准电阻或二极管
范围	可给出如下电压(ES)读值： ①低压：500V～1 000V ②高压：>1 900V
精度	预期电压的±2%，可用制造厂家的表格进行温度校准

(4)温度计：0～105℃，精度1%。

(5)筛网：孔眼尺寸1.52mm，或马氏漏斗。

2.仪器校正/性能测试步骤

检查电极和电缆线，看是否有损伤的迹象。保证整个电极间距内没有沉积物，电极与主机的接头清洁而干燥。将电极的探头取下(如果可能的话)，按照ES计使用说明书，进行一次升压试验。如果仪器工作正常，ES读值应该达到仪器所允许的最高电压。将电极探头重新接到ES计上，在空气中重复上述升压试验。同样，ES读值应该达到所允许的最高电压。否则，电极探头和接头就可能需要再次清洗或替换。在自来水中重复上述升压试验，ES读值不应超过3V。如果超过了3V，重新清洗电极或替换。用标准电阻和(或)二极管检验ES计的精度。ES读值与预期值相差应在2.5%以内(仪器和电阻/二极管的不确定性均包括在内)。如果ES读值超过了这个范围，应把仪器退还给供应商以便进行调整和修理。

3.电稳定性测定步骤

(1)每天对仪器进行校正和性能检验。将已通过马氏漏斗的油基钻井液样品倒入50±2℃的粘度计恒温杯中，记录下样品温度。

(2)用一洁净的纸巾，将电极探头彻底擦干净，使纸巾反复若干次穿过电极的间距。将电极在用来配制钻井液的基油中搅动。如果无法弄到基油，也可以用其他油或温和的溶剂(如异丙醇)代替。按照前述同样方法清洗和擦干电极探头。

注：不得使用清洁液或芳烃溶剂，比如用二甲苯来清洗电极探头和电缆线。

(3)手持电极探头将50℃的样品搅拌大约10s，以保证钻井液的成分和温度均一。将电极放在合适的位置，使它不得接触容器的底和壁，并且保证电极的表面完全被样品覆盖。

(4)按照ES计使用说明书中介绍的步骤开始升压操作。在升压过程中不要移动电极。升压结束后，记录显示屏上的ES读值。

(5)用同样的钻井液样品，重复②至④条中的步骤。两次ES读值之差不得超过500。否则，检查ES计和电极探头是否有故障。

(6)记录两次ES测量的平均值。

第七章　水泥浆基本性能实验

第一节　水泥的分类及用途

一、水泥的基本分类

水泥的基本分类如表 7－1 所示。

表 7－1　水泥分类及用途表

分类依据	分　类	特 性 及 用 途
矿物组成	硅酸盐水泥	以硅酸三钙、硅酸二钙为主，用于建筑、油井等工程
	铝酸盐水泥	以铝酸一钙、铝酸三钙为主，用于低温施工及临时抢修工程
	硫铝酸盐水泥	以无水硫铝酸钙、硅酸二钙为主，用于地质勘探、抢探、喷锚支护
	氟铝酸盐水泥	以氟铝酸钙、硅酸二钙为主，用于抢修工程
	磷酸盐水泥	以磷酸钙为主
用　途	普通水泥	应用最广泛，适用于各种建筑工程
	油井水泥	用于石油钻井、地热井
	地质勘探水泥	用于地质勘探钻孔护壁堵漏、封孔、止水等
	大坝水泥	用于发热量低的大体积混凝土工程
成　分	矿渣水泥	都属于硅酸盐水泥，在熟料中掺有一定数量的矿渣、火山灰、粉煤灰用于各种建筑工程
	火山灰水泥	
	粉煤灰水泥	
	无熟料水泥	不含水泥熟料，以工业废渣为主要成分，如石灰矿渣水泥、钢渣水泥等
性　能	膨胀水泥	用于灌注裂缝及配制混凝土制品
	低热水泥	用于大体积混凝土工程
	快硬早强水泥	用于紧急抢修工程
	低密度及加重水泥	用于油、气井固井
	聚合物水泥	增强粘结性和保水性，用于建筑装修
	抗硫酸盐水泥	能抵抗硫酸盐的侵蚀，用于特殊工程
	耐火水泥	抵抗高温的特性好

水泥的应用已有很长的历史。水泥浆液堵漏法具有货源广、成本低、结石强度高、抗渗透性能好、无毒无害、不污染环境、注浆工艺简单、便于操作等一系列优点，因而广泛应用于护壁堵漏、灌浆、封孔和固井中。

在钻探护壁堵漏工作中，水泥是目前应用最广泛、最主要的护壁堵漏材料。水泥与水混合后，经过物理化学过程，能由可塑性浆体变成坚硬的结石体，并能将散状材料胶结成为整体，是一种良好的矿物胶凝材料。水泥不仅能在空气中硬化，而且在水中硬化效果更好，并能保持和继续增长其强度。但水泥凝结固化过程所需时间较长，早期强度低，且增长缓慢，特别是普通硅酸盐水泥，上述缺点更为突出。另外，由于配制方法和灌注工艺不尽合理，在灌注过程中，会出现长期不凝固或候凝时间过长或浆液流失等问题，使水泥在堵漏工作中的应用和推广受到了一定的影响。

在钻孔中，用水泥胶结堵塞岩石中的孔隙、裂隙达到堵漏的目的，与在地表条件下使用水泥有很大区别。钻孔中往往由于岩性复杂、地下水的运动状态不同、水质和水温各异，或因注浆方法与工艺不当、漏失原因不清而导致注浆失败。此外，水泥本身的性质不符合注浆要求，也是造成注浆失败的重要原因。一般认为，护壁堵漏用水泥应满足下列要求：

(1)流动性好。应满足灌注工艺的要求，可泵性好。能够根据钻孔深度，水泥灌注量的大小，以及灌浆工艺等条件任意调节其流动性。可泵时间在一般情况下，当水泥与水拌合后，至少在40～60min内保持流动度不低于160mm，钻孔内温度越高，流动度值亦应越大。浆液的流动性，主要取决于水泥拌合水的用量，即水灰比的大小。在实际工作中，应合理选用水灰比，亦可用加入水泥减水剂的方法来增加水泥浆的流动性。

(2)凝结时间适当。通常要求初凝时间稍长，初凝至终凝的时间则愈短愈好，以减少浆液流失。

(3)早期强度较高。为了缩短候凝时间，要求凝固后的强度增长愈快愈好，一般要求1～2d的抗压强度有一适当值。在水泥强度增长期间，宜选择适当抗压强度范围钻开水泥塞，以免当水泥石的强度超过孔壁岩石时发生孔斜。

(4)较高的粘结强度。水泥固化后，与胶结的岩石表面要有较高的粘结强度，而且结石体本身也应具有适当的强度、韧性、抗渗性、体积安定性和微膨胀性，以使岩石中的孔隙、裂隙密实胶结。同时，水泥在硬化过程中体积变化要均匀，不产生龟裂。

(5)适当的细度。对孔壁裂隙、孔隙尺寸大于水泥标准细度的岩层，普通的合格水泥即可采用。但在特殊情况下，如对那些以微细孔隙、裂隙为主的岩层采用水泥灌浆时，则应对水泥细度有适当的要求，以提高水泥在孔隙、裂隙中的可灌性。

另外，为适应钻孔灌浆的特点，水泥的凝固过程应该对温度的变化具有惰性，广泛的温度适应范围以及有一定的耐侵蚀性。

二、固井油井水泥的分类

1. API油井水泥的分类

油井水泥是由适当矿物组成的硅酸盐水泥熟料、适量石膏和混合材料等磨细制成的适用于一定井温条件下油、气井固井工程用的水泥，又称“堵塞水泥”。石油天然气钻井的固井作业，需要用大量的水泥。由于石油天然气钻井的井深大，井内压力大，温度高，而且一次注入水泥的量大，注浆时间长，因此要求水泥浆有较好的流动性，保证足够的可泵期，耐高温，耐腐蚀等。

对油井水泥的基本要求：

(1)水泥能配成流动性良好的水泥浆，且在规定的时间内，能始终保持这种流动性。

(2)水泥浆在井下的温度及压力条件下保持性能稳定。

(3)水泥浆应在规定的时间内凝固并达到一定的强度。

(4)水泥浆应能和外加剂相配合,可调节各种性能。

(5)形成的水泥石应有很低的渗透性能等。

油井水泥分类级别如表 7-2 所示。

表 7-2 油井水泥分类级别

<table>
<tr><th rowspan="3">级别</th><th rowspan="3">使用深度范围
(m)</th><th rowspan="3">使用温度范围
(℃)</th><th colspan="3">类 型</th><th rowspan="3">说 明</th></tr>
<tr><th rowspan="2">普通</th><th colspan="2">抗硫酸盐</th></tr>
<tr><th>中</th><th>高</th></tr>
<tr><td>A</td><td rowspan="3">0~1 830</td><td rowspan="3">≤76.7</td><td>•</td><td></td><td></td><td>普通水泥</td></tr>
<tr><td>B</td><td></td><td>•</td><td>•</td><td>中热水泥,中、高抗硫酸盐型</td></tr>
<tr><td>C</td><td></td><td>•</td><td>•</td><td>早强水泥,普通和中、高抗硫酸盐型</td></tr>
<tr><td>D</td><td>1 830~3 050</td><td>76~127</td><td></td><td>•</td><td>•</td><td>用于中温中压条件,中、高硫酸盐型</td></tr>
<tr><td>E</td><td>3 050~4 270</td><td>76~143</td><td></td><td>•</td><td>•</td><td>基本水泥加缓凝剂,高温高压用</td></tr>
<tr><td>F</td><td>3 050~4 880</td><td>110~160</td><td></td><td>•</td><td>•</td><td>基本水泥加缓凝剂,超高压、高温用</td></tr>
<tr><td>G</td><td rowspan="2">0~2 440</td><td rowspan="2">0~93</td><td rowspan="2"></td><td>•</td><td>•</td><td rowspan="2">基本水泥,分中、高抗硫酸盐型(不掺加任何其他外加剂)</td></tr>
<tr><td>H</td><td>•</td><td>•</td></tr>
<tr><td>J</td><td>3 660~4 880</td><td>49~160</td><td>•</td><td></td><td></td><td>超高温用(加入适量的硅质材料和石膏)</td></tr>
</table>

2. 以温度系列为标准的国产油井水泥

45℃水泥:用于表层或浅层,深度小于 1 500m。

75℃水泥:用于井深 1 500~3 200m。超过 3 500m 应加入缓凝剂。超过 110℃应加入不少于 28%的硅粉。

95℃水泥:用于井深 2 500~3 500m。超过 110℃应加入 28%以上的硅粉。

120℃水泥:用于井深 3 500~5 000m。当用于 4 500~5 000m 时,应加入缓凝剂及降失水剂。

它们与普通硅酸盐水泥的区别是:①减少了水化快的矿物,增加了水化慢的熟料矿物,如减少 C_3S 和 C_3A 的含量,增加 C_2S 的含量,甚至不含 C_3A 的水泥熟料;②一般灌注时需加入缓凝剂。

第二节 水泥性能的外加剂调控实验

外加剂是指在浆液拌合过程中掺入的用以改善浆液性能的物质。对水泥浆而言,除特殊情况外,掺量一般不超过水泥用量的 5%。外加剂在工程中应用的范围越来越大,不少国家使用掺外加剂的混凝土已占混凝土总生产量的 60%~90%。因此,外加剂也逐渐成为混凝土浆液中的第五种成分。

外加剂按其主要功能分类：

(1)改善拌合物流变性的外加剂。包括各种减水剂、引气剂和泵送剂等。

(2)调节凝结时间、硬化性能的外加剂。包括缓凝剂、早强剂和速凝剂等。

(3)改善耐久性的外加剂。包括引气剂、防水剂和阻锈剂、减缩剂等。

(4)改善其他性能的外加剂。包括加气剂、膨胀剂、防冻剂、着色剂、防水剂和泵送剂等。

掺用外加剂时，若选择和使用不当，会造成质量事故。因此，应注意以下几点。

(1)外加剂品种的选择。外加剂品种、品牌很多，效果各异，特别是对不同品种水泥效果不同。在选择外加剂时，应根据工程需要，现场的材料条件，参考有关资料，通过试验确定。

(2)外加剂掺量的确定。外加剂均有适宜掺量。掺量过小往往达不到预期效果；掺量过大则会影响固结体质量，甚至造成质量事故。因此，应通过试验试配，确定最佳掺量。

(3)外加剂的掺入方法。必须保证其均匀分散，一般不能直接加入搅拌机内。掺入方法会因外加剂不同而异，其效果也会因掺入方法不同而存在差异。故应严格按产品技术说明操作。如：减水剂有同掺法、后掺法、分掺法等三种方法。①同掺法，如减水剂在浆液搅拌时一起掺入；②后掺法，是搅拌好浆液后间隔一定时间，然后再掺入；③分掺法，是一部分减水剂在搅拌时掺入，另一部分在间隔一段时间后再掺入。而实践证明，后掺法最好，能充分发挥减水剂的功能。

(4)外加剂的储运保管。大多数外加剂为表面活性物质或电解质盐类，具有较强的反应能力，敏感性较高，对浆液性能影响很大，所以在储存和运输中应加强管理。①失效的、不合格的、长期存放、质量不明确的禁止使用；②不同品种类别的外加剂应分别储存运输；③ 应注意防潮、防水，避免受潮后影响功效；④有毒的外加剂必须单独存放，专人管理；⑤有强氧化性的外加剂必须进行密封储存；⑥同时还必须注意储存期不得超过外加剂的有效期。

常用外加剂的性能如表 7－3 至表 7－6 所示。

表 7－3　常用减水剂性能表

类型	名称	一般掺量(%)	技术性能
M 型	木质素磺酸钙	0.2～0.3	减水率 10%～15%，节约水泥 10%左右，加入 0.25%凝结时间延缓 1～2h，早期强度有所下降，搅拌严重起泡
NNO	亚甲基二萘磺酸钠	0.5～1.0	减水率 20%～25%，3d 强度可提高 60%，可提高抗渗性和密实性，对凝结时间无影响，无起泡现象
NF	β-萘磺酸甲醛缩合物	1.5～2.0	其性能优于 NNO
FDN	萘磺酸盐甲醛缩合物	0.2～1.0	减水率 16%～25%，提高早期强度 20%～50%并可提高抗渗性和致密性，可用于硫铝酸盐水泥
SM	三聚氰胺甲醛缩合物	0.5～1.0	与 FDN 相似

表 7-4 常用早强剂性能表

名　称	加量(%)	性能及有关说明
氯化钙	1～3	凝固时间缩短 5%，3d 强度提高 40%以上，最常用的早强剂
氯化钠	2～3	较氯化钙差，也是一种常用的早强剂
硫酸钙	>5	<3%时有缓凝作用
硫酸钠	0.5～2	可使水泥反应速度加快，有利于水泥促凝硬化和早强
氟化钠	3	同氯化钙
三乙醇胺＋氯化钠	0.05～1＋0.5～1	对水泥有明显的促凝作用，可提高早期强度
亚硝酸钠＋二水石膏＋三乙醇胺	1＋2＋0.05	2d 强度提高 40%～50%，凝结时间缩短 1/4，后期强度提高 10%
氯化钠＋亚硝酸钠＋三乙醇胺	0.5＋0.5＋0.05	2d 强度提高 6%，凝结时间缩短一半，后期强度提高 100%

表 7-5 常用水泥速凝剂性能表

名　称	加量(%)	性能
水玻璃	2～3	凝结时间缩短 30%～40%，加量少于 2%时有缓凝作用
711 速凝剂	2.5～7	速凝、早强、凝固时间可至几分钟
阳泉Ⅰ型	2～4	速凝、早强、凝固时间可至几分钟
红星Ⅰ型	2.5～4	速凝、早强、凝固时间可至几分钟

表 7-6 常用水泥缓凝剂性能表

名　称	加量(%)	性能
硫酸铁	0.5～1	在常温下可使水泥凝固时间延长 1.5h
氧化锌	0.2～0.3	在常温下可使水泥凝固时间延长 3h
酒石酸、柠檬酸	0.03～0.1	在常温下可使水泥凝固时间延长 1h
糖蜜	0.1～0.3	在常温下可使水泥凝固时间延长 1h

第三节　水泥浆稠度/流动度的测定

一、水泥浆流动度的测定方法

1. 测定仪器

流动度仪：流动度仪是由截头圆锥体及带刻度的有机玻璃平板组成(图 7-1)。

2. 测定步骤

先将平板置于水平的台面上，然后将截头圆锥体的内壁及平板表面用湿布擦干净。

将配好的水泥浆边搅拌边注入截头圆锥体内，当注满时(略高于上表面)迅速用镘刀刮平。然后将截头圆锥体垂直向上迅速提起，水泥浆即沿平板散开，当水泥浆流散到不再流动为止，量出几组两相互垂直直径的平均值，作为水泥浆的初始流动度。

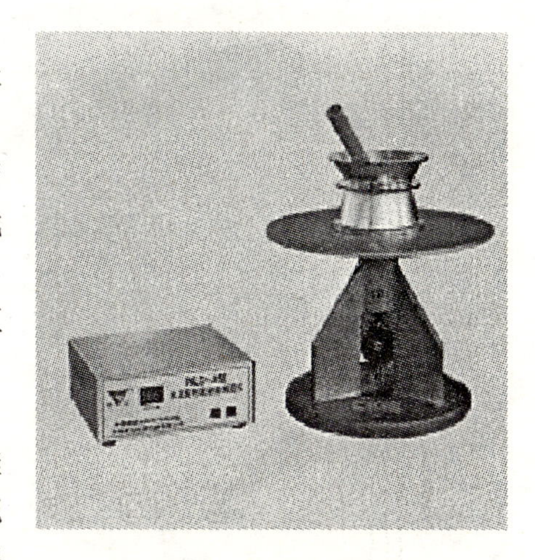

图 7-1　流动度仪

3. 可泵期的确定

将测定初始流动度的水泥浆倒回搅拌容器内继续搅拌，以后每隔 5～10min 测定一次流动度并作记录，直到水泥浆流动达到 150mm 为止，从加入拌浆起到流动度为 150mm 时止，所需的时间即为可泵期。不同孔深的最小可泵期建议值如表 7-7 所示。

表 7-7　不同孔深最小可泵期建议值

孔深 (m)	可泵期(min)
250 以浅	30
250～500	40
500～800	50
800 以深	60

二、水泥浆稠化仪测试水泥浆性能实验

水泥浆试验包括测定稠化时间、粘度、流变性能、失水和其他各种参数。目前根据需要，可以采用常压稠化仪或高温高压稠化仪来测试水泥浆的性能指标。

1. 常压稠化仪

1200/1250 型常压稠化仪适用于从事油井水泥研究、水泥外加剂研究和测试、水泥生产厂家产品质量检验工作。它也适合各油井服务公司的研究室和现场实验室使用(图 7-2)。

常压稠化仪的设计满足美国石油学会(API)规范 10 中第九节规定的有关要求。

水泥浆首先用恒速搅拌器按照 API 规范 10 第 5 节的要求搅拌。然后将水泥浆注入 1200 或 1250 型常压稠化仪中，参考 API 规范 10 有关要求进行以下的一项或全部测试。

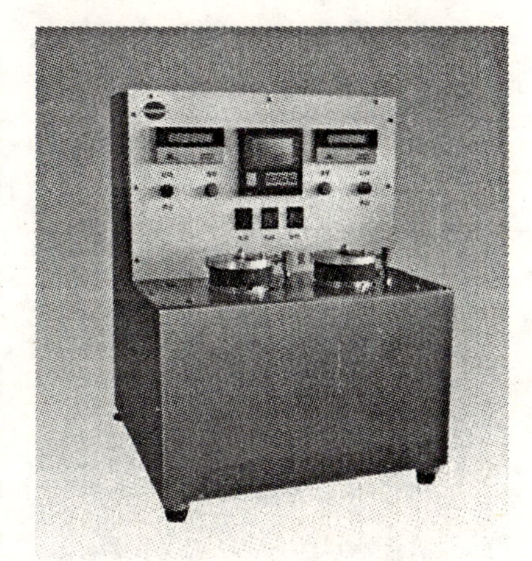

图 7-2　1200/1250 型常压稠化仪

(1)按照 API 规范的要求，测定常压条件下水泥的稠化时间。

(2)按照 API 规范的要求,测定水泥浆含水量。

(3)按照 API 规范的要求,测定水泥浆流变性能。

(4)根据 API 规范的规定,测定水泥浆失水性能。

(5)根据各种其他测试项目具体要求,进行其他特殊试验。

1)仪器性能参数

仪器性能参数如表 7-8 所示。

表 7-8 仪器性能参数

序号	项　目	性能参数
1	稠度范围	0～100Bearden
2	最大压力	常压
3	浆杯转速	150r/min
3	加热器功率	1500W
4	浆杯容积	470mL
5	输入电源	AC 220V/50Hz
6	外形尺寸	640mm×390mm×450mm
7	温度范围	0～100℃

2)仪器特点:

①数字式温度控制器,可精确控制温度。

②水箱升温速率可调,符合 API 规范 10 的要求。

③不锈钢水箱,保证在腐蚀性强的水泥测试环境中长期使用。

④仪器设计充分考虑到现场实验室的工作条件。

⑤直读式扭力显示器以 BC 为单位直接显示稠度。

⑥标准砝码校验,简单快速。

⑦电机启动后,水箱内有搅拌装置保证水箱内温度均匀。

⑧1250 型配有记录器,连续记录试验结果。

⑨1250 型配有稠度报警,用户可自行设置报警点。

⑩1250 型配有转速控制,可选其他转速。

⑪1250 型带有电位计装置。

2. 高温高压稠化仪

高温高压稠化仪在釜体内模拟井下高温高压的环境,采用磁驱动传动带动装有泥浆的浆杯转动,通过传感器和电位计测量出油井水泥的稠化时间。

高温高压稠化仪高压釜使用特种合金钢锻制,可在几分钟内迅速使釜体内压力达到需要数值。可承受 200MPa 以上的压力。并采用智能控温技术,通过温度传感器对釜体内温度进行实时监控,可实现可编程多速、多段温度控制,保证温度曲线与压力曲线的一致,同时还具有稠化时间的声光报警功能。高温高压稠化仪采用磁驱传动,确保浆杯在电机的驱动下以 150±1r/min 的转速转动。

HTD8040 型高温高压稠化仪的输出采用了彩色无纸记录仪，使用 5.5 英寸液晶图形彩色显示器，有简洁明了的中文菜单提示、灵活方便的多窗口多任务界面，可显示并记录温度、压力稠度等多项数据及其曲线，并可将这些参数的变化直观地用不同颜色的棒图表示出来，便于数据的分析。其主要技术参数如表 7－9 所示。

表 7－9　HTD8040 主要性能参数

序号	项目	技术指标
1	最高温度	230℃
2	最高压力	200MPa
3	稠度范围	0～100Bearden
4	加热器功率	4kVA
5	浆杯转速	150r/min
6	输入电源	AC 220V/50Hz
7	外形尺寸	1800mm×880mm×790mm
8	环境温度	10℃～40℃
9	压缩空气	300～800kPa
10	冷却水	200～600kPa

第四节　水泥浆凝结时间的测定

1. GB1346－89 维卡仪测试方法

维卡仪是由铁座与可以自由滑动的金属棒组成，螺丝用来调整金属棒的高低，金属棒的指针指示金属棒沿标尺移动的刻度，金属棒的下端装上 ϕ1.1mm 试针（长 50mm）。铁座上有一块玻璃板，玻璃板上放有装试样的锥模（截头圆锥体）（图 7－3）。测定方法如下：

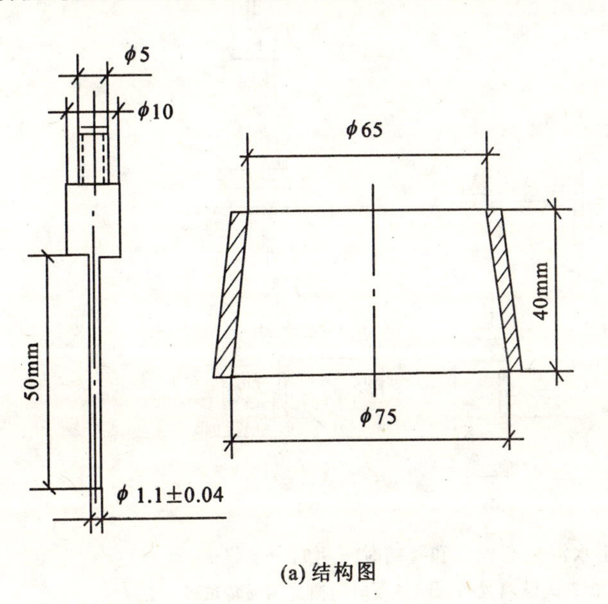

(a) 结构图

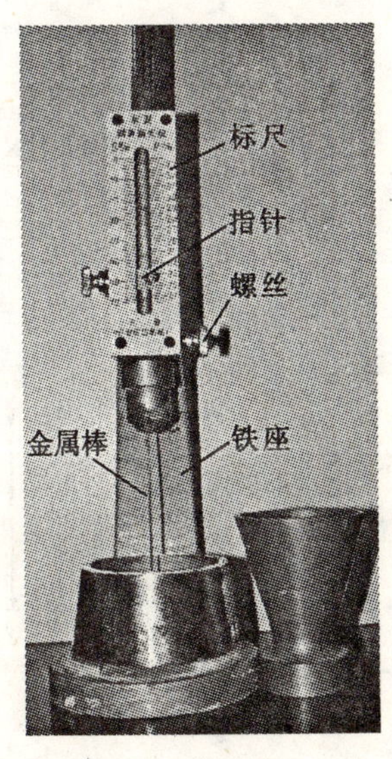

(b) 实物图

图 7－3　维卡仪试针及试模

(1)将锥模放在玻璃板上，调整仪器使试针接触玻璃板，指针在标尺零位。在锥模底部边缘涂上一层干黄油以防水渗出。锥模内壁和玻璃板表面涂薄层机油，锥模置于玻璃板上。

(2)将配好的水泥浆，边搅拌边注入锥模使其充满，用镘刀刮去多余泥浆，水泥浆面与模口齐平，将锥模放在试针下，使试针与水泥浆面接触，拧紧螺丝，然后忽然松开，试针自由沉入水泥浆中，观察指针读数。

(3)最初测定时应轻轻扶住金属棒，使试针徐徐下降以防试针撞弯，但初凝时间仍必须以自由降落测得的结果为准。临近初凝时，每隔 5min 测定一次，临近终凝时，每隔 15min 测定一次，每次测定不得让试针落入原孔内，测定过程中锥模应不受振动。每次测试完毕后，将试针擦洗干净。

(4)由加水起至试针沉入水泥浆中距底版 2～3mm 时所需时间为初凝时间；加水起至试针沉入水泥浆中不超过 1.0mm 时所需时间为终凝时间。

2. GB/T 1346－2001 维卡仪测试方法

标准稠度测定用试杆，有效长度为 50mm±1mm，由直径为 ϕ10mm±0.05mm 的圆柱形耐腐蚀金属制成。测定凝结时间时取下试杆，用试针代替试杆。试针为直径 ϕ1.13mm±0.05mm的圆柱体，测定初凝时间及终凝时间的试针有效长度分别为 50mm±1mm 及 30mm±1mm。滑动部分的总质量为 300g±1g。盛装水泥净浆的试模应由耐腐蚀的、有足够硬度的金属制成，试模为深 40mm±0.2mm、顶内径 ϕ65mm±0.5mm、底内径 ϕ75mm+0.5mm 的截顶圆锥体。每只试模庄应配备一个大于试模、厚度为 2.5mm 的平板玻璃底板，如图 7－4 所示。

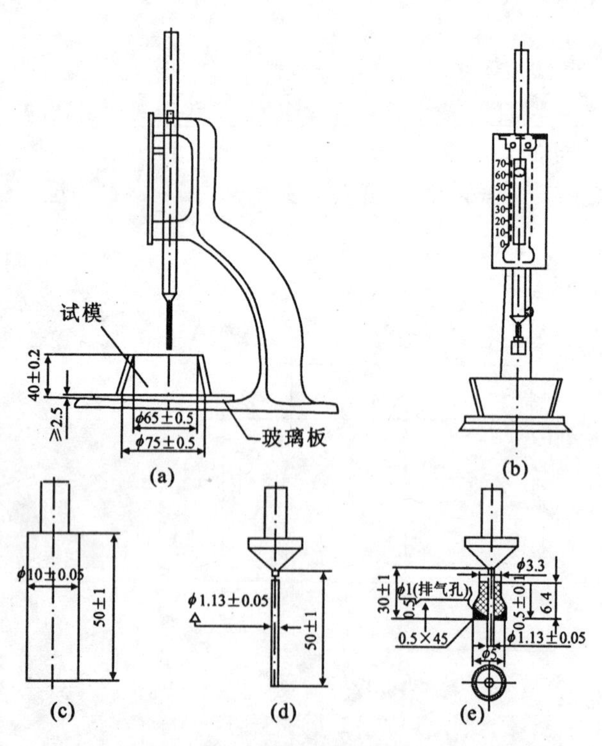

图 7－4　测定水泥标准稠度和凝结时间用的维卡仪

(a)初凝时间测定用立式试模侧视图；(b)终凝时间测定用反转试模前视图；(c)标准稠度试杆；(d)初凝用试针；(e)终凝用试针

(1)测定前准备工作：调整凝结时间测定仪的试针接触玻璃板时，指针对准零点。

试件的制备：净浆按标准一次装满试模，振动数次刮平，立即放入湿气养护箱中。水泥中水已全部加入的时间作为凝结时间的起始时间，并记录。

(2)初凝时间的测定：测定时，试模放到试针下，降低试针与水泥净浆表面接触。拧紧螺丝1～2s后，突然放松，试针垂直自由地沉入水泥净浆。观察试针停止下沉或释放试针30s时指针的读数。当试针沉至距底板4mm±1mm时，为水泥达到初凝状态；由水全部加入时至初凝状态的时间为水泥的初凝时间，用"min"表示。

(3)终凝时间的测定：为了准确观测试针沉入的状况，在终凝针上安装了一个环形附件。在完成初凝时间测定后，立即将试模连同浆体以平移的方式从玻璃板取下，翻转180°，直径大端向上，小端向下放在玻璃板上，再放入湿气养护箱中继续养护，临近终凝时间时，每隔15min测定一次，当试针沉入试体0.5mm时，即环形附件开始不能在试体上留下痕迹时，为水泥达到终凝状态，由水泥中水已全部加入至终凝状态的时间为水泥的终凝时间，用"min"表示。

(4)注意：为防试针撞弯，以自由下落为准；试针沉入的位置至少要距试模内壁10mm。临近初凝时，每隔5min测定一次，临近终凝时每隔15min测定一次，到达初凝或终凝时应立即重复测一次，当两次结论相同时才能定为到达初凝或终凝状态。每次测定不能让试针落入原针孔，每次测试完毕须将试针擦净并将试模放回湿气养护箱内，整个测试过程要防止试模受振。

第五节　水泥固结强度的测定

1.测定仪器

微型压力测试仪由主体、传动油泵、压力表及控制机构等部分组成，如图7-5所示。

底座中间联结工作油缸，油缸内装有活塞，活塞与中空活塞杆为一整体。活塞中空部分有内螺纹，与升降螺杆相配合，用于调节上下压板之间的距离。

传动油泵部分由卧式小泵体、泵芯、传动螺杆、联轴接头、传动手轮等组成。仪器装有1 000kg和4 000kg的压力表各一只，压力表通过油管与工作油缸相联通，主油路上装有单向阀(止回阀)和卸油控制阀。通过低压表的油路上装有控制阀。

图7-5　微型压力测试仪

2.工作原理

正向旋转传动手轮(图7-6)，通过传动螺杆与联轴接头带动泵芯在泵体中移动，泵体中的油受压。由于泵体左端与工作油缸直接联通，因而将压力传至活塞底部。因为液压油被封闭在泵体与工作油缸之间的封闭油路内，所以当传动手轮不断旋转时，作用于活塞底部的静压力亦随之增大，此压力作用于压紧在上下板之间的水泥试块上，直至破碎(压入)时为止。

3.测定步骤

测定时先反向旋转传动手轮，将传动螺杆全部退出，并关闭卸油控制阀。将2cm×2cm×

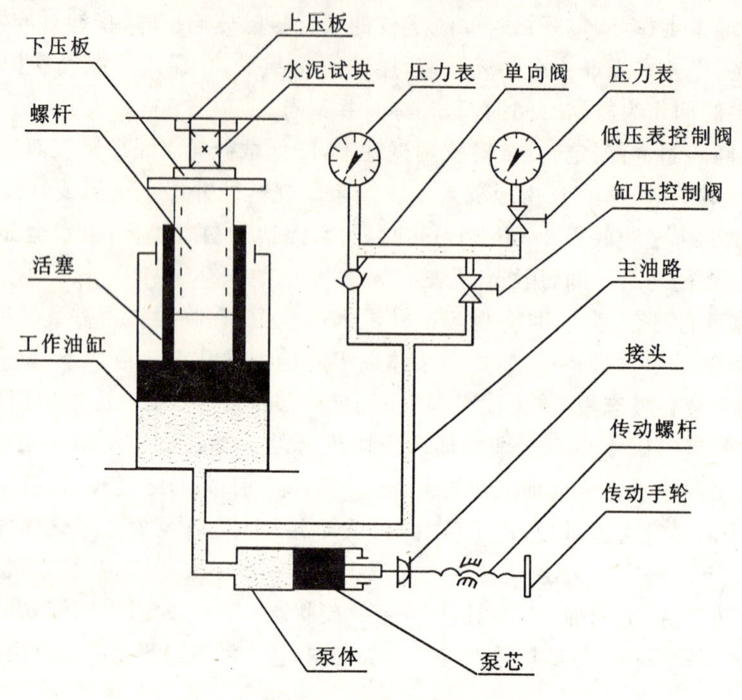

图 7-6 微型压力测试仪的工作原理

2cm 或 4cm×4cm×4cm 试块置于下压板刻度线中心，调节升降螺杆高度，使试块在上下板之间压紧，到低压表的指针将要启动时为止。

再正向旋转传动手轮加压，观察压力表指针的指示情况，当压力达到 750kg 力试块未破坏时，关闭低压表以高压表显示。旋转手轮要均匀、缓慢，保持加压速度为 80kg/s 左右。加压较大时，可用手摇柄旋转手轮。

制备试样方法如表 7-10 所示。

表 7-10 试样的制备

浆液名称	试块成型方法	抗压强度的大致范围(MPa)	测定仪器及方法
水泥浆类 水泥—水玻璃类 脲醛树脂类 糠醛树脂类	结石体为脆性，使用纯浆液，在 4cm×4cm×16cm 或 4cm×4cm×4cm 模中成型	5～25 5～20 2～18 1～16	成型试样均放在 20℃ ± 5℃ 水中养护，测定 1d、3d、7d、14d 及 28d 的抗压强度。每组取三块测定其平均值。测试仪器采用抗折试验机和 1～30t 压力机或万能材料试验机
水玻璃类 丙烯酰胺类 铬木素类	结石体为弹性，使用浆液加标准砂，在 4cm×4cm×4cm 模中成型	<3 0.4～0.6 0.4～2	
聚氨酯类	在内径为 40mm 有机玻璃管内放入标准砂并用水饱和，浆液从下面有孔板压入，固化后取出进行试验	6～10	

试块被破坏后，压力表指针停止上升，便可读数，将压力表读数除以试样受压面积即为水泥浆的抗压强度。

测完后轻轻打开卸油控制阀，同时反向旋转传动手轮，使压力表指针退回零位。卸压过程中，当高压表小于750kg时方可打开低压表控制阀。

4.候凝期（固化期）的确定

水泥固化期是从水泥加水时起至水泥浆固化后具有允许扫孔的最小安全抗压强度所需时间。候凝时间过长会使水泥强度过高，扫水泥时容易钻出新孔，所以要准确掌握安全候凝期。

最小抗压强度参考数值为：堵漏50～70kg/cm^2；护壁80～100kg/cm^2。

参考安全候凝期：堵漏6～8h；护壁8～10h。

确定方法：取不同龄期试块作抗压强度试验，绘出强度与时间的关系曲线图，从中确定相应的固化期。由实验室试样达到最小强度所需时间的1.5～1.6倍即为安全候凝时间。

第六节　水泥浆基本性能API测试方法

一、水泥浆密度测试

1.仪器与校准

测定水泥浆的密度使用水泥浆加压密度计或钻井液密度计。

（1）水泥浆加压密度计。

测量范围在0.75～2.6g/cm^{3}之间，最小刻度为0.01g/cm^3。

（2）钻井液密度计。

（3）校准。

定期进行检查校准。校准办法均采用在样品杯中放置蒸馏水或已知较高密度液体来校准。

2.测定步骤

（1）用水泥浆加压密度计测定

①在样品杯中加入水泥浆至样品杯上缘约6mm处。

②将盖子放在样品杯上，打开盖子上的单向阀。使盖子外缘和样品杯上缘表面接触，过量的水泥浆通过单向阀排出。将单向阀向上拉到封闭位置，用水洗净、擦干样品杯和螺纹，然后将螺纹盖帽拧在样品杯上。

③用专用加压活塞筒吸取适量水泥浆，通过单向阀注入样品杯中，直至单向阀自动封闭。

④将样品杯外壳洗净、擦干，然后将密度计放在支架上，移动游码，使游梁处于平衡状态，读出游码箭头一侧的密度值。

⑤测定完后，重新联接专用加压活塞筒，释放样品杯中的压力。拧开螺纹盖帽，取下盖子，将样品杯中的水泥浆倒掉。用水彻底清洗、擦干各部件，并在单向阀上涂抹润滑油脂。

（2）用钻井液密度计测定

将水泥浆倒入样品杯，边倒边搅拌，倒满后再搅拌25次除去气泡。盖好盖子并洗净从盖中间小孔溢出的水泥浆。用滤纸或面巾纸将密度计上的水擦干净，然后将密度计放在支架上，移动游码，使游梁处于平衡状态。读出游码左侧所示的密度值。

测定完后，将样品杯中的水泥浆倒掉，用水彻底清洗各部件并将其擦干净。

二、水泥浆稠化时间测定

1. 实验仪器

常压稠化仪。

2. 测定步骤

(1)制定模拟试验方案

根据钻井现场获得的数据制定稠化时间试验方案。以井底温度、井深、井口表压、钻井液密度和水泥浆到达井底的时间等数据，按给定的套管程序，制定出升温、升压的试验方案。

(2)模拟试验步骤

①水泥浆的灌注。

②按照制定或选定的模拟试验方案给稠化仪升温、加压。对全部方案，最终温度和压力在整个试验期间保持恒定，其变化量在±1℃和±0.7MPa 以内。

③从开始经稠化仪升温、加压，到水泥浆稠度达到 100Bc 所经过的时间，就是水泥浆的稠化时间。对温度高于 93℃的模拟试验方案来说，当稠度达到 70Bc 左右时，允许停止试验，通过对所得结果绘出的曲线外推至 100Bc。

④试验结束以后，先关闭加热器开关，再缓慢释放压力。对于在 100℃以上的温度下进行的稠化时间试验，试验结束后，先将温度降至 100℃以下，然后再缓慢释放压力。最后，将电位计用柴油清洗干净，与水泥浆接触的部件及时清洗干净。

三、水泥浆失水量测定

1. 实验仪器

(1)常压稠化仪

(2)增压稠化仪

(3)高温高压失水仪

(4)滤网

滤网网眼直径为 45μm (325 目)筛网，它由网眼直径 250μm(60 目)或更小目数的筛网支撑，两者由不锈钢制成一个整体式筛网。

(5)50mL 或 100mL 量筒，最小刻度不大于 1mL。

2. 测定步骤

(1)低于 90℃的失水量测定

①将常压稠化仪和失水仪预热到试验温度±1℃。

②将配制好的水泥浆倒入常压稠化仪浆杯中至刻度线，插入浆液搅拌叶片并安装好电位计，然后放入常压稠化仪中，搅拌 20min。从配完水泥浆到启动常压稠化仪必须在 1min 内完成。

③从加热筒中取出失水仪浆筒并关闭它的顶阀。

④从常压稠化仪中取出浆杯，用搅拌棒将水泥浆样品搅拌均匀，然后倒入失水仪浆筒中并在浆面上部至少留有 19.0mm 高的空间，放置滤网、密封环和端盖，拧紧固定螺丝，关闭失水仪浆筒上的顶阀和底阀。

⑤倒置失水仪浆筒并放入加热筒内，把压力管线接到浆筒的上端，并施加 6.9±0.07MPa 的压力，打开顶阀。从常压稠化仪停止搅拌到施加压力的时间不得超过 2min。

⑥从打开底阀至用量筒收集滤液 30min。

⑦试验结束后，先关闭顶阀和压力瓶总阀，释放调压器的压力，然后取下压力管线，缓慢打开顶阀，释放浆筒中的压力，最后将失水仪清洗干净。

(2)90℃～121℃的失水量测定

①将失水仪预热到 90±1℃。

②把配制好的水泥浆倒入增压稠化仪浆杯中，然后再放入增压稠化仪，在搅拌的同时，按表 7-11 的规定给水泥浆升温、升压。

表 7-11　90℃～121℃温度下的油井模拟试验方案

时间(min)	压力(MPa)	温度(℃)
0	10.3	27
2	15.1	33
4	20.7	39
6	25.5	46
8	30.3	52
10	35.2	58
12	40.7	64
14	45.5	71
16	50.3	77
18	55.2	84
20	60.7	90

③搅拌 20min 后，停止加热，缓慢释放压力，打开增压稠化仪。

④从加热筒中取出失水仪浆筒，启动恒温器，把加热筒加热到试验温度±1℃，在水泥浆倒入倒置的失水仪浆筒之前，必须关闭它的顶阀。

⑤把水泥浆从增压稠化仪浆杯中倒出来加以搅拌，然后倒入失水仪浆筒，并在其上部至少留有 19mm 高的空间供水泥浆膨胀，放置滤网、密封环和端盖，拧紧固定螺丝，关闭失水仪浆筒上的顶阀和底阀。

⑥倒置浆筒并放入加热筒内，把压力管线接到浆筒的上端，打开顶阀，给浆筒施加0.7MPa 的压力。

⑦连接并锁紧底端回压接收器，给底端回压接收器施加0.7MPa的压力，但不打开底阀。

⑧当浆筒的压力达到 0.7MPa 时间为 15min 之后，顶阀上的压力加到 7.6MPa，打开底阀，从开始记时至收集滤液 30min。

⑨如果试验期间的回压上升到 0.7MPa 以上，要缓慢排放滤液。收集滤液期间保持 6.9

±0.07MPa 的压差。

⑩试验结束时，先关闭压力瓶总阀，再关闭顶阀和底阀，释放这两个调压器中的压力。

⑪失水仪冷却到 90℃以下，然后缓慢释放其中的压力，最后将失水仪清洗干净。

3. 试验记录与结果处理

(1)试验记录

试验周期从打开底阀开始，记录 1/4、1/2、1、2 和 5min 时的滤液量，以后每隔 5min 记录一次，直到第 30min 为止。如果在 30min 内发生脱水，记录造成水泥浆样品发生脱水所需时间及滤液量。

(2)结果处理

①试验周期为 30min

把 6.9MPa 的试验压差下测得的滤液量乘以 2 作为失水量。

②试验周期小于 30min

用下列方法折算成 30min 失水量，并在记录时加以说明。

把测量结果绘在双对数坐标纸上，用外推法得到 30min 失水量，也可按下式计算：

$$Q_{30} = 2 \times Q_t \left[\frac{30}{t}\right]^{1/2} \tag{7-1}$$

式中：Q_{30}——30min 失水量(mL)；

Q_t——在时间 t 时获得的滤液量(mL)；

t——试验结束时的时间(min)。

四、水泥浆流变性能的测试

1. 仪器与校准

(1)范氏粘度计(35SA 型)或同类型仪器；

(2)常压稠化仪。

2. 测定步骤

(1)将制备好的水泥浆倒入常压稠化仪浆杯中；常压稠化仪要预先加热到试验温度±1℃。

(2)在试验温度下搅拌水泥浆 20min 后，移去搅拌叶片，在常压稠化仪中用搅拌棒搅拌水泥浆 5s。然后倒入粘度计的样品杯中至刻度线。样品杯和内筒、外筒的温度维持在试验温度±20℃。

(3)将样品杯放在粘度计载物台上，粘度计以 300r/min 的速度旋转，升高载物台使浆液到达外筒表面刻度线处并固定。

(4)从浆液到达外筒刻度线开始，60s 后读出刻度盘上的读数，然后立即将仪器转换到 200r/min 的转速档，20s 后读出刻度盘上的读数，再将仪器立即转换到 100r/min 的转速档，20s 后读出刻度盘上的读数，在记读数之前瞬间以及试验结束时，记录粘度计样品杯中的水泥浆温度。

(5)用新制备好的水泥浆样品重复整个试验步骤 3～5 次，确保 3 次的测量值在平均值±1 个标准偏差以内，取这 3 次的测量值的平均值作为每次试验的测量结果。

(6)根据上述步骤中记录的平均温度，记录水泥浆的流变性测量结果。

五、流变参数计算

1. 流变模或流变模式判别按下式确定：

$$F = \frac{\Phi_{200} - \Phi_{100}}{\Phi_{300} - \Phi_{100}} \tag{7-2}$$

式中：F——流变模式判别系数，无量纲；

Φ_{300}——转速为 300r/min 时的仪器读数；

Φ_{200}——转速为 200r/min 时的仪器读数；

Φ_{100}——转速为 100r/min 时的仪器读数。

当 $F=0.5\pm0.03$ 时选用宾汉流体模式，否则选用幂律流体模式。

2. 宾汉模式

$$\left.\begin{aligned} \eta_p &= 0.001\,5(\theta_{300} - \theta_{100}) \\ \tau &= 0.511\theta_{300} - 511\eta_p \end{aligned}\right\} \tag{7-3}$$

式中：η_p——塑性粘度(Pa·s)；

τ——动切应力(Pa)。

3. 幂律流体

$$\left.\begin{aligned} n &= 2.092\lg\left(\frac{\theta_{300}}{\theta_{100}}\right) \\ K &= \frac{0.511\theta_{300}}{511^n} \end{aligned}\right\} \tag{7-4}$$

式中：n——流性指数，无量纲；

K——稠度系数($N \cdot s^n/cm^2$)。

六、水泥石抗压强度测定

1. 测试步骤

(1)制定养护方案

根据钻井现场获得的数据制定养护方案。以井底静止温度、井底循环温度，井深、钻井液密度和水泥浆到达井底的时间等数据制定出升温、加压的养护方案。

(2)养护水泥浆

按相关的规定步骤养护水泥浆，并补充规定如下：

①按制定或选定的养护方案给养护釜升温、加压；

②试样养护时间通常为 8h，24h，36h，48h 和 72h。根据工程需要，可延长或缩短养护时间。

(3)抗压强度试验

抗压强度试验按 GB10238 进行。

2. 水泥石渗透率测定

(1)仪器

使用图 7－7 所示的水泥渗透仪(或类似仪器)测定水对水泥石的渗透率。

①试模：黄铜或不锈钢试模。长度为 25.40mm，锥形内径从 27.99mm 至 29.31mm，外径

为 50.80mm，顶部和底部边缘有 5.23mm×45°的倒角；

②夹持器：在试模顶、底能用“O”形密封圈密封的夹持器；

③刻度量管：0.1mL、1mL 和 5mL 量管。

(2)压力介质

压力介质为压缩空气或氮气、汞或水。

3. 测定步骤

(1)样品制备

把水泥浆注入放在一块平板上的清洁试模中，用搅拌棒搅拌 25 次，然后刮平。将另一块平板放在试模的顶部，不要夹带气泡。将水泥石放在水中冷却至室温。

(2)渗透率测定

①将试模大面朝下装入夹持器圆筒内，并用“O”形圈密封，如图 7-7 所示。

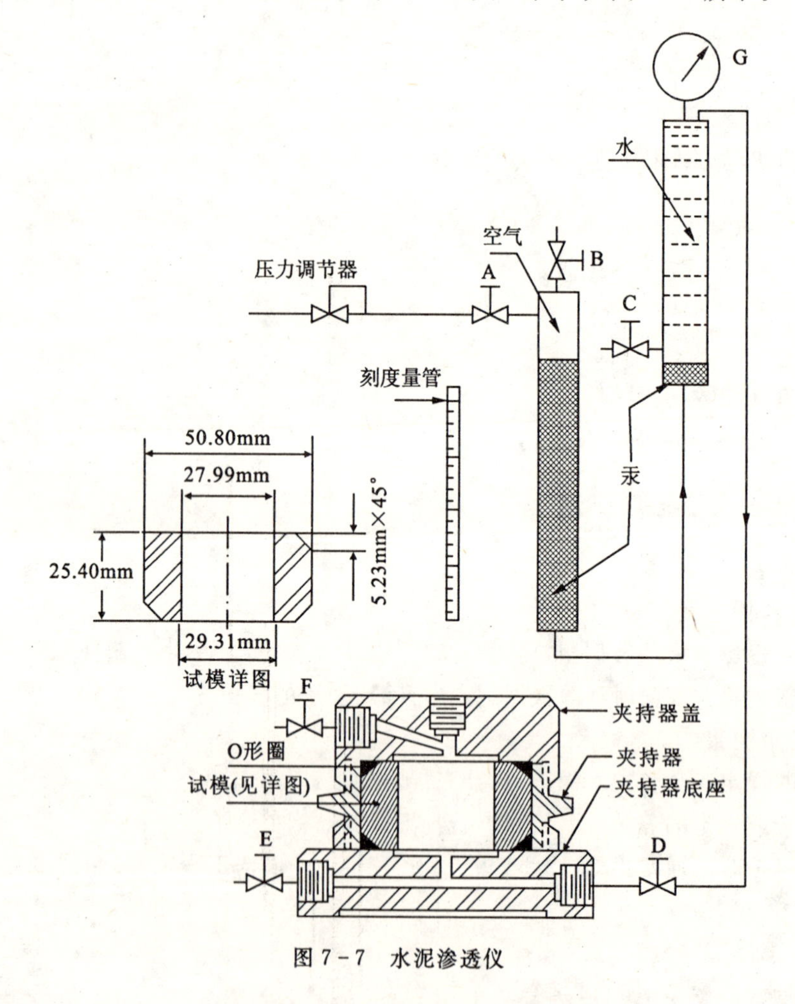

图 7-7 水泥渗透仪

②当压力系统有汞时，关闭阀 A，打开阀 B、C 和 D，用橡胶管把装有新煮沸过的蒸馏水吸瓶连接到阀 C 上并向腔体内注水，直至水溢过阀 D。

③关闭阀 B、C 和 D，打开阀 A，通过观测压力表 G 调整压力调节器以获得水穿过水泥样品所需要的压差 p(通常为 0.1～1.4MPa)。

④将吸瓶连接到阀 E。吸瓶比阀 E 高 305～610mm，当夹持器的顶盖上好后，稍打开阀 D 和阀 E，使小的水流通过装有水泥样品的试模。关闭阀 E，并完全打开阀 D。

⑤吸瓶与阀 F 连接，稍打开阀 F，使水流过水泥石样品的顶部并上升至量管上，从水的液面到达量管底部刻度线开始计时，直到液面到达顶部刻度线为止。

⑥使用合适的量管。水穿过样品的最长时间为 15min。

⑦至少测两次流量。

4.渗透率计算

(1)水在水泥石中的渗透率由下式计算：

$$K = 10^2 \frac{Q\mu L}{Ap} \tag{7-5}$$

式中：K——渗透率（μm^2）；

Q——流速（mL/s）；

μ——水的粘度（Pa·s）；

L——样品的长度（cm）；

A——样品的横截面积（cm^2）；

p——压差（MPa）。

(2)报告水在水泥石中的渗透率时，必须说明水泥的养护温度、养护压力和养护时间。

第八章　注浆液和灌注砼应用设计及实验

第一节　注浆液设计基础

浆液的选择应根据工程的具体要求、地质条件、浆液性能、注浆工艺及成本等因素综合考虑，使工程达到理想的技术经济指标。

浆液基本物理性质包括密度、粘度、凝胶时间、结石率、结石体渗透性、抗压强度、可注性、可泵性等。其中水泥浆、粘土浆、水泥粘土浆等悬浊液密度的测试方法同泥浆材料测试方法；浆液粘度的测定一般用旋转粘度计。悬浊浆液也常用漏斗粘度计来测试粘度，此时，用时间秒来表示。凝胶时间、结石率、结石体渗透性、抗压强度、可注性、可泵性等指标的测试借鉴水泥浆的测试方法，目前尚未形成标准。

以上这些指标中，浆液粘度和凝胶时间是衡量浆液性能的关键指标。对理想浆液粘度的要求是：初始粘度低，一旦凝胶则粘度急剧增大，且浆液粘度应是可调的。几种常见注浆材料的粘度和浆液的凝胶时间如表 8－1、表 8－2 所示。

表 8－1　几种注浆材料的粘度

浆液名称		粘度	测定方法
颗粒浆液	单液水泥浆	15～140 s	漏斗粘度计
	水泥一水玻璃类	15～140 s	
	水玻璃类	$(3\sim4)\times10^{-3}$ Pa·s	使用旋转粘度计、落球粘度计
	丙烯酰胺类	1.2×10^{-3} Pa·s	
	铬木素类	$(3\sim4)\times10^{-3}$ Pa·s	
溶液浆液	脲醛树脂类	$(5\sim6)\times10^{-3}$ Pa·s	
	聚氨酯类	(十几至几百)$\times10^{-3}$ Pa·s	
	糠醛树脂类	$<2\times10^{-3}$ Pa·s	
	环氧树脂类	$>6\times10^{-3}$ Pa·s	

表 8－2　几种浆液的凝胶时间

浆液名称	凝胶时间	浆液名称	凝胶时间	浆液名称	凝胶时间
纯水泥浆	12～14h	水玻璃类	瞬间至几十分钟	丙烯酰胺类	十几秒至十几分钟
水泥加添加剂	6～15h	铬木素类	十几秒至十几分钟	聚氨酯类	十几秒至十几分钟
水泥水玻璃双液	十几秒至十几分钟	脲醛树脂类	十几秒至十几分钟		

浆液的可注性是指浆液注入裂隙或土体的难易程度。分散液体的可注性取决于地层裂隙、孔隙的最小尺寸与浆液内固相颗粒尺寸的比例关系。与被注地层相关的土颗粒粒径范围和浆液的可注入性如表 8-3 和表 8-4 所示。

浆液颗粒大小要求：地层必须有足够的裂隙和孔隙宽度以便浆液能注入，要求浆液中的颗粒直径比土的孔隙小，这样颗粒浆材中的颗粒才能在孔隙或裂隙中流动。此外还应注意以下因素：

表 8-3　土颗粒粒径(被注入对象)

粒径(mm)	土的名称
>2	砾
2～0.074	砂
0.074～0.005	粉土
<0.005	粘土
<0.001	胶体粘土

表 8-4　浆液的可注入性

分类	浆液名称	砾石			砂粒			粉粒	粘粒
		大	中	小	粗	中	细		
水泥浆	单液水泥浆	━	━	━	━				
	水泥粘土类	━	━	━	━				
	水泥－水玻璃类	━	━	━	━				
化学浆	水玻璃类	━	━	━	━	━	━		
	丙烯酰胺类	━	━	━	━	━	━	━	
	铬木素类	━	━	━	━	━	━	━	
	脲醛树脂类	━	━	━	━	━	━		
	聚氨酯类	━	━	━	━	━	━	━	
	糠醛树脂类	━	━	━	━	━	━	━	
粒径(mm)		10	4	2	0.5	0.25	0.1	0.005	
渗透系数(cm/s)			10^{-1}		10^{-2}	10^{-3}		10^{-4}	10^{-5}

(1)颗粒浆材往往以多粒的形式同时进入孔隙或裂隙，这可导致孔隙的堵塞，因此仅仅满

足颗粒尺寸小于孔隙尺寸是不够的。

(2)浆液在流动过程中同时存在着凝结过程,有时也造成浆液通道的堵塞。

(3)浆材的颗粒尺寸不均匀。

水泥在裂隙中灌注,裂隙开裂宽度不小于0.15～0.25mm时,水泥颗粒才能注入。一般来讲水泥颗粒粒径应不大于岩石裂隙宽度的1/3～1/5,水泥浆才易于灌入。普通硅酸盐水泥颗粒粒径一般多在40～60μm,最大粒径一般为80～90μm,所以难以灌入宽0.15mm以下的裂隙,为提高水泥浆的可注性,可用细水泥来提高浆液的可灌性。目前粒径很细的水泥掺入适当的分散剂后,可注入0.05～0.09mm的岩石裂隙,但其高成本影响了其推广应用。几种注浆材料的可注入最小粒径如表8-5所示。

表8-5　几种注浆材料的可注入最小粒径

浆液名称	可注入最小粒径(mm)	浆液名称	可注入最小粒径(mm)	浆液名称	可注入最小粒径(mm)
单水泥类(40～60μm)	1.1	丙烯酰胺类	0.01	聚氨酯类	0.03
水泥—水玻璃类	1.0	铬木素类	0.03	糠醛树脂类	0.01
水玻璃类	0.1	脲醛树脂类	0.06		

注浆浆液设计要点:

在基岩注浆中,水泥注浆使用最为广泛。在大裂隙岩层中注浆时,不仅需要浓度大的悬浮液,还要掺加廉价充填材料,如砂、亚粘土。也可先用粘土注浆,然后用水泥注浆以节约水泥。

水泥浆液具有结石体强度高和抗渗性强的特点,既可用于防渗又可用来加固,而且来源广、价格便宜、性能好,且工艺简单。但凝胶时间较长且难以控制、可灌性不好、颗粒大,在防渗堵漏等工程中应用受到限制。

为解决粘土类地层以及微裂隙岩层中的"注浆难"问题,近几年开始应用超细颗粒的水泥注浆材料且比较成功。超细水泥的平均粒径为普通水泥的1/10,具有良好的可灌性和力学性能,具有很好的防渗能力,已成功用于水电、地铁、隧道等工程的防渗补强施工。水泥浆适用于地下水流速不得大于200m/d的地层,水利工程中可放宽。

水泥粘土注浆多用于松散层的防渗注浆和对强度要求不高的基岩注浆。

化学注浆在大面积基岩注浆方面尚未被广泛采用,一般用来解决水泥注浆不能灌注或用于修补水工建筑物某些缺陷和某些特殊注浆时采用。其特点为:

(1)浆液粘度很低,有的和水差不多,可注性好。如甲凝浆液的粘度比水还低。因此,凡是水能流入的细小裂隙或粉细砂层,化学浆液也能灌入,可取得较好的注浆效果。

(2)浆液的胶凝时间可以进行调节,并且浆液在胶凝过程中,其粘度增长有明显的突变过程。

(3)化学浆液所形成的胶凝体,其渗透系数很低,一般可达10^{-6}～10^{-8}cm/s。灌入浆液,经化学反应生成聚合体,抗渗性能强、防渗效果好。

(4)化学注浆生成的胶凝体,具有较好的稳定性和耐久性。

(5)浆液在胶凝或固化时的收缩率小。

缺点:

(1)除水玻璃外,化学浆液大都不同程度地存在着一定的毒性,如果使用不当,容易造成环境污染。

(2)化学浆液抗压强度低，成本高，工艺要求严格。

第二节　注浆液实验

一、粘土类浆液

粘土的粒径一般很小(0.005mm)，比表面积大，遇水有胶体化特性。粘土矿物的特征是呈层状排列(高岭土、蒙脱石、伊利石)。作为泥土浆液具有下列特性：①既能防止注浆材料的分离，又能防止水泥和砂的沉淀；②能与过剩的水结合而膨胀；③浆液具有触变性；④具有粘性及粘结力。

纯粘土浆液来源广泛且成本低廉，在土工堤坝防渗注浆工程中应用较多，但性能一般。

为了改善纯土浆液性能，可加入适量添加剂。如配方：粘土 40%～60%，水玻璃为粘土浆的 10%～15%，熟石灰为粘土重量的 1%～3%，其余是水。其主要性能为：凝结时间为几十秒至几十分钟，粘度为 20～23s，渗透系数为 10^{-5}～10^{-6}cm/s。

二、水泥粘土类浆液

根据施工的目的和要求，在水泥浆中加入一定量的粘土制成的浆液称为水泥粘土类浆液。

水泥粘土浆兼有粘土浆与水泥浆的优点，成本低、流动性好、沉淀析水性较小、稳定性好、抗渗压和冲刷能力强等。它是目前大坝砂砾石基础防渗帷幕与充填注浆常用的材料。

水泥粘土浆的性能取决于水泥、粘土和水的添加比例，一般有以下规律。

(1)浆液粘度随水灰比增大而减小；相同水灰比的浆液，粘土加量越多粘度愈大，凝结时间愈长，结石率愈高，强度降低。

(2)浆液中干料(水泥＋粘土)愈多，或在不改变水与干料配比的情况下，增加土量可提高浆液稳定性。

(3)浆液中水泥与粘土的比例一般为 1∶4，临时性防渗工程还可适当增加粘土，水与干料的比例一般为 5∶1～1∶1。

(4)用作加固注浆时．粘土掺量不宜过多，一般掺量为 5%～15%(占水泥重量)。在水泥粘土类浆液中，也可以加入附加剂以改善其性能。

三、水泥-水玻璃类浆液

水泥-水玻璃类浆液是以水泥和水玻璃为主剂，两者按一定的比例采用双液方式注入，必要时加入速凝剂或缓凝剂所组成的注浆材料。

其性能取决于水泥浆水灰比、水玻璃浓度和加入量、浆液养护条件等。这种浆液克服了单液水泥浆的凝结时间长且不能控制、结石率低等缺点。

水玻璃能显著加快水泥的凝结时间。凝胶时间与水玻璃浓度、水灰比、水玻璃加入量等因素有关。

一般情况下，水玻璃浓度减小，凝胶时间缩短，并呈直线关系；水灰比 W/C 越小，水泥与水玻璃之间的反应越快，凝胶时间越短。总的说来，水泥浆越浓反应越快；水玻璃越稀反应越慢。

水泥-水玻璃类浆液广泛用于地基、大坝、隧道、桥墩等工程的防渗和加固，尤其在地下水流速较大的地层中可达到快速堵漏的目的。

水泥-水玻璃浆液的特点：

(1)浆液凝胶时间可控制在几秒至几十分钟范围内；

(2)结石体抗压强度较高，可达 10～20MPa；

(3)凝结后结石率可达 100%；

(4)结石体渗透系数为 10^{-3}cm/s；

(5)可用于裂隙为 0.2mm 以上的岩体或粒径为 1mm 以上的砂层；

(6)材料来源丰富，价格较低；

(7)对环境及地下水无毒性污染，但有 NaOH 碱溶出，对皮肤有腐蚀性；

(8)结石体易粉化，有碱溶出，化学结构不够稳定。

其结合体强度主要由水泥浆的浓度(水灰比)决定。其他条件一定时，水泥浆越浓其抗压强度越高。

水玻璃浓度对其强度的影响较复杂。研究表明：当水泥浆浓度较大时，随着水玻璃浓度的增加，抗压强度增高；当水泥浆浓度较小时，随着水玻璃浓度的增加，抗压强度降低；但当水泥浆浓度处于中间状态时，则其抗压强度变化不大。

水泥浆与水玻璃体积比对结石体抗压强度有一定的影响。当水泥浆与水玻璃体积比在 1∶0.4～1∶0.6 时，反应进行得最完全，其抗压强度最高。

1. 实验目的

掌握粘土类、水泥粘土类以及水泥-水玻璃类浆液的性能和测试方法。

2. 实验内容

配制几种典型浆液，并测试其性能。

3. 实验用仪器及药品

①维卡仪　　②微型压力仪　　③旋转粘度计

④天平、秒表　　⑤粘土　　⑥水泥

⑦水玻璃(模数：2.4～3.4；浓度：30°～45°Be)

4. 实验设计及报告

实验设计及报告如表 8-6 所示。

表 8-6　实验报告

编号	浆液类型	粘土(g)	水(mL)	水泥(g)	水玻璃(mL)	其他辅剂 熟石灰(g)	粘度	胶凝时间		强度
								初凝	终凝	
1	粘土浆液	250	500	0	0	4				
2		250	500	0	80	0				
3	水泥粘土浆液	200	500	50	0	0				
4		50	500	500	0	0				
5	水泥水玻璃浆液	0	480	800	80	0				
6		0	480	800	80	8				

第三节　化学浆液设计与实验

化学浆液的最大特点是无颗粒性，因此化学浆液应该是在水泥浆不能注入的情况下使用，如在裂隙小、粉细砂层等条件下。

一、硅酸盐浆材

硅酸盐属于溶液型化学浆材，是一种重要的灌浆材料，具有可灌性好、价格低廉、货源充足、无毒和凝结时间可调节等优点，应用十分广泛。以水玻璃为代表的硅酸盐浆材逐渐成为有实用价值的化学注浆材料。

水玻璃($Na_2O \cdot nSiO_2$)是水溶性的碱金属硅酸盐，属于气硬性胶凝材料。向水玻璃中加入酸、酸性盐和一些有机化合物都能在体系中产生大量成胶体状态的硅酸。

硅酸盐浆材主剂加胶凝剂生成凝胶。胶凝剂的主要性质如表 8-7 所示。

表 8-7　胶凝剂的主要性质

胶凝剂名称	浆液粘度(mPa·s)	胶凝时间	固砂体抗压强度(MPa)	灌浆方法
氯化钙	80～100	瞬时	<3	双液
铝酸钠	5～10	数分～几十分钟	<3	单液
碳酸氢钠	2～5	数分～几十分钟	0.3～0.5	单液
磷　酸	3～5	数秒～几十分钟	0.3～0.5	单液
氟硅酸	2～4	几秒～几十分钟	2～4	单液或双液
乙二醛	2～3	几秒～几小时	<2	单液或双液

水玻璃可与多种矾配制成速凝防水剂，用于堵漏、填缝等局部抢修。这种多矾防水剂的凝结速度很快，一般为几分钟，其中四矾防水剂不超过 1min，故工地上使用时必须做到即配即用。

多矾防水剂常用胆矾(硫酸铜)、红矾(重铬酸钾，$K_2Cr_2O_7$)、明矾(也称白矾，硫酸铝钾)、紫矾四种矾。

二、丙烯酰胺类浆液(丙凝)

丙烯酰胺浆液是以有机化合物丙烯酰胺为主剂，配合其他药剂而制成的液体。国内简称丙凝浆液，国外称为 AM-9。

其粘滞性与水接近，且凝结前基本不变。以水溶液状态注入土中，发生聚合反应后形成具有弹性的、不溶于水的聚合物。

丙烯酰胺类浆液的组成

主剂：丙烯酰胺(简称 A)是白色结晶粉状物质，极易溶于水，在温度 30℃以下的干燥环境中可长期保存。交联剂：N-N′-甲基双丙烯酰胺(简称 M)，丙烯酰胺易生成水溶性的线性聚合物，而这种聚合物作为注浆材料是不合适的，加入 N-N′甲基双丙烯酰胺，使聚合物成为不溶于水的凝胶物。A 和 M 合起来称为 MG-646。

引发剂：过磷酸胺（简称 AP）为水溶性粉状材料，在某些还原剂作用下生成游离基而使丙烯酰胺聚合。

促进剂：二甲氨基丙腈（简称 DAP），为黄色液体，常温下相对密度为 0.86。DAP 和 AP 都属于催化剂，它们的掺加量决定了丙烯酰胺浆液的凝胶时间，对浆液的粘度及稳定性也有重要影响。

缓凝剂：铁氰化钾（简称 KFe），用以延缓浆液的凝胶时间。

丙烯酰胺类浆液及凝胶体的特点

（1）浆液粘度小，与水接近，常温标准浓度下为 1.2mPa·s，且在凝胶前保持不变，因此具有良好的可注性。

（2）凝胶时间可准确地控制在几秒至几十分钟之间，且凝胶是在瞬间发生并在几分钟之内就达到其极限强度，聚合体体积基本为浆液体积的 100%。

（3）凝胶体抗渗性好，渗透系数为 9～10cm/s。

（4）凝胶体抗压强度较低，约 0.2～0.6MPa。一般不受配方的影响，在较大裂隙内的凝胶体易被挤出，因此仅适用于防渗注浆。

（5）丙凝浆液及凝胶体耐久性较差，且具有一定的毒性，对神经系统有毒害，对空气和地下水有污染。

（6）丙烯酰胺浆液价格较贵，材料来源也较少。

（7）丙凝浆液与铁质易起化学作用，具腐蚀性，凡浆液所流经的部件均宜采用不与浆液发生化学作用的材料制成。

三、聚氨酯类浆液（氰凝）

聚氨酯类浆液分为油溶性和水溶性聚氨酯两种，被认为是最先进的注浆材料。

1. 油溶性聚氨酯

亦称 PM 型，其有以下特点：浆液是非水溶性的，遇水开始反应，因此不易被地下水冲稀或冲失；浆液遇水反应时发泡膨胀；固结体抗压强度高，可达 6～10MPa；采用单液系统注浆，工艺设备简单又能调节凝胶时间，预聚体稳定性差，要密闭保存，严防遇水或接触潮气；管路、设备用过后用丙酮清洗。

2. 水溶性聚氨酯浆液

（1）具有良好的亲水性，浆液遇水后自行分散、乳化、发泡，立即进行化学反应，形成不透水的胶状固结体，有良好的止水性能。它能与水以某种比例混合（最高达 1∶40），在注浆过程中使用是经济的。

（2）渗透性优于油溶性聚氨酯。水溶性聚氨酯预聚体可加入 20%～40%的稀释剂，而油溶性聚氨酯预聚体可加入 10%～20%的稀释剂，前者的粘度为后者的 1/4～1/6。

（3）对水质适应性强。不论海水、矿水、酸性或碱性水质对浆液性能影响不大。

（4）与水混合后粘度小，可灌性好，固结体在水中浸泡对人体无害、无毒、无污染。

（5）它对水的溶解度及亲和力比其他化学浆材高，在流动水中，浆液不易被流动水冲散，固结体的固结面积反而扩大，且随着动水流速的增加，其堵水面积相应扩大。

（6）反应后形成的弹性胶状固结体有良好的延伸性、弹性及抗渗性、耐低温性，在水中永久保持原形。

(7)浆液遇水反应形成弹性固结体物质的同时，释放 CO_2 气体，借助气体压力，浆液可以进一步压进结构的空隙，使多孔性结构或地层能被完全充填密实。具有二次渗透的特点。

(8)堵流动水性能好。水溶性浆材是当今所有化学灌浆材料中堵流动水性能最好的浆材之一。

(9)浆液的膨胀性好，包水量大，具有良好的亲水性和可灌性，同时浆液的粘度、固化速度可以根据需要进行调节。

四、木质素类浆液

木质素类浆液是以纸浆废液为主剂，加入一定量固化剂所组成的浆液。为了加快凝胶速度和提高结石体抗压强度，往往加入促进剂。包括铬木素和硫木素两种浆液。

铬木素浆液的固化剂是重铬酸钠，其毒性较大，因此这种浆材难以大规模使用。最早的铬木素浆液只有纸浆废液和重铬酸钠两种组成。这种浆液凝胶时间较长，为缩短其凝胶时间，采用三氯化铁作为促进剂。为提高其强度，又用铝盐和铜盐作为促进剂，但仍未减小其毒性。

硫木素浆液是在铬木素浆液的基础上发展起来的，是采用过硫酸铵完全代替重铬酸钠，使之成为低毒、无毒木质素浆液，这是一种很有发展前途的注浆材料。纸浆废液可以采用氢氧化钠调节 pH 值，之后用过硫酸铵进行固化。

五、脲醛树脂类浆液

以脲醛树脂为主剂，加入一定量的酸性固化剂所组成的浆液材料称为脲醛树脂类浆液。该浆液具有水溶性、固结强度高(但较脆)、材料来源丰富、价格便宜等优点。

但其粘度变化较大，质量不稳定。不能长期存放，必须在酸性介质中固化，对设备有腐蚀。为了克服这些缺点，在脲醛树脂生产过程中加入一些能参与反应的化合物，或在该浆液中加入另一种注浆材料混合使用，以达到改变浆液性质的目的。

六、糠醛树脂类浆液

糠醛是非水溶性油状液体，加入 0.01%～0.1%的表面活性剂吐温后即可产生稳定的乳浊液，在酸性固化剂作用下生成树脂状固体，因此可用于注浆。该浆液固化时间长，且不能准确控制，固结体的强度与固化剂的种类有关，主要应用于固砂。

七、环氧树脂类浆液

环氧树脂是一种高分子材料，具有强度高、胶结力强、收缩性小、化学稳定性好、能在常温下固化等性能。作为注浆材料则存在一些问题，如浆液粘度大、可注性小、憎水性强、与潮湿裂缝粘结力差等。

由中国水利水电科学研究院研制出粘度低、亲水性能好、与潮湿裂缝粘结力强的 SK—E 浆液，并在许多混凝土结构加固防渗工程中得到应用。

八、甲凝浆液

甲凝是以甲基丙烯酸甲酯为主要成分，加入引发剂等组成的一种低粘度的注浆材料。

甲基丙烯酸甲酯是无色透明液体，粘度很低，渗透力很强，可注入 0.05～0.1mm 的细微裂隙。聚合后的强度和胶结力较高。但甲凝是憎水性材料，在液态时，它怕水，也怕氧，同时浆液强度的增长和聚合速度都较快，在湿度较高的环境中更是如此。所以，在注浆前，必须用风吹干裂缝或在浆液内加入一定的阻聚剂等，以取得较好的注浆效果。

九、丙强浆液

丙强浆液是在丙凝浆液基础上发展起来的，主要以丙凝与脲醛树脂作为注浆材料的一种化学注浆浆液。

丙强浆液及其聚合体既基本保存了丙凝的特性，又因脲醛树脂的存在而提高了强度。因此，丙强具有防渗和加固的双重作用。

十、化学灌浆水玻璃系列浆液实验

我国所用的水玻璃类型浆液，除了有单一使用的外，大多使用水玻璃的复合浆液，如水玻璃—氯化钙、水玻璃—铝酸钠、水玻璃—硅氟酸、水玻璃—乙二醛等。

胶凝时间是指化学浆液从全部成分混合至胶凝体形成的一段时间。对于任何一种注浆材料，胶凝时间的测定都是十分必要的。因为浆液胶凝时间的长短关系到施工工艺和成本。

1. 实验目的

掌握水玻璃系列浆液的特性；了解水玻璃溶液在不同附加剂作用下的胶凝特性。

实验仪器设备及材料

设备：恒温水浴锅、ϕ4mm×20cm 的玻璃棒、烧杯、量筒、试管、温度计。

材料：水玻璃溶液，模数 2～3，浓度 30～40°Be′；氯化钙溶液，比重 1.26～1.28，浓度 30～35°Be′；乙二醛溶液，浓度 35%、30%两种；冰乙酸。

2. 实验方法

本次试验采用玻璃棒法，这种方法比较简便，是常用的一种方法。其优点是不管什么浆液，不管胶凝时间长短，都可以用这种方法测定。

记录刚配好浆液时的时间 t_0，将浆液连同试管放入与被灌点温度相同的水浴中，每隔一段时间用玻璃棒试插入浆液中，测试浆液是否凝固，当 ϕ4mm×20cm 的玻璃棒以其自重不能插到浆液底部时，认为已经凝固，记录时间 t_1，t_1-t_0 可认为是浆液的胶凝时间 t。

3. 具体步骤

(1)配制水玻璃—氯化钙溶液。按照水玻璃：氯化钙＝0.45：0.55(体积比)和水玻璃：氯化钙＝0.5：0.5(体积比)、水玻璃:氯化钙＝0.55：0.45(体积比)的比例配置两种水玻璃—氯化钙溶液。记录配置好的时刻 t_0，并且放入水浴锅内，用玻璃棒法测定其胶凝时间。记录实验数据 t_1 和 t，如表 8-8 所示。

表 8-8　水玻璃—氯化钙溶液实验数据表

组数	水玻璃溶液(mL)	氯化钙溶液(mL)	配制时刻	胶凝时刻	胶凝时间(s)	备注
1						
2						
3						

(2)配置水玻璃—乙二醛溶液。实验中按配比:水玻璃:乙二醛(不足加水):乙酸=1:1:0.02的体积比配置溶液,乙酸作为溶液的速凝剂。实验时,先将乙二醛与水混合,再倒入水玻璃溶液中,最后再加入乙酸。试验次数及各材料加量如表8-9所示。记录实验数据。

表8-9 水玻璃—乙二醛溶液实验数据表

组数	主剂	附加剂		促凝剂	胶凝时间(s)	备注
		乙二醛	水	乙酸		
1	水玻璃溶液30mL	35%溶液10mL	20mL	0.6mL		
2		35%溶液15mL	15mL	0.6mL		
3		35%溶液20mL	10mL	0.6mL		
4		30%溶液10mL	20mL	0.6mL		
5		30%溶液15mL	15mL	0.6mL		
6		30%溶液20mL	10mL	0.6mL		

4.实验分析

观察水玻璃—氯化钙溶液中不同氯化钙体积比对其胶凝时间的影响,做出时间曲线,判断其是速凝类还是缓凝类。观察其固结体的特性。

观察水玻璃—乙二醛溶液中同一乙二醛浓度的不同加水量对溶液胶凝特性及固结体性能的影响,总结不同乙二醛浓度的相同加水量对溶液胶凝特性及固结体性能的影响。

十一、化学灌浆丙凝浆液实验

1.实验目的

掌握丙凝浆液的以下特性:浆液粘度低,与水的粘度相似;丙凝浆液聚合时间能准确控制,短的仅几秒钟,长的也可达数小时;丙凝浆液主剂稳定性好,在阴凉处低温下可存放;丙凝浆液具有腐蚀性,与铁质易起化学作用;丙凝浆液聚合前有毒性,聚合合成胶凝体则无毒性。了解化学灌浆的原理和方法。

2.实验仪器设备与材料

塑料烧杯、量筒、天平、磁力搅拌器、丙凝浆液(表8-10)。

3.实验步骤

配制A液:先将甲基双丙烯酰胺用部分热水(50℃~60℃)充分溶解,再加入部分冷水,并且溶入丙烯酰胺,充分搅拌、过滤,最后加入剩余水量。再加入二甲胺基丙腈,然后加入适量的铁氰化钾(KFe)或硫酸亚铁,这便配成了A液。

配制B液:将称好的过磷酸铵放入预先装好计划水量的B液桶内,即成B液。

实验具体配置方法:

A液:分别称取4份710mL水、丙烯酰胺96g、N-N′—甲基双丙烯酰胺5g、β—二甲氨基丙腈50g;再称取0.1g、0.2g硫酸亚铁各一份,称取0.04g、0.08g铁氰化钾各一份。按配置A液的方法,最后加入不同的硫酸亚铁或铁氰化钾者配置成4份不同的A液。

表 8-10　丙凝组成材料及配比表

组分	序号	材料名称	代号	作用	配比(%)
A液	1	丙烯酰胺	A(AAM)	主剂	7～15
	2	N-N′—甲基双丙烯酰胺	M(MBAM)	交联剂	0.45～0.8
	3	β—二甲氨基丙腈	D(DMAPN)	促进剂	0.4～1
		三乙醇胺	T	促进剂	0.4～1
	4	硫酸亚铁	Fe^{+2}	速凝剂	0～0.02
	5	铁氰化钾	KFe	缓凝剂	0～0.008
		水		溶剂	
B液	6	过硫酸铵	AP	引发剂	0.4～1
		水		溶剂	

B液:分别称取4份5g过硫酸铵和200mL水。分别把一份过硫酸铵加入到一份水中溶解。配制成4份相同的B液。

分别把每一份A液与一份B液混合,测定其胶凝时间(用玻璃棒法或其他有效方法测定),结果记录在表8-11内。观察聚合体的性能特征。

表 8-11　丙凝浆液实验数据记录表

组数	硫酸亚铁(g)	铁氰化钾(g)	胶凝时间(s)	备注
1	0.1			
2	0.2			
3		0.04		
4		0.08		

4. 实验要求

(1)在配制A液时,硫酸亚铁分别按0.01、0.02配比取量,铁氰化钾分别按0.004、0.008配比取量,再与B液混合、搅拌,观察4种浆液胶凝变化,测定胶凝时间。

(2)丙凝浆液形成聚合体后,观察胶凝体的弹性,在干燥环境中,胶凝体因逐渐失去水分而干缩龟裂,遇水后又可以膨胀,恢复原胶凝体。

5. 注意事项

丙烯酰胺不论是固体或已配制成浆液,在聚合前均具有毒性,操作时要注意防止与皮肤接触,更不要吸入体内。如皮肤上沾有丙烯酰胺时,应迅速用水冲洗掉。在灌浆施工时,要注意勿使浆液流入其他水源,以免造成污染。

十二、化学灌浆环氧树脂浆液实验

1. 实验目的

掌握环氧树脂浆液的特性:环氧树脂浆液固化后,粘结力特别强;固化后收缩率小,不受冷热温度的影响；固化后具有优越的化学稳定性。了解化学灌浆的配制原理和方法。

2.实验仪器设备及材料

塑料烧杯、量筒、天平、吸管电动搅拌器。环氧树脂浆液的基本配方如表8－12所示。

表8－12 环氧树脂浆液的基本配方表

材料名称	作用	配比(体积比)	备 注
环氧树脂	主剂	100(100)	
糠醛 丙酮	稀释剂 稀释剂	30～50(30～40) 30～50(30～50)	与裂隙的宽度、通畅程度有关。缝宽稀释剂用量少，反之用量多，某些单位最多用到60%～70%
聚酰胺树脂 650#或651#	增韧剂 固化剂	0～20	能提高潮湿和有水裂隙的粘结强度
苯酚	促进剂	10～15(10)	
乙二胺或 二乙烯三胺	固化剂	12～18(15～18) 15～22(18～21)	与固化剂本身的有效含量、稀释剂的不同加量、聚酰胺树脂的不同加量等因素有关，一般通过实验来确定加量

3.实验步骤

分别称取100mL环氧树脂、30mL糠醛、30mL丙酮、10mL苯酚、15mL乙二胺或二乙烯三胺。

首先把30mL糠醛加入已称好的环氧树脂中，搅拌均匀，加速环氧树脂在糠醛中的溶解。

待环氧树脂溶解后，再加称好的10mL苯酚，然后再加入30mL丙酮，丙酮加入稀释后，在不断搅拌的情况下，缓缓加入固化剂15mL乙二胺或15mL二乙烯三胺。

观察浆液的胶凝效果，记录胶凝时间；观察固结体性能特征。

4.实验要求

(1)在配置环氧树脂浆液时，在搅拌的情况下缓缓加入固化剂，观察其聚合反应的升温、出现气体等现象，测定胶凝时间(玻璃棒法或其他有效方法)。

(2)在配置环氧树脂浆液时，在搅拌的情况下缓缓加入固化剂，观察其聚合反应的升温、出现气体、产生气泡、淤出烧杯的爆聚现象。

5.注意事项

(1)环氧树脂因有毒性，配置浆液时注意防护；

(2)苯酚具有腐蚀性，接触皮肤应迅速用水冲洗掉；

(3)观察环氧树脂浆液发生爆聚现象时应在通风场所，并在盛有环氧树脂浆液的烧杯下铺垫废纸，以免污染环境。

第四节 灌注混凝土实验方法

灌注砼，又称水下灌注混凝土，也称导管混凝土和流态砼，是将混凝土通过竖立的导管依靠混凝土的自重进行灌注的方法。适用于灌注围堰、沉箱基础、沉井基础、地下连续墙、桩基础等水下或地下工程。混凝土从导管底端流出，向四周扩大分布，不致被周围的水流或浆液所离析，从而保证质量。采用此法时，混凝土必须具有良好的和易性，含砂率在40%～50%之间，粗骨料宜用不大于3.8cm的卵石，水灰比控制在0.44左右，混凝土中可掺入缓凝、塑化等外加剂。导管直径一般为最大石子粒径的8倍，导管间距一般为4.5m。施工时，为防止水流、杂物进入导管，下管前可将导管底端塞住，借第一罐混凝土的重量把塞子冲开，使混凝土灌注继续进行，深水作业时要防止导管浮起，下管时可将导管充水，在管顶装一紧贴管壁的橡胶球，然后灌入混凝土，将球顺导管压出，即可进行灌注。边灌注边将导管缓慢提起，每次提升幅度约为15～60cm。灌注时应防止导管摆动，以免混凝土产生空洞。导管法适于灌注水下混凝土。养护条件良好时，28d强度一般可达28～56MPa。

水下灌注的混凝土有如下三个施工要点：①和易性；②坍落度18～22cm；③缓凝剂和减水剂的应用。

如果为了省料用过大粒径粗骨料，以少放砂子、水泥，坍落度虽也能达到18～22cm，可能此时混凝土的强度也能达到要求，但有可能堵塞导管，造成离析；对于缓凝剂的要求规范要求缓凝时间不少于6h，其目的在于防止灌注过程中因停电、机械故障导致的混凝土灌注中断，因为一般水泥的初凝只有45min，45min后就有可能导致堵管，造成离析。

一、混凝土拌合物取样及试样制备

1.一般规定

(1)混凝土拌合物实验用料应根据不同要求，从同一盘或同一车运送的混凝土中取出，或在实验室用机械或人工单独拌制。取样方法和原则按《钢筋混凝土施工及验收规范》(GB50204—92)及《混凝土强度检验评定标准》(GBJ107—87)有关规定进行。

(2)在实验室拌制混凝土进行实验时，拌合用的集料应提前运入室内。拌合时实验室的温度应保持在20℃±5℃。

(3)材料用量以质量计，称量的精确度：集料为±1%；水、水泥和外加剂均为±0.5%。混凝土试配时的最小搅拌量为：当集料最大粒径小于30mm时，拌制数量为15L；最大粒径为40mm时，拌制数量为25L。搅拌量不应小于搅拌机额定搅拌量的1/4。

2.主要仪器设备

搅拌机(容量75～100L，转速18～22r/min)、磅秤(称量50kg，感量50g)、天平(称量5kg，感量1g)、量筒(200mL、100mL各一只)、拌板(1.5m×2.0m左右)、拌铲、盛器、抹布等。

3.拌合方法

(1)人工拌合

①按所定配合比备料，以全干状态为准。

②将拌板和拌铲用湿布润湿后，将砂倒在拌板上，然后加入水泥，用铲将混合料从拌板一端翻拌至另一端，然后再翻拌回来，如此重复直至颜色混合均匀，再加入石子翻拌至混合均匀为止。

③将干混合料堆成堆，在中间做一凹槽，将已称量好的水倒入一半左右在凹槽中(勿使水流出)，然后仔细翻拌，并徐徐加入剩余的水继续翻拌。每翻拌一次，用铲在混合料上铲切一次，直至拌合均匀为止。

④拌合时力求动作敏捷，拌合时间从加水时算起，应大致符合以下规定：

拌合物体积为30L以下时为4～5min；拌合物体积为30～50L时为5～9min；拌合物体积

为 51～75L 时为 9～12min。

⑤拌好后，根据实验要求，即可做拌合物的各项性能实验或成型试件。从开始加水时至全部操作完必须在 30min 内完成。

(2)机械搅拌

①按所定配合比备料，以全干状态为准。

②预拌一次，即用按配合比的水泥、砂和水组成的砂浆和少量石子，在搅拌机中涮膛，然后倒出多余的砂浆，其目的是使水泥砂浆先粘附满搅拌机的筒壁，以免正式拌合时影响混凝土的配合比。

③开动搅拌机，将石子、砂和水泥依次加入搅拌机内，干拌均匀；再将水徐徐加入。全部加料时间不得超过 2min。水全部加入后，继续拌合 2min。

④将拌合物从搅拌机中卸出，倒在拌板上，再经人工拌合 1～2min，即可做拌合物的各项性能实验或成型试件。从开始加水时算起，全部操作必须在 30min 内完成。

二、灌注混凝土拌合物性能实验

(一)和易性(坍落度)实验

采取定量测定流动性，根据经验直观判定粘聚性和保水性的原则，来评定混凝土拌合物的和易性。定量测定流动性的方法有坍落度法和维勃稠度法两种。坍落度法适合于坍落度值不小于 10mm 的塑性拌合物；维勃稠度法适合于维勃稠度在 5～30s 之间的干硬性混凝土拌合物。要求集料的最大粒径均不得大于 40mm。本实验只介绍坍落度法。

1. 主要仪器设备

坍落度筒(截头圆锥形，由薄钢板或其他金属板制成，形状和尺寸如图 8-1)、捣棒(端部应磨圆，直径 16mm，长度 650mm)、装料漏斗、小铁铲、钢直尺、抹刀等。

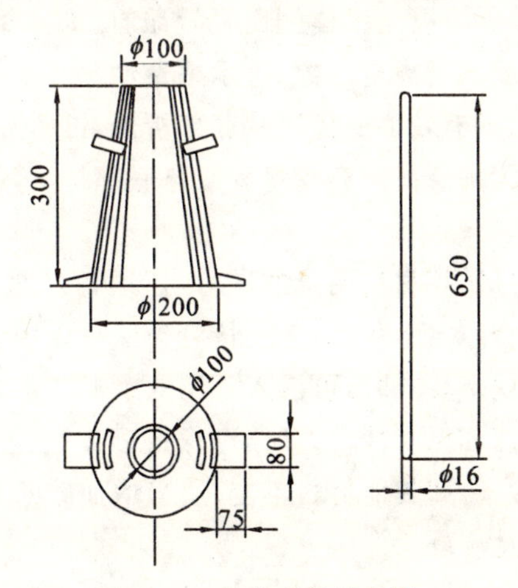

图 8-1 坍落度筒及捣棒

2. 实验步骤

(1)润湿坍落度筒及其他用具，并把筒放在不吸水的刚性水平底板上，然后用脚踩住两边的踏脚板，使坍落度筒在装料时保持位置固定。

(2)把按要求取得的混凝土试样用小铲分三层均匀地装入坍落度筒内,使捣实后每层高度为筒高的三分之一左右。每层用捣棒插捣25次,插捣应沿螺旋方向由外向中心进行,每次插捣应在截面上均匀分布。插捣筒边混凝土时,捣棒可以稍稍倾斜。插捣底层时,捣棒应贯穿整个深度;插捣第二层或顶层时,捣棒应插透本层至下一层的表面。

浇灌顶层时,混凝土应灌到高出筒口。插捣过程中,如混凝土沉落到低于筒口,则应随时添加。顶层插捣完后,刮去多余的混凝土,并用抹刀抹平。

(3)清除筒边底板上的混凝土后,垂直平稳地提起坍落度筒,应在5~10s内完成;从开始装料至提起坍落度筒的整个过程应不间断地进行,并应在150s内完成。

(4)提起坍落度筒后,量测筒高与坍落后混凝土试体最高点之间的高度差,即为该混凝土拌合物的坍落度值(以mm为单位,读数精确至5mm)。如混凝土发生崩坍或一边剪坏的现象,则应重新取样进行测定。如第二次实验仍出现上述现象,则表示该混凝土和易性不好,应予以记录备查,如图8-2所示。

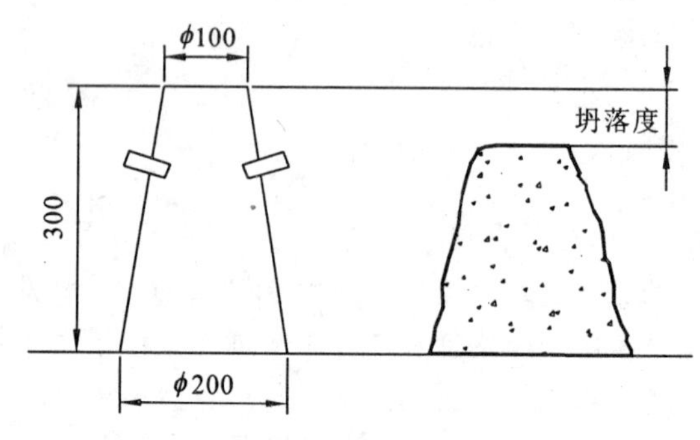

图8-2 坍落度实验示意图(mm)

(5)测定坍落度后,观察拌合物的下述性质并记录。

粘聚性:用捣棒在已坍落的混凝土锥体侧面轻轻敲打,如果锥体逐渐下沉,表示粘聚性良好;如果锥体坍塌、部分崩裂或出现离析现象,表示粘聚性不好。

保水性:坍落度筒提起后如有较多的稀浆从底部析出,锥体部分的混凝土也因失浆而集料外露,则表明保水性不好;如无稀浆或只有少量稀浆自底部析出,则表明保水性良好。

(6)坍落度的调整:

1)在按初步配合比计算好试拌材料用量的同时,还须备好两份为调整坍落度用的水泥和水。备用水泥和水的比例符合原定水灰比,其用量可为原计算用量的5%和10%。

2)当测得的坍落度小于规定要求时,可掺入备用的水泥或水,掺量可根据坍落度相差的大小确定;当坍落度过大,粘聚性和保水性较差时,可保持砂率一定,适当增加砂和石子的用量。如保水性较差,可适当增大砂率,即其他材料不变,适当增加砂的用量。

2.混凝土拌合物体积密度实验

(1)主要仪器设备

容量筒(集料最大粒径不大于40mm时,容积为5L;当粒径大于40mm时,容量筒内径与高均应大于集料最大粒径的4倍)、台秤(称量50kg,感量50g)、振动台(频率3 000±200次/min,空载振幅为0.5mm±0.1mm)。

(2)实验步骤

①润湿容量筒，称其质量 m_1(kg)，精确至 50g。

②将配制好的混凝土拌合物装入容量筒并使其密实。当拌合物坍落度不大于 70mm 时，可用振实台振实，大于 70mm 时用捣棒捣实。

③用振动台振实时，将拌合物一次装满，振动时随时准备添料，振至表面出现水泥浆，没有气泡向上冒为止。用捣棒捣实时，混凝土分两层装入，每层插捣 25 次(对 5L 容量筒)，每一层插捣完后可把捣棒垫在筒底，用双手扶筒左右交替颠击 15 次，使拌合物布满插孔。

④用刮尺齐筒口将多余的混凝土拌合物刮去，表面如有凹陷应予填平。将容量筒外壁擦净，称出拌合物与筒总质量 m_2(kg)。

(3)结果评定

混凝土拌合物的体积密度 ρ_{c0} 按下式计算(kg/m^3，精确至 10kg/m^3)：

$$\rho_{c0} = \frac{m_2 - m_1}{V_0} \times 1\,000 \tag{8-1}$$

式中：m_1——容量筒质量(kg)；

m_2——拌合物与筒总质量(kg)；

V_0——容量筒体积(L)。

3. 混凝土抗压强度实验

(1)主要仪器设备

压力实验机(精度不低于±2%，实验时按试件最大荷载选择压力机量程。使试件破坏时的荷载位于全量程的 20%～80%范围内)、振动台[频率(50±3)Hz，空载振幅约为 0.5mm]、搅拌机、试模、捣棒、抹刀等。

(2)试件制作与养护

①混凝土立方体抗压强度测定，以三个试件为一组。

②混凝土试件的尺寸按集料最大粒径选定，如表 8-13 所示。

表 8-13　混凝土试件的尺寸

粗集料最大粒径(mm)	试件尺寸(mm)	结果乘以换算系数
31.5	100×100×100	0.95
40	150×150×150	1.00
60	200×200×200	1.05

③制作试件前，应将试模擦干净并在试模内表面涂一层脱模剂，再将混凝土拌合物装入试模成型。

④对于坍落度不大于 70mm 的混凝土拌合物，将其一次装入试模并高出试模表面，将试件移至振动台上，开动振动台振至混凝土表面出现水泥浆并无气泡向上冒时为止。振动时应防止试模在振动台上跳动。刮去多余的混凝土，用抹刀抹平。记录振动时间。

对于坍落度大于 70mm 的混凝土拌合物，将其分两层装入试模，每层厚度大约相等。用捣棒按螺旋方向从边缘向中心均匀插捣，一般每 100cm^2 应不少于 12 次。用抹刀沿试模内壁插入数次，最后刮去多余混凝土并抹平。

⑤养护：按照实验目的不同，试件可采用标准养护或与构件同条件养护。采用标准养护的

试件成型后表面应覆盖，以防止水份蒸发，并在20±5℃的条件下静置1～2昼夜，然后编号拆模。拆模后的试件立即放入温度为20±2℃、湿度为95%以上的标准养护室进行养护，直至实验龄期28d。在标准养护室内试件应搁放在架上，彼此间隔为10～20mm，避免用水直接冲淋试件。当无标准养护室时，混凝土试件可在温度为20±2℃的不流动的$Ca(OH)_2$饱和溶液中养护。

(3)实验步骤

①试件从养护室取出后尽快实验。将试件擦拭干净，测量其尺寸(精确至1mm)，据此计算出试件的受压面积。如实测尺寸与公称尺寸之差不超过1mm，则按公称尺寸计算。

②将试件安放在实验机的下压板上，试件的承压面与成型面垂直。开动实验机，当上压板与试件接近时，调整球座，使其接触均匀。

③加荷时应连续而均匀，加荷速度为：当混凝土强度等级低于C30时，取(0.3～0.5)MPa/s；高于或等于C30时，取(0.5～0.8)MPa/s。当试件接近破坏而开始迅速变形时，停止调整实验机油门，直至试件破坏，记录破坏荷载$P(N)$。

(4)结果评定

①混凝土立方体抗压强度f_{cu}按下式计算(MPa，精确至0.01MPa)：

$$f_{cu} = \frac{P}{A} \tag{8-2}$$

式中：f_{cu}——混凝土立方体试件抗压强度(MPa)；

P——破坏荷载(N)；

A——试件受压面积(mm^2)。

②以标准试件150mm×150mm×150mm的抗压强度值为标准，对于100mm×100mm×100mm和200mm×200mm×200mm的非标准试件，须将计算结果乘以相应的换算系数(表8-13)换算为标准强度。

③以3个试件强度值的算术平均值作为该组试件的抗压强度代表值(精确至0.1MPa)。3个测值中的最大值或最小值与中间值之差超过中间值的15%时，取中间值作为该组试件的抗压强度代表值；如最大值和最小值与中间值之差均超过中间值的15%时，则该组试件的实验结果无效。

第九章　井壁稳定与堵漏实验

第一节　复杂地层的分类及其特征

地层是由各种造岩矿物以不同集合形式组成，矿物的成分、性质和结构构造决定了各种类型岩层的物理、力学性质，如岩石的强度、硬度、弹塑性、脆性、水溶性和水化性等。钻进过程中出现的各种复杂情况与岩石性质密切相关。

另外，岩层在形成过程中或形成以后，在扭转、挤压、风化、搬运、沉积、溶蚀等内、外动力地质作用下，形成松散层、破碎带、孔隙环境、裂隙环境以及溶隙性环境，也是钻进过程中经常遇到的各种复杂情况。

根据复杂地层的成因类型、性质和状态及其在钻进过程中可能出现的情况，可将复杂地层分类，如表 9-1 所示。

表 9-1　复杂地层综合分类表

地层分类	成因类型	典型地层	复杂情况
各种盐类地层	水溶性地层	盐岩、钾盐、光卤石、芒硝、天然碱、石膏	钻孔超径，污染泥浆，孔壁掉块，坍塌
各种粘土、泥岩、页岩	水敏性地层（溶胀分散地层、水化剥落地层）	松散粘土层、各种泥岩、软页岩，有裂隙的硬页岩，粘土胶结及水溶矿物胶结的地层	膨胀缩径，泥浆增稠，钻头泥包，孔壁表面剥落，崩解垮塌超径
流砂、砂砾、松散破碎地层	松散的孔隙性地层，风化裂隙发育地层，未胶结的构造破碎带	流砂层，砂砾石层，基岩风化层，断层破碎带	漏水，涌水，涌砂，孔壁垮塌，钻孔超径
裂隙地层	构造裂隙地层，成岩裂隙地层	节理、断层发育地层	漏水，涌水，掉块，坍塌
岩溶地层	溶隙地层	溶隙、溶洞发育地层（石膏、石灰岩、白云岩、大理岩）	漏水，涌水，坍塌
高压油、气、水地层	封闭的储油、气、水的孔隙型地层，裂隙及溶隙地层	储油、气、水的背斜构造，逆掩断层的封闭构造	井喷及其带来的一切不良后果
高温地层	岩浆活动带与放射性矿物有关地层	地热井、超深井所遇到的地层	泥浆处理剂失效，地层不稳定，H_2S 造成危害

上述复杂地层，一些主要表现为井壁直接松散、破碎；一些主要表现为遇水后水化、水溶；另一些则主要表现为漏失、涌水；还有一些主要表现为压力温度异常。许多情况下，地层的多种复杂表现兼而有之，或以一种为主，其他为辅；或是先有一种表现，继而再出现其他复杂状况。

第二节　浸泡实验

1. 实验目的

通过一系列的实验，研究钻井冲洗液对不稳定岩层的抑制能力，从而合理选择冲洗液，保证钻探施工正常钻进。

2. 实验内容

(1)岩样制作。

(2)岩样浸泡及浸泡后变化量的测定。

(3)冲洗液对岩层抑制能力的评价。

3. 实验仪器

①油压千斤顶；　②模具；　③龙门框架；　④烧杯；

⑤搅拌机；　⑥维卡仪；　⑦钢板尺。

4. 实验步骤

(1)岩样加工

①称取岩粉：根据事先恒重实验计算出的含水率折算成干粉重量，按岩粉：水(包括岩粉中的含水量)为9：1的比例，即混合后的岩粉含水率为10%，将混合的岩粉搅拌均匀后放在玻璃器皿中加盖焖1h左右，使岩粉充分潮湿，混合均匀，然后再开始压制。

②检查岩样加工装置是否完好，特别注意油压千斤顶油路是否泄漏。

③称取每个岩样所需要的岩粉。由于不同岩样比重也不同，而岩样杯的规格都相同，要求加工出的岩样与岩样杯口断面平齐，以利于浸泡后较准确地描述变化量，所以在相同条件下加工的不同岩性的岩样所需岩粉量也有差别。例如在160kg/cm^{2}压力下，凝灰岩压制一个岩样所需混合好的岩粉8.7g，高岭土化粗安岩则需9.3g。

④将称量好的岩样倒入模具中，然后将模具放在千斤顶上，压柱顶住龙门框架横梁，再压千斤顶手把，并观看压力表读数，使指针到达需要的压力位置，停止加压，使压力分布均匀，岩样密度均实。在这段时间里，压力表指针回返较快，所以要不断地补充压力，直到指针基本静止，不回返为止，大约需要5～10min。

⑤旋动千斤顶下压螺帽，退出模具，取出岩样，压出的岩样上面和岩样杯断面要平齐，多余部分用刀刮平。

⑥计算压力。压制岩样时，岩样上所承受的压力可由下式求出：

$$P=\frac{\pi}{4}D^2\cdot P_{表} \tag{9-1}$$

式中：P——作用在岩样上的压力(kg)；

D——油压千斤顶活塞直径(cm)；

$P_{表}$——压力表指示的压力(kg/cm^2)。

利用下式也可求出作用在岩样单位面积上的压力：

$$P=\frac{D^2}{d^2}\cdot P_{表} \tag{9-2}$$

式中：P——作用在岩样端面单位面积上的压力（kg/cm²）；

D——油压千斤顶活塞直径（cm）；

d——岩样直径（cm）；

$P_{表}$——压力表指示压力。

⑦成型岩样的储放。岩样加工好后，放置时间不宜过长，以免水分蒸发，最好马上放入泥浆中浸泡。如果不能马上浸泡，应放入易于密封的玻璃器皿中，储放时间不超过3d。

注：用不同的成型压力制成的试样，压实程度不同，所测得的针入度及膨胀高度等试验数据也不一样。试样成型压力在150kg/cm²以上，无论哪一种类型的岩样，在哪一种浆液中，它们的针入度及膨胀高度的数值变化都不大，所以一般选定160kg/cm²为制备岩样的压力。

(2)岩样浸泡及浸泡后变化量的测定

岩样浸泡方法有动浸泡和静浸泡两种。静浸泡是在泥浆不流动的情况下进行浸泡。动浸泡是设法让泥浆发生流动的情况下把岩样放在泥浆中浸泡。

动浸泡方法：将试样放入500mL的烧杯中（由于加工的试样质量上有差别，一次可以放进两个以上的试样浸泡，取较好的一个为准），加入泥浆，把搅拌速度调为700～800r/min，使泥浆在杯中呈流动态，连续搅拌8h，取出试样，测量其变化量（图9-1）。

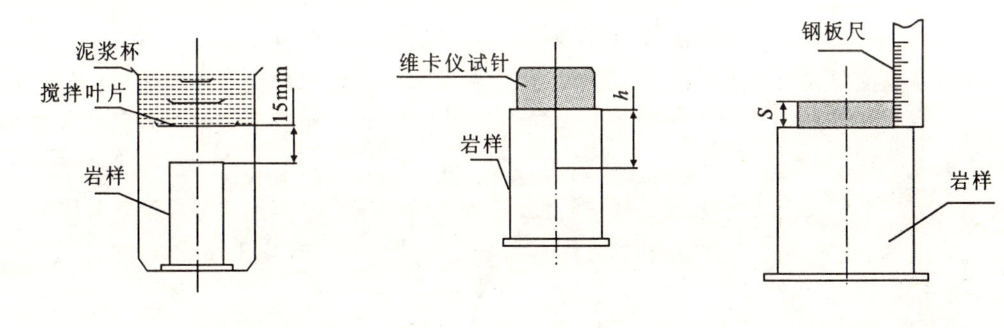

图9-1 岩样动浸泡示意图　　图9-2 针入度测试图　　图9-3 膨胀量测试图

动浸泡消耗动力，试验也比较繁琐，而静浸泡则较简便易行，也能达到试验目的，因此一般采用静浸泡方法。

岩样浸泡后的变化量以针入度和膨胀量来表示。

针入度用维卡仪来测（图9-2），测试步骤为：

①选择浸泡前的岩样端面为基准面，先测试浸泡前初始针入度，记为h_0；

②测试浸泡后的针入度记为h_f，以两者之差值(h_f-h_0)来衡量泥浆对岩层的抑制性能。所制备的岩样，在压力大于50kg/cm²的情况下，其h_0均为零，所以制备岩样不必再测初始针入度。浸泡后的针入度用H表示，单位以mm计。

膨胀量用钢板尺直接量取（图9-3）。测量时首先把岩样表面的泥皮轻轻刮去，仍取浸泡前的岩样端面为基准面，基准面以上的高度即为膨胀量，用S表示，单位mm。

(3) 冲洗液对岩层抑制能力的评价

用指数I来表示泥浆对岩层的抑制能力的大小。

$$I=100-2H-S \tag{9-3}$$

式中：I——冲洗液稳定岩石的指数（简称为稳定性指数）；

H——试样的针入度；

S——试样的膨胀高度（或膨胀量）。

稳定性指数 I 选择在 50～100 范围内，一般应在 65 以上。式中 100 为常数，试样浸泡后如没有膨胀量和针入度，I 最高为 100。

5. 实验数据与结果（表 9-2）

表 9-2　实验报告表

泥浆类型	H	S	I
1			
2			
3			

（1）在浸泡实验中，若出现胀出部分全部塌掉，这时无法测量其膨胀量。在这种情况下，可以认为冲洗液对岩层的抑制能力相当差，起不到防塌作用，应该考虑改变冲洗液的配方或类型。

（2）由式（9-3）算出的 I 值越大，说明泥浆对岩层的抑制性能越好；反之，则差。应该指出的是，比较 I 值必须是在岩样制作、浸泡时间及方法等条件一致的情况下才能适用。

（3）岩样浸泡实验只是综合地层研究的定性分类方法之一，对于研究某些岩层试样浸泡后的水化、膨胀、渗透等性能有一定的参考价值，但是对于某些胶结性差、结构松散的岩层，如细砂、砾石、亚粘土、粘土互层等岩层试样进行浸泡，得到的结果则不能反映冲洗液对岩层的抑制能力大小。所以在采用此试验方法时，必须根据岩层的成分及物理化学性质具体分析，以满足试验目的。

第三节　泥页岩膨胀分散性测试

1. 实验目的

进行泥页岩分散性实验，评价它们在清水中的分散情况，以评定泥页岩的敏感性。

2. 实验用仪器及药品

①泥页岩岩样。

②天平一台：精确度为 0.1g。

③20mL 量筒 1 个。

④100mL 量筒 1 个。

⑤滚子加热炉 1 台。

⑥蒸馏水

⑦钻井液陈化釜 4 个。

⑧40 目分样筛（孔眼边长为 0.42mm）

3.滚子炉介绍

(1)功能概述

温度对钻井中循环钻井液的影响是非常重要的。热滚炉的作用就是评定钻井液在循环与井内温度条件下对钻进的影响。热滚炉是一种加热、老化装置(图 9－4)。它由炉体、滚筒及滚筒带动的陈化釜(图 9－5)组成,炉体的滚动和加热都可以单独使用。它的主要用途有以下几个方面:

①测定钻井液添加剂的稳定性。

②作干燥箱。

③作陈化烘箱。

④进行分散回收实验。

⑤搅拌化学用品溶液。

⑥均匀混合液体或固体物质。

⑦对液体进行除气。

图 9－4　热滚炉

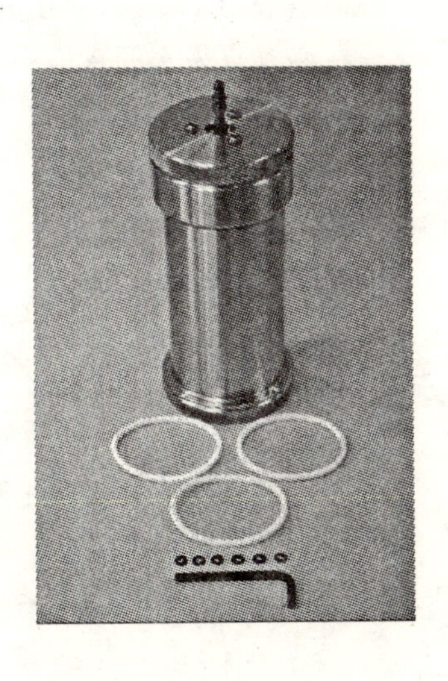

图 9－5　陈化釜

陈化釜设有一釜体,釜体上部设有釜盖,釜体与釜盖之间设有密封盖,釜盖上垂直于釜盖设有压紧螺栓,将密封盖与釜体压紧。密封盖与釜体之间设有密封环,密封环为四氟乙烯材质。覆盖上设有排气阀,排气阀穿过密封盖与釜腔相通,排气阀两端设有 O 型密封圈,密封圈为四氟乙烯材质。釜盖与釜体上设有支撑环,支撑环为四氟乙烯材质,炉门边缘设有密封垫,密封垫为四氟乙烯材质。热滚炉耐高温、密封效果好,而且体积小、安全系数高,便于使用。

(2)使用方法

①把样品加入陈化釜,检查密封环是否完好,旋紧釜盖后再旋紧压紧螺栓,注意样品的体积不能超过陈化釜容积的 75%,这将允许样品热膨胀,防止过大的内部压力。关上热滚炉。

②需要用滚筒时,把滚动开关拨到“ON”的状态,白色的指示灯将亮起来,同时滚筒持续滚动。

③需要加热时,把加热开关拨到“ON”的状态,红色指示灯将亮起来,炉体就开始加热。当温度达到设定的温度时,红色指示灯会持续闪烁,此时炉体的温度维持在设定的温度。热滚炉

的升温幅度为每小时65.5°C。

④用完热滚炉后把控制面板的“Motor”和“Heat”都按到“Off”的状态。

热滚炉的功能中，干燥和陈化实验都可以只用加热这一功能完成，搅拌化学用品溶液、混合液体或固体物质和对液体进行除气只需要用滚筒这一功能就能完成。下面着重介绍页岩分散实验。

4. 页岩分散实验

该实验是在模拟井下温度和环空速率下进行的动态实验，用相同条件下测定的16h淡水回收率来比较各种页岩的分散性强弱。

实验步骤：

(1)定量称取50.0g(准确至0.1g)小于6目、大于10目的风干页岩样品，装入盛有350mL蒸馏水的陈化釜中，加盖旋紧。

(2)将装好试样的陈化釜放入温度已调到(80±3)℃的热滚炉中，滚动16h。

(3)恒温滚动16h后，取出陈化釜，冷却至室温，将釜内的液体和岩样全部倾倒在40目分样筛上，在盛有自来水的水槽中湿式筛洗1min。

(4)将40目筛余物放入(105±3)℃热滚炉中烘干4h，取出冷却，并在空气中静放24h，然后称量(准确至0.1g)。

5. 结果分析

页岩分散实验按下式计算16h淡水回收率：

$$R_{40}=(m_{平}/50)\times 100\% \tag{9-4}$$

式中：R_{40}——40目页岩回收率；

$m_{平}$——40目筛余的平均值(g)。

为了减少偶然误差，每一个页岩样品应至少做3～4次平行测定，取平均值作为报告结果。

同样，热滚炉还可以作为评价泥浆抑制分散性能力的仪器，详见下节“钻井液抑制性测试”，与页岩分散实验不同之处在于实验中用试验泥浆代替淡水。

第四节　钻井液抑制性测试

一、页岩实验

1. 实验目的

检查泥页岩在常温常压条件下其膨胀和分散情况，以评定泥浆对泥页岩的抑制性。

2. 实验内容

(1)了解泥饼及各种处理剂的制作方法；

(2)测试泥饼或粘土粉在各种处理剂下的膨胀量；

(3)进行泥页岩分散性实验，评价钻屑在泥浆中的分散性。

3. 实验用仪器及药品

①膨胀量仪一套(图9-6)

②百分表1块

③砝码1个

④天平一台：精确度为 0.1g

⑤20mL 量筒 1 个

⑥100mL 量筒 1 个

⑦泥饼或粘土粉

⑧压力机 1 台

⑨蒸馏水、待评价的泥浆滤液或其他泥浆处理剂溶液

⑩游标卡尺

⑪滚子加热炉 1 台

⑫钻井液陈化釜 4 个

⑬孔眼边长为 0.42mm 的分样筛(40 目)

⑭电热鼓风恒温干燥箱

图 9-6　ZNP 型膨胀量测定仪

4. 泥页岩样品的采集和制备

(1)泥页岩样品的采集

泥页岩样品选用岩心或钻屑。测定具有代表性的泥页岩理化性能时，推荐使用岩心。进行水溶性盐的分析时，必须使用岩心。在评选页岩抑制能力，需要泥页岩样较多时，可以使用钻屑。

采得的泥页岩样品必须标明岩心或岩屑，并标明所采样品所处的构造、层位、井号、井深和采样时间。

(2)岩心的制备

将岩心表层被钻井液污染的部分刮去，放在通风的室内风干。在干净的塑料板或钢板上将岩心击碎，用孔眼边长分别为 3.2mm 和 2.0mm 的双层分样筛筛析。收集通过孔眼边长为 3.2mm 筛，但未通过孔眼边长为 2.0mm 筛的岩心颗粒 500g，存于广口瓶中备用(贴好标签)。

将未通过孔眼边长为 3.2mm 筛和通过孔眼边长为 2.0mm 筛的部分在 105±3℃的恒温烘箱中至少烘干 4h。粉碎，收集通过 100 目筛网(0.149mm 筛孔)的岩粉 1kg，存于广口瓶中备用(岩心粉也可直接由岩心制作，不必先用双层筛过筛)。

(3)钻屑的制备

在钻井液振动筛上收集指定层位的钻屑，用自来水洗去钻屑上的钻井液，尽量除去混杂的其他层位的岩屑，用浓度为 3%的过氧化氢溶液洗涤一次。放在通风的室内风干，粉碎，用孔眼边长分别为 3.2mm 和 2.0mm 的双层分样筛筛析。收集通过孔眼边长为 3.2mm 筛，但未通过孔眼边长为 2.0mm 筛的钻屑颗粒，存于广口瓶中备用。

将未通过孔眼边长为 3.2mm 筛和通过孔眼边长为 2.0mm 筛的钻屑放入 105±3℃的恒温烘箱中至少烘干 4h。粉碎，收集通过 100 目筛网的钻屑粉 1kg，存于广口瓶中备用(钻屑粉也可直接由钻屑制作，不必先用双层筛过筛)。

在制样过程中，应避免外来物质对岩样的污染，注意保持岩样的代表性。

5. 实验步骤

(1)泥页岩膨胀实验

1)泥饼样品的制备

①将泥页岩粉碎；

②将粉碎的泥页岩样品过 100 目的筛；

③把过筛后的样品放在(100±3)℃的恒温干燥箱中烘干 4h，冷却至室温；

④称取泥页岩粉 10～15g 装入与测试筒直径大小一样的圆筒内，将岩粉铺平；

⑤装上活塞，然后放在压力机上逐渐均匀加压直到压力表上指示 4MPa，稳压 5min；

⑥卸去压力，取下圆筒，将活塞缓慢从圆筒中取出，用游标卡尺测量样芯的厚度(即原始厚度)。

2)测试

①取出上盖拿出测试筒组件；

②手按活塞杆上部，分别拉、压出测试筒上、下盖；

③将测试筒下盖装上，把泥饼装入或页岩粉 10～15g 装入刮平压实；

④依次放入活塞及上盖，此时测试筒为一整体；

⑤将测试筒组件下端中心孔对正支撑杆下部支撑点，活塞杆上端中心孔对正百分表表头，调整后由紧定螺钉固定，记下百分表的初始数据 R_0。根据需要，测试筒在盛液杯位置由支撑杆自由调整，最后由螺钉固定；为避免接触失效，加一固定砝码加压；

⑥将一定量的处理剂装入盛液杯开始记时，分别读记 2h 和 24h 的百分表读数；

⑦重复以上各步进行多组试验，可以判断不同处理剂的加入对泥页岩的影响情况；并画出一组膨胀曲线，以便于相互比较；

⑧实验完毕，仪器的各部分均应清洗干净，取下测试筒组件，单独放置。

(2)页岩分散实验

①称取 50.0g(精确至 0.1g)制备好的岩心颗粒或钻屑颗粒，装入盛有 350mL 钻井液的高温罐中，盖紧。

②将装好试样的高温罐放入 80℃±3℃的钻井液滚子炉中，滚动 16h。

③恒温滚动 16h 后，取出高温罐，冷至室温。将罐内的液体和岩样全部倾倒在孔眼边长为 0.42mm(相当于 40 目)的分样筛上，在盛自来水的槽中湿式筛洗 1min。

④将筛余岩样放入 105℃±3℃的鼓风恒温干燥箱中烘干 4h，取出冷却，并在空气中静置 24h，然后进行称量(精确至 0.1g)。

6. 实验报告

计算不同时间的线膨胀百分数。

(1)用岩粉(粘土粉)的计算公式

$$V_t = \frac{R_t - R_0}{10} \times 100\% \tag{9-5}$$

式中：V_t——时间 t 时页岩的线膨胀百分数(%)；

R_t——时间 t 时百分表的读数(mm)；

R_0——膨胀开始前百分表的读数(mm)。

按表 9-3 记录实验数据。

(2)用泥饼的计算公式

分别计算 2h 和 16h 的线膨胀量百分数：

$$V_t = R_t / H \times 100\% \tag{9-6}$$

式中：V_t——时间 t 时页岩的线膨胀百分数(%)；

R_t——时间 t 时百分表的读数(mm)；

H——样芯的原始厚度(mm)。

表 9-3　泥页岩膨胀实验数据(R)记录表

配方	1h (mm)	2h (mm)	3h (mm)	4h (mm)	5h (mm)	6h (mm)	7h (mm)	8h (mm)	相对膨胀率(%)

(3)计算泥页岩的滚动回收率

按下式计算 16h 钻井液回收率：

$$R=(m/50)\times 100\% \tag{9-7}$$

式中：R——40 目筛余(孔眼边长为 0.42mm)泥页岩回收率(%)；

m——40 目(孔眼边长为 0.42mm)筛余(g)。

按表 9-4 记录实验数据。

表 9-4　页岩滚动回收试验结果

配　方	40 目回收量(g)	回收率(%)

(4)按不同处理剂的加入对泥页岩的影响得出的结果进行分析并作对比。

二、高温高压膨胀实验

1. 实验目的

模拟岩样在深井中高温高压条件，测试页岩的水化膨胀特性。了解实验原理，掌握操作步骤，通过实验数据评价油井井壁稳定性、评价和优选防塌钻井液配方。

2. 实验内容

(1)模拟岩样的制作；

(2)抑制性浆液的配制；

(3)高温高压实验。

3. 实验仪器及药品

(1)HTP-C 型高温高压膨胀仪(图 9-7)。

(2)氮气瓶。

(3)实验用浆。

(4)岩心制作仪(小型手动油压机、压棒、天平、秒表、游标卡尺以及滤纸(ϕ25mm)。

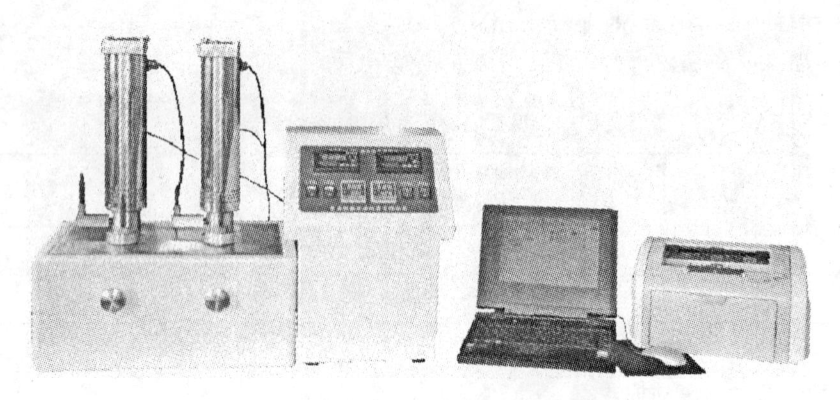

图 9-7　HTP-C型高温高压膨胀仪

4. 实验原理及步骤

(1)高温高压膨胀测试原理

将压制好的岩样压入测试杯内,经加温套将主测试杯加热至指定温度,加压至指定压力,然后把输液阀打开,液体进入测杯内,与试样断面接触,此时经导杆由位移传感器感应出试样轴向的位移信号,经膨胀仪主机测得的膨胀量产生的位移信号转化为电信号,输入电脑便可连续描绘出试样随时间的膨胀曲线。

(2)实验步骤

5. 仪器的操作

(1)试样制作与装入

1)土样:搬土或泥页岩样粉(过100目),经105℃烘干,储于干燥器内备用。

2)压样方法:

①将下垫片放入压模套底部,上部放一张圆形滤纸(ϕ25mm)。

②用天平称取10～15g干岩样,装入压模内,用手拍打压模,使其中土样端面平整。

③将压棒置于模内,轻轻左右旋转下推,与土样端面接触。

④上述组装的压样模置于油压机平台上,加压至14.2MPa记时并维持恒压15min,然后卸压(压力和时间仅供参考)。

⑤把调节螺母转到最下端,用游标卡尺测量螺母与岩心压套的尺寸,测量的尺寸再加上相应尺寸,然后调节螺母往上转,再用游标卡尺测量一直转到算好的尺寸为止。

⑥将压模下垫取下,装入岩心杯座,再用手动压力机把压棒一直压到调节螺母与压模套接触为止,这时样品压入岩心杯内。

(2)仪器的使用

①实验前的准备:将管汇组件安装于气瓶上由G5/8螺帽紧固。在确定调压手柄处于自由状态未加压时打开气源,此时管汇中间压力表应显示压力为5MPa。将两高压胶管分别于管汇和三通组件对应部位连接牢固。

②按试样制作方法制作试样。

③将全套仪器置于实验平台上,把两套传感器A、B外信号线一端与主测试杯上的专用插座连接,另一端插入膨胀仪主机背面输入端内。

④把电脑9针串口数据线一端插入膨胀仪主机输入连接，将另一端插入电脑的9针串口上。

⑤接通主机与电脑电源，启动电脑。温控表设置所需要的温度。

⑥用手动压力机对实验所用的样品进行加压处理，制成岩模。将压模下垫取下，装入岩心杯座，再用手动压力机把样品压入岩心杯内。然后把岩心杯座放下，装入主测试杯底部杯内，均匀对正拧紧6个固定螺钉，同时应注意放入密封圈。

⑦把主测试杯输液阀顺时针关紧，然后把试液（约20mL）倒入试液入口。

⑧主测试杯上端（连有传感器）与主测试杯连接（应对正上紧8个固定螺钉），注意应放入密封圈。旋入连通阀杆并关闭。至此，主测试杯组装完毕。

⑨把主测试杯置于加温套内，三通组件与连通阀杆用固定销连接，关闭三通组件的放气阀。将温度传感器插入主测试杯上的孔内。

⑩调好气压，建议加入的压力应小于指定的压力约0.5MPa。因为气体受热后压力上升。等到正式做膨胀测试时，再加到指定压力。打开主测试杯与注液杯的上连通阀杆（逆时针旋转90°左右），这时主测试杯与注液杯进入气体。

⑪运行电脑的程序，设置总实验时间为8h（仅供参考）。采样间隔为2s（可变更），然后把A通道或B通道清零，这时电脑显示的初始值就是岩心样品厚度。

⑫当主测试杯达到试验温度，并恒温约0.5h后，打开电脑A通道或B通道记录程序。

⑬打开输液阀，注入液体，实验正式开始。

⑭当达到设置总实验时间时，电脑自动停止记录。实验停止。

⑮首先把电脑记录曲线与数据存入硬盘，切断膨胀仪主机电源。关闭主测试杯连通阀杆。

⑯关闭总气源阀，松开三通组件的放气阀，放掉供气系统内的余气。松开管汇分压调节手柄。

⑰卸掉与主测试杯相连的气压管线、三通组件和传感器外信号线。

⑱将主测试杯从加温套中提出，置空气中冷却（温度很高时，可用湿布冷却）。当冷却至室温时，慢慢打开注液杯上端的连通阀杆，放掉主测试杯内的气体。

⑲确认主测试杯没有气压后，再松开上盖和下盖紧固螺钉，卸下主测试杯的上、下杯盖，取出岩样模，清洗导杆端面以及测试杯内壁，擦干后存放。

(3)温度设定

①打开电源开关后，红色数字显示窗显示当前温度，绿色数字显示设定温度。

②按“∧”或“∨”键即可设定温度。

(4)注意事项

①XMT624仪表键是设定时用的，出厂前已设定好。

②严禁使用氧气。

③打开钻井液杯盖之前必须放掉杯内余气。

④仪器使用完毕一定将调压手柄松开。

(5)仪器的维护与保养

①当移动、维修或清洁仪器时，要轻拿轻放，以免造成部件变形，影响精度和使用。

②要按时检查O型密封圈，经常更换。

③调压时，要逐渐加压，以防止损坏压力表，不得敲击压力表。

④调节压力时不能将压力调至超过压力表总量程的2/3。

⑤仪器使用完毕要将测试杯、岩心套、盖、紧定螺钉、连通阀杆等部件烘干并涂上润滑油或润滑脂，以备下次再用。

⑥管汇在放置时要将调压手柄处于非压紧位置，调压弹簧处于自由状态。

⑦调压手柄螺栓处，应定期旋下涂上润滑脂，以达防锈和调压灵便的目的。

⑧仪器维修和移动时要关闭电源气源，将管内余气放掉。

⑨输气胶管严禁与腐蚀介质接触，不得划伤。

6. 实验数据及分析

(1)电脑自动记录样品厚度、温度、膨胀量、膨胀率，并自动绘制膨胀量/时间图，同时还需要记录的有岩样制作的成分配比，压制时间、温度、压力，如表 9－5 所示。

表 9－5　岩样制作表

岩样编号	材料配比	压制压力(MPa)	压制时间(min)	岩样直径(mm)	岩样高(mm)
1					
2					

(2)记录实验使用的浆液基本性能(表 9－6)。

表 9－6　浆液基本性能表

浆液编号	η_A(mPa·s)	η_P(mPa·s)	τ_d(Pa)	pH	FL(mL)
1					
2					

(3)除了电脑上自动记录的数据和图形，还要记录测试的压力，为了更好地进行岩样及浆液的性能评价，将导出的数据进行记录，具体记录参数如表 9－7 所示。

表 9－7　岩样及浆液的性能评价表

浆液	岩样参数 材料配比	直径(mm)/长度(mm)	压力(MPa)	温度(℃)	膨胀最大值(mm)	稳定时间(min)	测试时长(h)
1							
2							

第五节　堵漏方法设计基础

钻孔发生漏失时，根据地层漏失程度，建议按表 9－8 采用不同护壁堵漏方案。

表 9-8 不同浆液的护壁堵漏方案

类别	编号	名称	配方及性能	灌送方法	是否固化及强度高低	适用范围
泥浆	1	静止稠浆	遇井漏时，提钻静置 8～36h，利用岩粉及泥浆沉淀物堵塞漏失通道，减小或消除漏失	泵送冲洗液	不固化	处理轻微漏失
	2	高粘度高切力轻相对密度泥浆	用膨润土配制相对密度 1.1～1.15 的泥浆，加处理剂使粘度达 30～40s，切力较大而失水较少的泥浆循环	泵送冲洗液	不固化	用于预防或处理微漏失
	3	冻胶泥浆及其他结构泥浆	以泥浆为主，加入水泥、$CaCl_2$、水玻璃等结构形成剂，配成高粘度冻胶状物，配方：$1m^3$ 泥浆加水泥 150～200kg，$CaCl_2$ 或水玻璃 15～20kg(原浆粘度 50s)	泵送或从孔口注入，静止 24h	能凝固但强度很低	轻微漏失，孔内水位较低的完全漏失
	4	石灰乳泥浆	在泥浆中加入相对密度 1.3～1.4 的石灰乳 10%～20%，形成高粘度泥浆(不控制失水量)	泵送或从孔口注入，静止一定时间	不固化	完全漏失，但失水对孔壁不利
	5	加入惰性材料的泥浆	在泥浆中加入各种形状的惰性堵漏材料，其尺寸按漏失通道大小确定	泵送冲洗液	不固化，可堵塞通道	轻微及中等漏失
	6	聚丙烯酰胺泥浆	加入未水解聚丙烯酰胺使泥浆中固相完全絮凝，加量由实验定	泵送或专用工具送入，搅匀静止	不固化，絮凝物堵漏	轻微漏失、中等漏失
	7	泡沫泥浆	泥浆中加入发泡剂及稳泡剂，使泡沫稳定的分散在泥浆中，相对密度为 0.7～1.0	泵送	不固化	轻微漏失至完全漏失
水泥浆	8	普通水泥浆	普通硅酸盐水泥，小水灰比，可加入各种外加剂调节水泥浆性能	泵送或专用工具送入	固化强度高	完全或严重漏失
	9	特种水泥浆液	油井水泥、矾土水泥、硫铝酸盐水泥等，使用时用外加剂调节其性能	泵送或专用工具送入	固化强度高	完全或严重漏失
	10	带充填物的水泥浆	加入粘土配成胶质水泥浆，加入细砂、珍珠岩纤维状物质等配成充填物泥浆，以增加堵塞能力	泵送或专用工具送入	固化，有一定强度	完全或严重漏失
	11	泡沫水泥浆液	水泥浆中加入发泡剂以降低浆液相对密度，如水灰比为 0.6 时，100kg 水泥加 0.2kg 铝粉，石灰 6～10kg，水玻璃 2L	泵送或专用工具送入	固化，强度较低	地层压力低的严重漏失、溶洞等

续表 9-8

类别	编号	名称	配方及性能	灌送方法	是否固化及强度高低	适用范围
水泥浆	12	水泥速凝混合物	水泥浆中加入 $CaCl_2$、水玻璃、烧碱、石膏或石灰等多种速凝剂，有多种配方	专用工具或孔口送入	固化，强度中等	严重漏失溶洞地层
化学浆液	13	脲醛树脂浆液	改性脲醛树脂(加苯酚)合成后再加入适量脲素单体混溶而成，用酸做固化剂，双叶井内混合	专用工具送入	固化，有一定强度	裂隙、破碎、坍塌地层
	14	氰凝浆液	氰凝浆液加其他外加剂或加入粘土、水泥、石灰粉及其他化学剂制成浆液或膏状物，遇水发泡固化	专用工具送入	固化，有一定强度	同上，完全或严重漏失
	15	301不饱和聚酯	由乙二醇、顺丁烯二酸酐酯化缩聚而成，用时加引发剂与促进剂	专用工具送入	固化，强度较高	完全或严重漏失
	16	聚丙烯酰胺	聚丙烯酰胺加有机或无机交联剂	泵送或专用工具送入	凝结强度不高	中等或完全漏失
	17	其他化学浆液	如水玻璃浆液、木铵浆液、铬木素浆液、丙凝浆液、丙强浆液、环氧树脂浆液、铝酸钠-水玻璃浆液	泵送或专用工具送入	固化，强度较低	坝基渗漏钻孔注浆
其他材料	18	粘土球	用优质粘土加入充填物麻丝、CMC、水泥等制成球状	投入或岩心管送入	不固化，能堵塞裂缝	漏失，严重漏失
	19	石膏	特制高强度石膏	专用工具	固化	
	20	沥青	将乳化沥青或热熔沥青注入漏失通道中，乳化沥青注入后还要配合破乳措施	专用工具	固化或不固化，强度低，有塑性	完全或严重漏失
	21	充砂法	用大小不同的砂砾充填漏失通道并用泥浆护壁	水冲入或投入	不固化	严重漏失、溶洞漏失
隔离法	22	下套管	下入全孔套管或局部套管(埋头套管或飞管)以隔离漏失层，用小一级钻头钻进		强度最大，安全，可靠	严重漏失，其他方法无效时，特别是大溶洞层
其他方法	23	空气钻进	有条件时采用空气钻进或充气混合液(空气升液器循环法)钻进漏失层	空气或气液混合液洗井		各种漏失层，缺水地区
	24	泡沫钻进	清水中加发泡剂形成泡沫	专用机具洗井		各种漏失层，缺水地区
	25	孔底局部反循环法	无泵钻进法，或用专用机具造成孔内局部反循环，减少孔内液柱压力	专用机具		各种漏失情况

第六节 堵漏实验

一、桥接堵漏浆液实验

桥塞堵漏是利用不同形状、尺寸的惰性材料，以不同的配方混合于浆液中直接注入漏失层的一种堵漏方法。其作用机理：惰性材料进入裂缝，架桥封堵漏失层。其架桥粒子、填充粒子和拉筋纤维进入裂缝一定时间后，内摩擦力增大，桥塞强度增大，抗内外压差的能力增强。

惰性堵漏材料和泥浆混合在一起，堵塞地层中的裂缝及通道，防止冲洗液的漏失。惰性堵漏材料加在泥浆中主要有下列几种作用。

(1)机械填充作用

由于堵漏材料和泥浆混合在一起，而充填在裂缝和孔穴中，封堵漏失通道。

(2)桥接作用

由于植物果壳被粉碎后都具有一定的棱角。颗粒状、纤维状、薄片状堵漏材料相混合，使堵漏材料在裂缝中不会流失很远，因此能起到"桥接"封堵裂缝的作用。

(3)沉淀胶结作用

为了封堵大的裂缝和孔洞，在泥浆中只加惰性材料有时效果不大，因而要向堵漏泥浆中加入一定量的聚丙烯酰胺、水泥等使其絮凝和胶结，由于这些胶凝物质充填在堵漏材料与裂缝之间，就像砖缝中充填沙浆一样，使彼此之间胶结在一起，阻止堵漏材料的漏失。

优点：

施工工艺简单、成本低廉；原材料种类多、来源广；各种堵漏材料如果匹配合理，可以封堵住架桥粒子粒径1.5～2倍尺寸的裂缝，具有小粒径封堵大尺寸裂缝的功效。

缺点：

因无法判断地层裂缝情况，在桥堵材料的选择上存在着盲目性；各种桥接堵漏材料不能科学的配合使用，粒径匹配不易确定；"架桥"粒子多为刚性材料，一旦大于孔隙或裂缝尺寸，就会在井壁表面"封门"，形成"假堵"，使堵漏失败；封堵层抗外力冲击能力差。

其技术关键为：

(1)对漏失通道的开口尺寸大小的正确判断是桥接堵漏成功的关键。

(2)堵漏能力一般取决于堵漏材料的种类、尺寸和加量。一般来讲，地层缝隙越大、漏速越大时，堵漏剂的加量亦应越大。纤维状和薄片状堵漏剂的加量一般不应超过5%。

(3)为了提高堵塞能力，往往将各种类型和尺寸的堵漏剂混合加入，但各种材料的比例要掌握适当(表9-9)。否则，相匹配的颗粒就不易进入，在漏层表面形成堆积，并未深入漏层。

1. 实验目的

通过本次实验了解惰性堵漏材料的堵漏原理，掌握实验室内测试堵漏材料及堵漏泥浆堵漏性能的方法。

2. 实验内容

(1)单一堵漏材料性能实验。

(2)堵漏材料的配方及浓度实验。

(3)堵漏泥浆的配制与测试。

表 9-9　常用桥接堵漏材料尺寸和推荐配方表

堵漏剂名称	形状	尺寸	质量浓度(kg/m³)	最大堵塞裂缝(mm)
坚果壳	颗粒状	5～10 目筛目占 50%	57	5.20
塑料碎片	颗粒状	10～100 目筛目占 50%	57	5.20
石灰石粉	颗粒状	10～100 目筛目占 50%	114	3.18
硫矿粉	颗粒状	10～100 目筛目占 50%	980	3.18
坚果壳	颗粒状	10～16 目筛目占 50%	57	3.18
多空隙珍珠石	颗粒状	5～10 目筛目占 50% 10～100 目筛目占 50%	172	2.69
赛璐珞粉	薄片状	19mm 薄片	23	2.69
锯末	纤维状	6mm 大小	29	2.69
树皮	纤维状	13mm 大小	29	2.69
干草	纤维状	12.5mm 大小	29	2.69
棉子皮	颗粒状	粉末	29	1.53
赛璐珞粉	薄片状	13mm 大小	23	1.42
木屑	纤维状	6mm 大小	23	0.91
锯末	纤维状	1.6mm 大小	57	0.43
801 型	粉状	1.6mm 大小	57	2.50
802 型	粉状	1.6mm 大小	57	2.50

3. 实验仪器及药品

①JHB 高温高压堵漏仪(图 9-8、图 9-9)。

②氮气瓶。

图 9-8　高温高压堵漏仪实物图

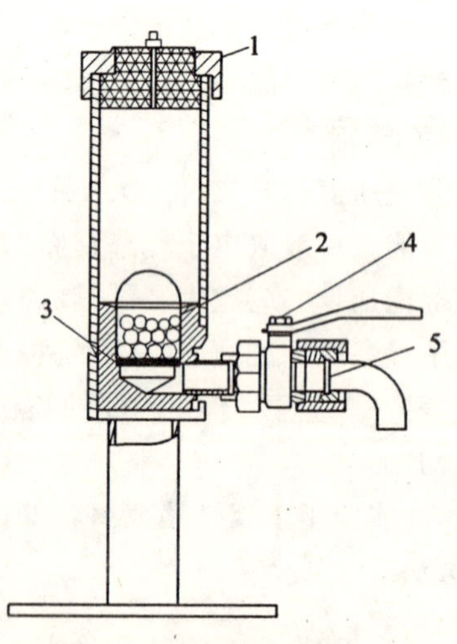

图 9-9　高温高压堵漏仪结构图

1—O 型环密封盖；2—塑料套筒；3—弹子床支撑底座；4—球形阀；5—试验缝板

③水压泵。

④堵漏材料。

⑤钻井液试验模拟缝板(图 9－10)和散珠(图 9－11)。

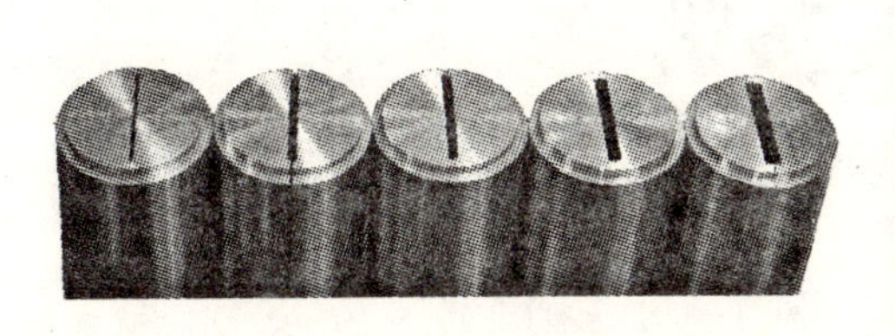

图 9－10　实验缝板实物图

图 9－11　实验用滚珠及套筒实物图

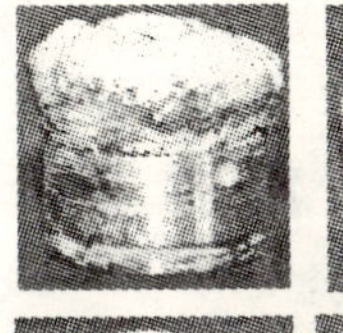

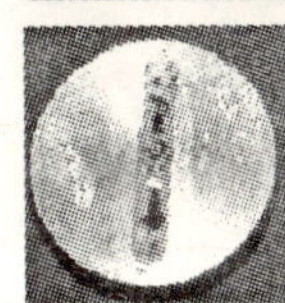
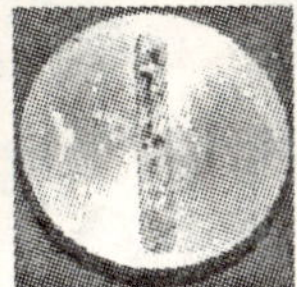
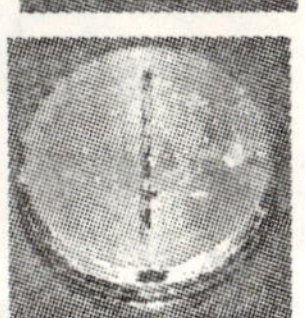

图 9－12　模拟裂隙试验法

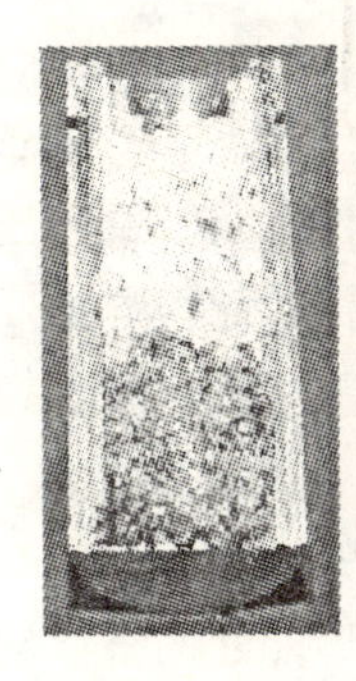

图 9－13　模拟松散层试验法

高温高压堵漏仪：高温高压堵漏仪主要是在模拟的高温高压条件下进行堵漏材料实验，对一套泥浆系统既可以做填砂床实验又可以做缝板实验，还可以做岩心静态污染实验以及测量堵漏层形成后抗反排压力的大小。它由加压部分、加温部分、缝板模拟部分等组成。

用不同规格尺寸的缝板可以模拟不同地层的裂隙进行堵漏实验(图 9－12)，也可以用缝板模拟松散地层孔隙堵漏实验(图 9－13)，这时比用滚珠模拟固定孔隙比更接近地层的实际情况。常用缝板和滚珠规格如表 9－10 所示。

表 9－10　常用缝板和滚珠规格

	缝板(×70)(mm)	滚珠直径(mm)
规格	1、2、3、4、5	4、27

4. 实验步骤

(1)实验用基浆的配置

①量取 4 000mL 蒸馏水并加热到 75℃；

②按膨润土：碱：水＝72.2：2.9：1 000 的配比称取所需钻井液实验用钠土和纯碱；

③在搅拌条件下分别将纯碱和钻井液用钠土加入已经备好的水中，搅拌均匀后在室温下老化 24h(老化时间可按实际情况略作调整)。

(2)实验用堵漏浆液的配置

①将老化 24h 后的基浆搅拌 10min,量取 500mL 备用;

②按比例称取所需桥接材料,在搅拌条件下缓慢加入到余下的基浆中,继续搅拌至均匀。

(3)静态狭缝实验

①选择一个开口尺寸较小的缝板,放在出口阀接头处;

②将带有刻度的容器置于出口下面;

③在出口阀打开的情况下将配好的桥接堵漏浆液 4 000mL 倒入试验装置中,并记录流出浆液的体积;

④旋紧罐盖,接通加压管线;

⑤均匀加压,同时启动计时器,在 50s 内使压力达到 690kPa 为止,并维持压力 15min,记录流出浆液的体积。若观察到最小封堵压力,则记录下来,并记录最低封堵时间和此时流出的浆液体积量;

⑥在 100s 时间内将压力增至 6 900kPa,或直至封堵失败且筒内浆液流完为止,记录流出的体积或得到的最大压力;若封堵成功,维持压力 10min,记录最终流出的体积;

⑦若封堵成功,换上出口封头,缓慢施加反排压力,并记录反排贯通的最小压力;

⑧换开口尺寸较大的缝板重复上述步骤,直到不能堵塞为止。

(4)动态狭缝实验

①重复静态狭缝实验的步骤①和②;

②在出口阀关闭的情况下将配好的桥接堵漏浆液 4 000mL 倒入试验装置中,旋紧罐盖并接通加压管线;

③调节压力至 690kPa;

④打开出口阀并同时启动计时器;

⑤记录流出的浆液体积和实现封堵的最小时间;

⑥重复静态狭缝试验的步骤⑦和⑧。

(5)静态弹子床实验

①将直径为 15mm 的弹子装入套筒中,并置于弹子床支撑底座上;

②重复静态狭缝实验的步骤②至⑥;

③释放压力后取出弹子床,观察封堵情况并记录桥接材料的贯穿深度。

(6)动态弹子床实验

①重复静态弹子床实验的步骤①和静态狭缝实验的步骤②;

②在出口阀关闭的情况下将备用的基浆倒入试验装置罐中(以填满弹子床下面和内部空间,直到其液面与套筒顶部平齐为止);

③将配好的桥接堵漏浆液 4 000mL 沿壁小心地倒入罐中(尽量不搅动弹子床中已有的基浆);

④重复动态狭缝实验的步骤③至⑤;

⑤重复静态狭缝实验的步骤⑦;

⑦重复静态弹子床实验的步骤③。

(7)静态滚珠床实验

①将孔径为 2mm 的不锈钢筛网放在穿孔底板上,将不锈钢滚珠倒入套筒中,以便形成一

个厚 80mm 的床层(刚好到套筒顶部)。珠子床层的厚度可在 25mm 至 80mm 之间变化。在试验中应记录下床层的厚度；

②将套筒置于弹子床支撑底座上；

③重复动态弹子床实验的步骤②至⑥。

(8)动态滚珠床实验

①重复静态滚珠床实验步骤①；

②重复静态滚珠床实验步骤②；

③重复动态弹子床实验的步骤②至⑥。

5. 高温高压堵漏仪的加压方法

(1)通过高压氮气瓶来加压；

(2)在实验装置筒内上部加设一个活塞，通过水压泵加压，压力通过活塞向下传递。

6. 高温高压堵漏仪的加热方法

该套试验装置采用加热套加热，功率为 1 500W，采用 PT100 温度传感器、智能化数字化温度调节仪控温，具有 PID 参数设定及自整定功能。适用于作动态、静态堵漏试验及岩心静态污染试验。

在开始堵漏试验前，打开电源开关，设定试验温度开始对试验装置加热，在达到试验温度 30min 左右，待试验温度稳定并平衡后，开始进行堵漏试验。

7. 实验数据及分析(表 9-11)

表 9-11　记录各种单一堵漏桥接材料和不同堵漏材料浓度的实验数据

实验名称	缝板尺寸(mm)	自由滤失量	690kPa滤失量	690kPa最小封堵时间	6 900kPa滤失量	反排贯通的最小压力	贯穿深度
静态狭缝实验							
动态狭缝实验							
静态弹子床实验							
动态弹子床实验							
静态滚珠床实验							
动态滚主床实验							

二、其他护壁堵漏实验

1. 实验目的

了解进行钻孔护壁堵漏的几种方法。

2. 实验内容

(1)脲醛树脂水泥球堵漏用材及配制方法。

(2)水玻璃-氯化钙浆液。

3. 实验用仪器及药品

(1)堵漏仪。

(2)天平。

(3)脲醛树脂胶粉。

(4)水泥。

(5)水玻璃。

(6)氯化钙。

(7)PAM。

4. 实验步骤

(1)脲醛树脂水泥球的配制方法

称取脲醛树脂胶粉 20g、水泥 100g、水 20g,将脲醛树脂胶粉与水泥混合,搅拌均匀,并将16mL 水玻璃与水混合,搅拌均匀,再将水玻璃溶液慢慢地加入到水泥和脲醛树脂胶粉的混合物中,边加边搅拌直至成膏状物,过 30min 后观察其变化。

(2)水玻璃—氯化钙浆液的配制方法

①先将氯化钙制成浓度 55%的溶液 110mL。

②取水玻璃 90mL。

③将水玻璃与氯化钙溶液交替地灌入到试样中,观察试样的变化。

(3)PAM—水泥—泥浆速效堵漏液的配制方法

速效堵漏液分甲乙两液,甲液由 PAM 和水泥组成;乙液为比重 1.15 以上的高胶体泥浆,甲乙两液的体积比为 1∶1。

①配制高胶体泥浆(加碱量为泥浆体积的 0.25%～0.3%)。

②称取 100g 水泥,水 30mL,先在水中加 0.4%的 PAM 搅拌 5～10min,再将水泥加入搅匀。

③将两液混合均匀,观察其变化。

5. 实验报告

对上述三种堵漏液进行分析并作对比。

第十章　气体型钻井介质实验

第一节　发泡、稳泡与消泡实验

1. 发泡剂

常用发泡剂用量如表 10－1 所示。

表 10－1　常用发泡剂用量

序号	泡沫类型	发泡剂	电性	发泡剂用量[(L·m⁻³)/℃]	
				低温	高温
1	水基泡沫	HOWCO－suds	(－)	2～5/93	6～10/121
2	水基泡沫	SEM－7	(－)	2～5/93	6～10/149
3	水基泡沫	TRI－S	(－)	2～5/93	6～10/35
4	水基泡沫	AQF－1	(0)	2～5/93	不推荐
5	水基泡沫	Pen－5E	(0)	5～10/93	不推荐
6	水基泡沫	HC－2	(0)(＋)	2～5/93	6～10/149
7	酸基泡沫	Pen－5E	(－)	10/93	10/121
8	酸基泡沫	HC－2	(0)	5～10/93	
9	醇＋水(醇 50%)	SEM－7	(－)	4～6/79	不推荐
10	醇＋水(醇 50%)	AQF－1	(0)	5～7/79	不推荐
11	醇＋水(醇 25%)	SEM－7	(－)	4～6/79	10/149

2. 稳泡剂

稳泡剂是以延长泡沫持久性为目的而加入的添加剂。一些有机化合物和表面活性剂可用作稳泡剂。例如 CMC、HEC 和 PAM 就是很好的有机化合物稳泡剂，而月桂酰二乙醇胺等则是很好的表面活性剂稳泡剂。

3. 消泡剂(表 10－2)

一、术语

(1)发泡体积 V_F：在标准条件下发泡的体积量，其大小与发泡剂性能、稳定剂性能、液相粘度等因素有关。

表 10-2　常用消泡剂

名称	外观	pH 值	稳定性	固含量(%)	乳液离子型
LY-401	白色或淡黄色乳状液	6～8	存于阴冷干燥处，储存期为一年	43	非离子型
BQ	白色或淡黄色乳状液	7～9	存于阴冷干燥处，储存期为一年	43	非离子型
GB-302	乳白色	6～8	存放阴凉处长期稳定		
GB-123	乳白色乳状液	6～9	(离心试验，2 000r/min，15min)无分层、无沉淀	15	非离子型
GB-120	乳白色液体	6～8	储存半年性能无明显变化	10	非离子型
GB-3021	白色乳状液体	6～8		25	

(2)半衰期 $t_{1/2}$：主要反映泡沫出液速率，也反映泡沫的稳定性。在泡沫应用和研究中也能遇到定义不同的另一种半衰期，即泡沫体积减少到初始体积一半的时间，它也反映泡沫的稳定性。习惯称前者为出液半衰期，后者为体积半衰期。泡沫钻井和洗井技术中一般采用以出液体积计算的半衰期，本书即采用该种定义。

(3)出液时间 t_a：在一定程度上反映泡沫的稳定性，主要反映泡沫初期排液速率。泡沫体系是由直径按一定规律分布、相互间被液膜隔开的许多小气泡组成的集合体。在重力和表面张力的共同作用下，每个气泡的液膜或早或迟都会发生排液现象。排出液在 Plateau 边界处聚集，然后沿交错的液膜向下流，最后汇集在体系底部。

二、发泡/稳泡实验

1. 模拟法

(1)实验装置

按 API RP46 1966 设计，它与井筒结构相似，该装置包括竖筒、同心空气注入管、空气计量系统、液体计量系统、时间器等。

(2)实验材料(表 10-3)

表 10-3　四种标准基本溶液

编号	1	2	3	4
组分	淡水	淡水+15%的煤油	10%盐水	10%盐水+15%煤油
蒸馏水(mL)	4 000	3 400	3 800	3 230
煤油(mL)	/	600	/	600
氧化钠(g)	/	/	400	340
发泡剂浓度(%)	0.15	1.0	0.75	1.5

(3)测试步骤

发泡剂浓度为体积百分比浓度。将每一配方的溶液搅拌 5min，然后立刻注入管内和泵的吸入罐内，并马上开始实验。

a. 将 10μg140 目的三氧化硅粉放入干竖筒中(测定钻屑破坏泡沫的性能，而不是测定泡沫的携带能力)。将 1L 上述液体注入竖筒，取 3L 注入泵的吸入罐。做好上述准备后，开始时空气以每分钟 2 立方英尺的速度通过竖筒，计时器应在空气切换到筒内的瞬间开始计时。当泡沫到达管子出口的时候，将事先调整好的计量泵以每分钟 80mL 排量泵送液体。从空气开始流动起，总共进行 10min 实验。

b. 记录 10min 内流出的液体体积(泡沫消泡后的体积以 mL 表示)。将剩余的液体进行一次重复实验，重复实验的误差应在±2.5%以内方为有效。每次实验后都应该用清水冲洗完整装置，实验前立管应用淡水清洗并使其干燥。实验温度一般应为 24℃～27℃。评价实验结果的标准是携带液体量，即 10min 内所携带的四种标准液中的每一种液体的毫升数。如果没有液体流出，则认为该标准溶液的液体携带量为零。10min 所携带的液体越多，液体的携带量越高，泡沫剂的性能越好，反之越差，携带量最高可达 1 800mL。

2. 打击法

(1)实验仪器

①50mL 量筒 1 个；

②1 000mL 量筒 2 个；

③分析天平；

④吸管；

⑤1 000mL 量杯 1 个。

(2)实验材料

①蒸馏水；

②十二烷基硫酸钠；

③硼酸；

④十水四硼化钠。

(3)实验步骤

①先配置基本溶液，采用蒸馏水使每升溶液含 10g 十二烷基硫酸钠、0.25g 硼酸、0.25g 十水四硼化钠，该种溶液的 pH 值为 8.5～8.6。

②配置实验溶液，其浓度视发泡率高低而定，但以产生的泡沫不超过 1 000mL 为准。在 1 000mL量筒中装入 200mL 基本溶液，然后使孔盘在 30s 内均匀打击 30 次，打击结束 30s 后，在量筒上以 mL 表示的刻度线上读取泡沫柱所达到的体积 V_1(包括泡沫的体积和残余液体体积)。按相同方法测试泡沫体积 V_2。每次测试完后，应该用清水彻底清洗量筒和孔盘。

(4)结果评价

①实验结果按相对值评价，评价标准是 $V_S=(V_2/V_1)\times100\%$表示发泡力，V_S 越大，发泡能力越强。为讨论问题方便，比较几种泡沫剂发泡能力时，可选其中之一作为比较溶液。

②另外还有一种评价方法是：配置要求浓度的发泡剂溶液，按上述方法，在 1L 量筒里装入 200mL 溶液，使孔盘在 30s 内均匀打击 30 次，用刚停止打击时生成的泡沫体积 V_0(包括泡沫体积和残余液体体积)表示发泡剂的发泡能力，同时记录停止打击后泡沫体积 V 随时间变化时的情况，作出 $V-t$ 曲线。$L_f=\int_0^{tf}V(t)\mathrm{d}t/V_0$ 表示泡沫的寿命，反映泡沫的稳定性。

3.搅拌法

(1)仪器

发泡机、大小量筒、烧杯、恒温箱、温度计、秒表等。

(2)实验步骤

①按照设计的加量配制泡沫基液；

②用量筒量取100mL基液倒入发泡机中(并量出基液的温度)；

③启动发泡机，在11 000rpm转速下搅拌60s，将产生的泡沫倒入大号量筒读取发泡体积V_F(发泡机带刻度时可直接读取)；

④记录泡沫底部开始出液的时间t_a；

⑤记录出液量达50mL时的时间，即半衰期$t_{1/2}$。

三、发泡剂/稳泡剂标准评价程序

1.仪器和材料

①发泡剂评选装置(图10－1)；

②天秤：感量为0.1g或0.5g；

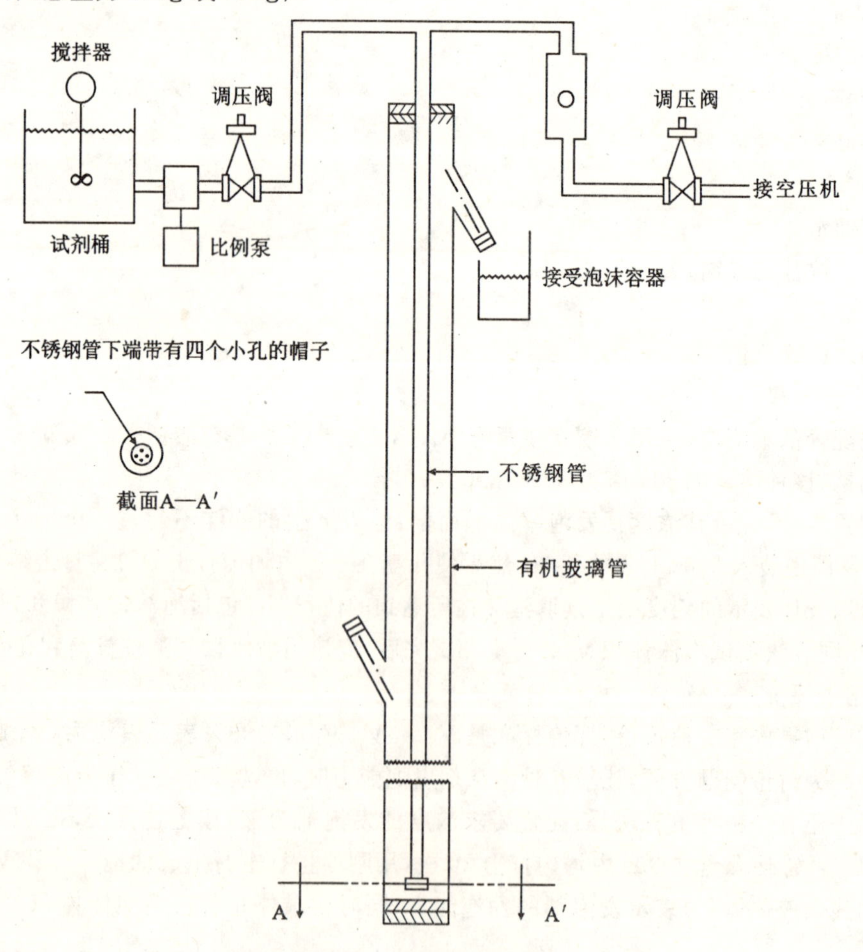

图10－1　发泡剂评选装置

③电动搅拌器:0～600r/min;

④量筒:500mL、1 000mL;

⑤烧杯:100mL、300mL;

⑥发泡剂,稳泡剂;

⑦石英粉:0.105mm(140 目);

⑧煤油:工业品;

⑨氯化钠:工业品。

2.配制试验溶液

编号 1:在配料桶中加入 4 000mL 蒸馏水,再加入 6.0g 发泡剂,搅拌 20min。

编号 2:在配料桶中加入 3 400mL 蒸馏水和 600mL 煤油,边搅拌边加入 40.0g 发泡剂,再搅拌 20min。

编号 3:在配料桶中加入 3 800mL 蒸馏水和 400g 氯化钠,边搅拌边加入发泡剂 30.0g,再搅拌 20min。

编号 4:在配料桶中加入 3 230 mL 蒸馏水和 340g 氯化钠,边搅拌边加入 600mL 煤油和 60.0g 发泡剂,再搅拌 30min。

试验溶液配方如表 10－4 所示。

表 10－4　试验溶液配方

组分 试验溶液 加量	1	2	3	4
	淡水	淡水＋15%煤油	10%盐水	10%盐水＋15%煤油
蒸馏水(mL)	4 000	3 400	3 800	3 230
煤油(mL)	—	600	—	600
氯化钠(g)	—	—	400	340
发泡剂(g)	6.0	40.0	30.0	60.0

3.操作程序

(1)在井筒内加入 10g 石英粉和 1L 试验溶液(按编号顺序测试)剩余试验溶液倒入试剂桶中备用。

(2)打开电源(380V/50Hz)开关,指示灯亮,说明装置可以工作。

(3)按下气泵按扭,使气泵工作。

(4)打开进液阀,并按下“液进”按扭,使液泵开始吸入试验溶液,吸满后自动停泵。

(5)关闭进液阀,打开排液阀,按下“液出”按扭,液泵排液,直至试验溶液充满液路排出管道为止,关闭排液阀。重复程序(4)使液泵吸满试验溶液,关闭进液阀,打开排液阀。

(6)按下“气出”按扭打开调压阀,调节空气流量为 57L/min,当泡沫返出至排出管时按下“液出”按钮,液泵开始排液(80mL/min),经 10min 后自动停泵,实验完毕。

(7)测量排出的泡沫液完全破裂后的液体体积(额定值)。

(8)把模拟井筒和液泵冲洗干净,并用压缩空气吹干。

1)模拟井筒冲洗:用塑料管连接摸拟井筒下端入口阀和自来水源;在模拟井筒上端出口管处吊一盛水容器,容器下端安装一个开关,以便用塑料管连接,通入排水池。管道连接完之后就可通入自来水和压缩空气，把模拟井筒冲洗干净，并用压缩空气吹干。

2)液泵冲洗：做完重复性试验之后，用塑料管连接液泵入口和自来水源，并用另一塑料管连接液泵出口和排水池，然后用自来水冲洗干净，并用压缩空气把液泵中的水份吹干。

(9)进行重复性试验，两次试验的误差应在±2.5%之内。

(10)试验温度为室温。

4.评价报告表格

评价报告表格如表10－5所示。

表10－5 钻井液用发泡剂评价报告

(参考件)

发泡剂名称： 样品编号： 委托单位：

生产厂名： 收样日期： 评价日期：

取样日期： 收样人： 报告编号：

试验溶液及编号 / 试验条件	1	2	3	4
	淡水	淡水＋15%煤油	10%盐水	10%盐水＋15%煤油
试验温度(℃)				
试验时间(min)				
泡沫完全破裂后液体体积(mL)				

鉴定人： 审核人：

日 期： 日 期：

评价单位：

四、消泡剂的评价

1.主题内容和适用范围

本标准规定了评价钻井液用消泡剂所用的试剂和材料、仪器和设备、操作步骤、结果表达方式、精密度及其他。

本标准适用于钻井液用消泡剂的评价。

2.原理及提要

钻井液发泡时，其密度降低，而泡沫逐渐消失时其密度逐步回升，消泡剂的优劣和加量直接影响着密度恢复的程度，利用这一原理可评价消泡剂的质量。

其简要操作是：先配制规定表观粘度、pH值的淡水(或盐水)钻井液四份，放置24h，将其中一个按规定时间高速搅拌，测定其表观粘度(是否符合要求)，放置规定时间，测定其密度ρ_1；向另一份中加入规定量的发泡剂，再按规定时间高速搅拌，放置规定时间，测定其密度ρ_2；向第三份中加入规定量的发泡剂，按规定时间高速搅拌，加入规定量的消泡剂，再按规定时间高速搅拌，放置规定时间，测定其密度ρ_3，根据ρ_1、ρ_2、ρ_3按式(10－1)计算其密度恢复率。

3.试剂和材料

①碳酸氢钠：化学纯；

②十二烷基苯磺酸钠：化学纯；

③氯化钠：化学纯；

④氢氧化钠：化学纯；

⑤ 评价土：符合 SY5444 钻井液用评价土标准的性能指标；

⑥高粘羧甲基纤维素钠盐：符合 SY5093 钻井液用羧甲基纤维素钠盐(Na－CMC)标准(高粘)的性能指标；

⑦盐水：称取 40g 氯化钠溶于蒸馏水中，并稀释至 1L，其密度为 1.040g/cm^3；

⑧十二烷基苯磺酸钠溶液：称取 20g 试剂溶于蒸馏水中(如不溶解可微热)，并稀释至 200mL；

⑨蒸馏水：三级；

⑩待测消泡剂。

4.仪器和设备

①高速搅拌器：在负载下的转速为 11 000r/min，搅拌轴装有单个波形叶片，叶片直径为 2.5cm，质量为 5.5g，带有样品杯，高度为 18cm，上端直径为 9.7cm，下端直径为 7.0cm，用不锈钢或其他耐腐蚀的材料制成；

②电动旋转粘度计：符合 SY/T 5377 电动旋转粘度计标准的性能指标；

③秒表：分度值为 0.1s；

④泥浆密度计：分度值为 0.01g/cm^3；

⑤架盘药物天平：1 000g，感量 0.5g；200g，感量 0.1g；

⑥扭力天平：感量 0.01g；

⑦分刻度移液管：1mL，分度值 0.01mL；2mL，分度值为 0.02mL。

5.操作步骤

(1)预备试验

①配制四份淡水钻井液：在样品杯中用差减法称取 400g 蒸馏水，1.20g 碳酸氢钠，60.0g 评价土，用玻璃棒搅拌分散，高速搅拌 20min(中间停下两次，刮下粘附于样品杯上的粘附物)后，分别加 0.60g、0.80g、1.00g、1.20g 高粘羧甲基纤维素钠盐，高速搅拌 20min(中间停下两次，刮下粘附于样品杯壁上的粘附物)后，放置 24h，高速搅拌 3min，测定其表观粘度，在直角坐标上作表观粘度对高粘羧甲基纤维素钠盐浓度的关系图，由图上确定表观粘度为 20mPa・s 时高粘羧甲基纤维素钠盐的加量(g/L)。

②用盐水 416g 代替蒸馏水，高粘羧甲基纤维素钠盐的加量为 1.60g、2.00g、2.40g、2.80g，确定表观粘度为 22mPa・s 时高粘羧甲基纤维素钠盐的加量(g/L)，其他均与第一步相同。

(2)淡水钻井液试验

①配制四份淡水钻井液：在样品中用差减法称取 300g 蒸馏水，加入 0.90g 碳酸氢钠，45.0g评价土，高速搅拌 20min(中间停下两次，刮下粘附于样品杯壁上的粘附物)后，加入由预备试验 a 所确定的高粘羧甲基纤维素钠盐的量，即加量(g/L)×0.3，高速搅拌 20min(中间停下两次，刮下粘附于样品杯壁上的粘附物)后，放置 24h。

②将其中一份钻井液高速搅拌 3.0min，放置 10.0min，测定其密度 ρ_1。

③向其中另一份钻井液中加入 0.10mL 十二烷基苯磺酸钠溶液(3h)，高速搅拌 3.min，放置 10.0min，测定其密度 ρ_2。

④向第三份钻井液中加入 0.10mL 十二烷基苯磺酸钠溶液(3h)，高速搅拌 3.0min 立即加入最佳加量的消泡剂，高速搅拌 1.0min，放置 10.0min，测定其密度 ρ_3。

⑤将上述的钻井液再高速搅拌 5.0min，放置 10.0min，测定其密度 ρ'_3。

(3)盐水钻井液试验

①用 312g 盐水代替蒸馏水，加入由预备试验 b 所确定的高粘竣甲基纤维素钠盐的量，即加量(g/L)×0.3。

②加入 1.0mL 十二烷基苯磺酸钠溶液。

③加入最佳加量的消泡剂，其量可与淡水实验不同。

④其他与淡水实验相同。

6.结果表达方式

$$\eta=\frac{\rho_3-\rho_2}{\rho_2-\rho_1}\times 100\% \tag{10-1}$$

式中：η——密度恢复率(%)；

ρ_1——发泡前钻井液原浆的密度(g/cm³)；

ρ_2——发泡后钻井液的密度(g/cm³)；

ρ_3——消泡后钻井液的密度(g/cm³)。

在给定最佳消泡剂加量(g/L)下，按式(10-1)式计算第一次和第二次的密度恢复率。

7.精密度

淡水钻井液平行试验测定密度恢复率(包括第一次和第二次)之差不超过 3.0%时，取算术平均值，否则重做。

盐水钻井液平行试验测定密度恢复率(包括第一次和第二次)之差不超过 4.0%时，取算术平行值，否则重做。

8.其他

(1)如果做 pH 为 12 时的试验，只要将淡水钻井液中的碳酸氢钠加量 0.9g/300mL 改为氢氧化钠加量 0.2g/300mL；盐水钻井液中碳酸氢钠 0.9g/300mL 改为氢氧化钠加量 0.3g/300mL，其他按操作步骤进行即可。

(2)由于各生产厂家产品不同，产品对钻井液性能的影响也不同，因而应规定各自产品消泡后钻井液的表观粘度及滤失量与原钻井液的差值作为钻井液性能的补充。

(3)由于各消泡剂的物理性能及化学性能不一样，有固体、膏状体、半膏状体、液固混合物及液体等，因而必须有各自的理化性能指标及其相应的测试方法。

第二节 钻井泡沫密度测试

1.仪器与材料

天平、量筒、待测试气体钻井液。

2.测试步骤

(1)测量干量筒的质量 m_1；

(2)将泡沫倒进量筒，待泡沫均匀后，读出体积 V；

(3)称量上述量筒，得质量 m_2。

3.计算

$$密度=(m_2-m_1)/V$$

4.根据实验材料计算法

在已知油层深度 H(m)和油层空隙压力 p_m(MPa)时，所需充气钻井液密度 ρ_m 按下式计算：

$$\rho_m = \frac{102.4p_m}{H} + \Delta\rho_m \tag{10-2}$$

式中：$\Delta\rho_m$——密度附加值(g/cm³)，可根据地层的实际情况在0.05～0.10g/cm³ 之间选择。

第三节　钻井泡沫粘度测试

由于气液两相的性质差异甚大，泡沫的密度很小，且粘度随压力和时间而变化，所以泡沫的粘度难以用漏斗或旋转粘度计测量，常用不同类型的模拟试验装置或毛细管粘度计测量。如前苏联用泡沫对塑料球的托力来反映泡沫粘度的大小，托力越大，泡沫越粘，如图10-2所示。

测试步骤：

(1)检查仪器空腔，保证其内部干燥。关闭排放阀；

(2)将配置好的泡沫浆液灌入到仪器空腔内直至仪器上部溢出少量的浆液，保证空腔内充满浆液，空气被排除；

(3)将仪器固定使其垂直放置，等待弹簧稳定；

(4)指针稳定后，读取其对应的数值并记录；

(5)由于浆液中难以避免的混有一定的空气，为了实验数据的准确性，采取多次测量求平均值作为最后的粘度。

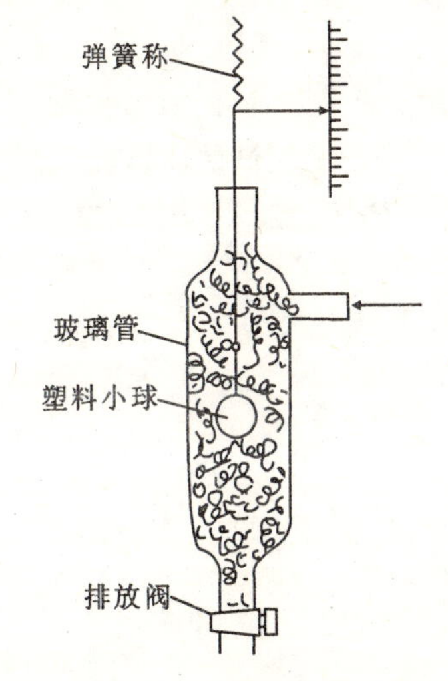

图10-2　泡沫粘度的测试装置

第四节　表面张力实验

气液表面张力是反映泡沫效能的基础指标。测定溶液表面张力的方法有毛细管上升法、吊环法、滴重法、振荡射流法、旋滴法和悬滴法等。这里介绍用吊环法测定泡沫的表面张力。

1.仪器与材料

(1)表面张力计结构如图10-3所示。

(2)滤纸或酒精灯。

(3)铬酸混合溶液。

(4)蒸馏水。

(5)待测泡沫浆液。

2.测试步骤

(1)用热的铬酸混合溶液洗净铂环，再用蒸馏水冲洗干净。将铂环放在滤纸上沾干或用酒精灯火烧。铂环应十分平整，洗净后不能用手触摸。

图10-3　表面张力计

(2)仪器的校正。将仪器水平放置,将铂环挂在悬臂钩 C 上,转动 A 调节标尺 B 归零。松动 D,转动 E,使悬臂处于水平位置,然后扭紧 D。取 0.5g 砝码置于铂环上,转动 A 使悬臂恢复水平位置,记下测定刻度读数。反复测定至各次读数相差不到一格为止,求平均值(如果铂环不便置放砝码,可先放小片滤纸于铂环上,调整悬臂水平后再于其上放砝码)。由此可算得每转 1 格所需之力为 0.500×981/刻度读数(mn);

(3)测定未知泡沫浆液表面张力时,先调好刻度零位及悬臂水平位置。将盛满试液的结晶皿 H 置于铂环下的台上,调整 F 及 G 直至浆液表面刚好与铂环接触,然后同时转动 A 及 G 以保持悬臂的水平位置,直到铂环离开试液表面,记下此时的刻度读数。重复测定,直到每次读数相差不到一格。

3.计算

$$s = F/2\pi R \tag{10-3}$$

式中:s——表面张力(mN/m);

F——测试的读数(mN);

R——铂环平均半径(m)。

第十一章　钻井液抗温、抗侵性能实验

第一节　高温失水量与高温流变性测试

一、钻井液的高温高压滤失量

1. 仪器

(1)GGS71－A 型高温高压滤失仪(图 11－1)；

(2)HDF－1 型高温高压动态滤失仪(图 11－2)；

(3)待测泥浆；

(4)滤纸；

(5)量筒；

(6)钢板尺；

(7)氮气瓶。

注:GGS71－A 型高温高压滤失仪可以用来模拟深井(高温高压)下钻井液的滤失量,并同时可制取在高温高压状态下滤失后形成的滤饼。它具有精度高、重复误差小、操作简单、测试数据准确等特点。

HDF－1 型高温高压动态滤失仪是一种模拟深井(高温高压)下钻井和钻井液滤失量的测试仪器,它适用于下列情况:

(1)静态滤失及滤饼制取实验:常温至 180℃内任何温度,钻井液杯最大工作压力小于7.1 MPa,滤失压差 3.5MPa,滤失面积 22.6cm^2；

(2)动态滤失及滤饼制取实验:常温至 150℃内任何温度,钻井液杯最大工作压力小于7.1 MPa,滤失压差 3.5MPa,滤失面积 22.6cm^2；

(3)有双重漏网,可满足水泥浆的测量。

GGS71－A 型高温高压滤失仪使用结构图如图 11－3 所示。

HDF－1 型高温高压动态滤失仪使用结构图如图 11－4 所示。

2. 操作步骤

当实验温度低于 150℃时,GGS71－A 型高温高压滤失仪操作步骤:

(1)使调压手柄处于未加压的自由状态,打开气源,确定管汇中间 25MPa 压力表读数≥8MPa;

(2)接通电源,旋转温控旋钮使其处于加热状态(一般高于 6℃～8℃),指示灯亮,调节温控旋钮到所需温度;

(3)固定好连通阀(若做水泥浆实验采用双层网和双层滤网杯盖),将钻井液杯放到杯座

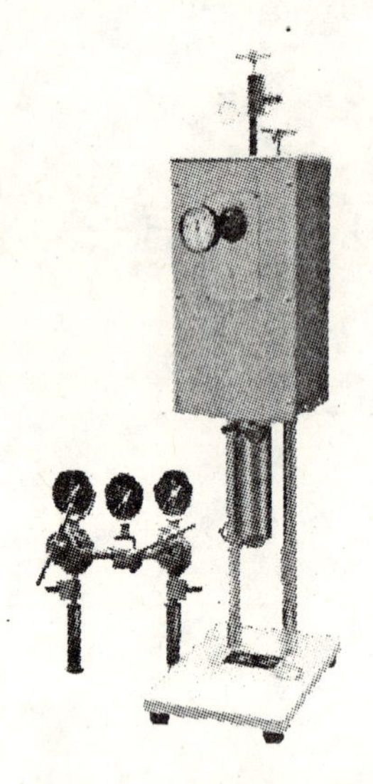

图 11-1　GGS71-A 型高温高压滤失仪实物图

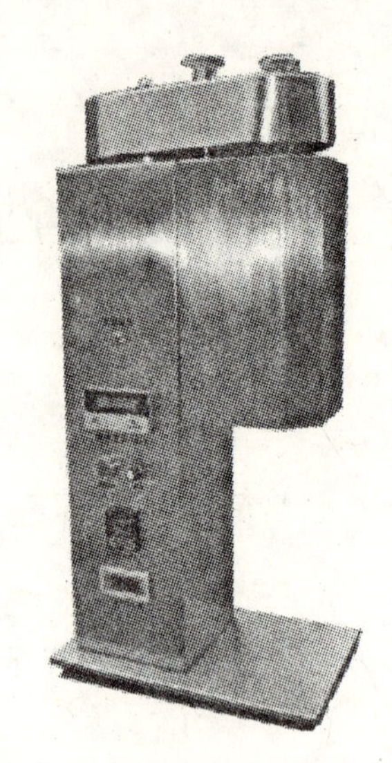

图 11-2　HDF-1 型高温高压动态滤失仪实物图

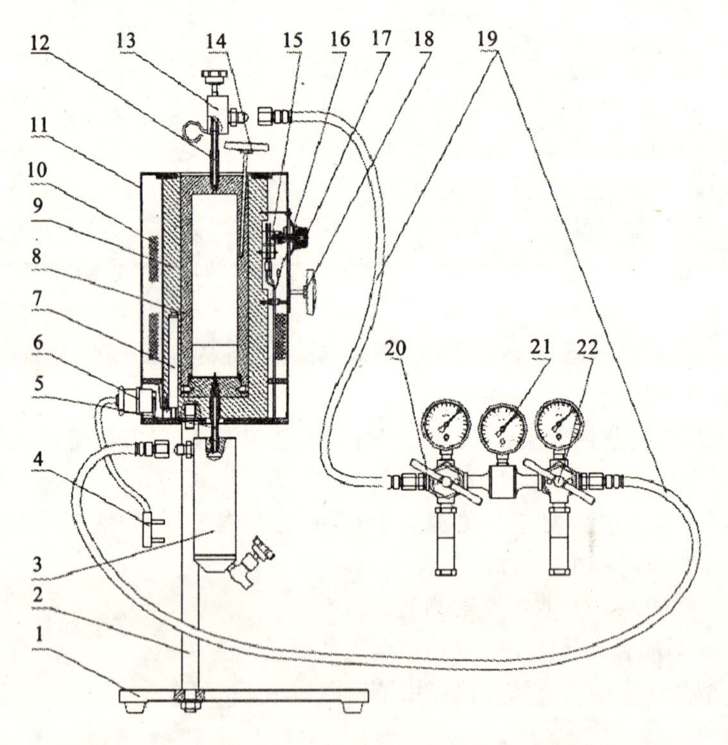

图 11-3　GGS71-A 型高温高压滤失仪使用结构图

1—底座；2—立柱；3—滤液接收器组件；4—三线扁插头；5—连通阀杆；6—电线接插件；7—加热棒 15W/220V；8—钻井液杯组件；9—加热套；10—保温材料；11—罩盒；12—连通阀杆；13—三通阀组件；14—温度表（0～300℃）；15—双金属温控器；16—指示灯；17—温控旋钮；18—温度表（0～300℃）；19—高压胶管；20—调压手柄；21—QG80 管汇；22—调压手柄

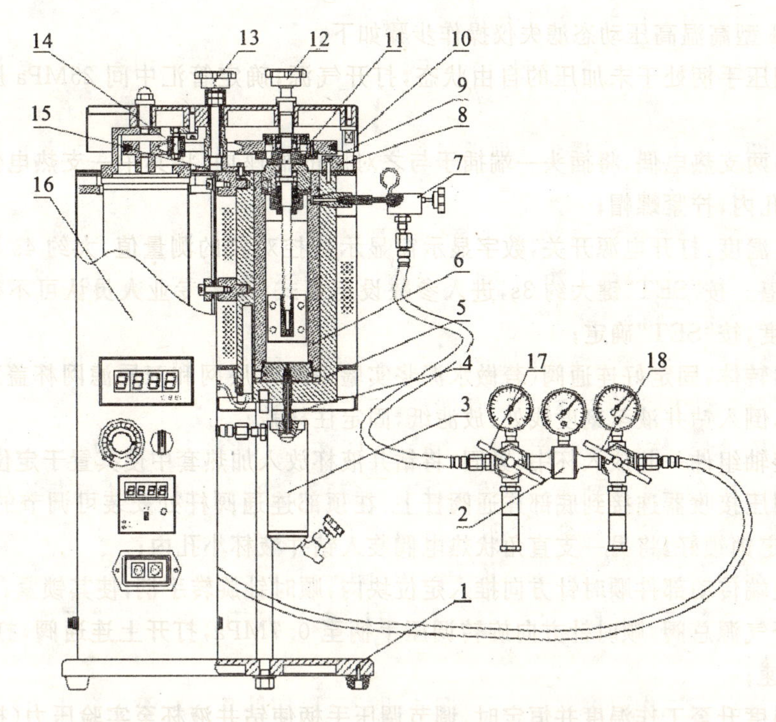

图 11-4　HDF-1 型高温高压动态滤失仪使用结构图

1—底座；2—管汇；3—滤液接收器组件；4—连通阀杆；5—加热保温箱；6—钻井液杯组件；7—三通组件；8—定位块；9—定位轴；10—皮带罩；11—传动组件；12—移动手柄；13—锁紧手柄；14—皮带涨紧轮；15—固定盘；16—电器控制箱组；17—调压手柄 1；18—调压手柄 2

上，倒入钻井液至刻度线处，放滤纸，固定住杯盖；

(4)关紧钻井液杯顶部和底部的连通阀杆，放入加热套中使其置于定位销上，将另一支温度表插入钻井液杯孔内；

(5)将回压接收器连接到底部连通阀杆上，在顶部连通阀杆处安装可调节的压力源三通，分别插入固定销锁好；

(6)接入气源，打开气源总阀，顺时针方向旋转调压手柄 20 至 0.7MPa 和调压手柄 22 至推荐的回压；

(7)逆时针放松连通阀 90°左右，待杯内输入气体后关闭上连通阀；

(8)当温度升至工作温度时，调节调压手柄 20 使压力升至 7.1MPa，逆时针旋松上连通阀杆 90°左右，打开底部连通阀杆开始测量滤失量；

(9)若在测量过程中回压压力表高于 3.5MPa 时，应小心地从滤液接收器三通阀中放出部分滤液以便降低压力，记录滤液总体积、温度、压力和时间(30min)；

(10)实验结束后，旋紧上连通阀杆，收集余下滤液，记录滤液量，切断电源，关闭气源总阀；

(11)打开放气阀杆和三通阀杆，放出管汇和胶管内余气，松开管汇调压手柄和回压手柄呈自由状态，取下固定销，卸下三通和回压接收器；

(12)取出钻井液杯至杯座上，冷却至常温，逆时针旋松上连通阀，放掉余气取下杯盖、滤饼，清洗部件。

HDF－1型高温高压动态滤失仪操作步骤如下：

(1)使调压手柄处于未加压的自由状态，打开气源，确定管汇中间25MPa压力表读数≥8MPa；

(2)取出两支热电偶，将插头一端插于与之对应的插座内，将其中一支热电偶装入加热保温箱底部插孔内，拧紧螺帽；

(3)设定温度：打开电源开关，数字显示窗显示被控对象的测量值，大约4s后显示当前测量值和设定值。按“SET”键大约3s，进入参数设定模式(未经专业人员认可不得随意改动)，设定工作温度，按“SET”确定；

(4)取出转体，固定好连通阀(若做水泥浆实验采用双层网和双层滤网杯盖)，将钻井液杯放到杯座上，倒入钻井液至刻度线处，放滤纸，固定住杯盖；

(5)将旋轴组件一起放入杯中，紧固，将钻井液杯放入加热套中使其置于定位销上；

(6)将回压接收器连接到底部连通阀杆上，在顶部连通阀杆处安装可调节的压力源三通，分别插入固定销锁好，将另一支直角状热电偶装入钻井液杯小孔内；

(7)将上端传动部件顺时针方向推入定位块内，顺时针旋转手柄，使其锁紧；

(8)打开气源总阀，顺时针方向旋转调压手柄至0.7MPa，打开上连通阀，打开电机开关，设定旋转转速；

(9)当温度升至工作温度并恒定时，调节调压手柄使钻井液杯至实验压力(按API标准压差3.5MPa)，参考表11－1选其回压压力。逆时针旋松下连通阀杆90°左右，开始测量滤失量；

表11－1 不同温度时推荐的始压与回压值

温度		始压(钻井液室压力)			回压(接收室压力)		
(℃)	(℉)	(MPa)	(kg·f/cm²)	(磅/吋²)	(MPa)	(kg·f/cm²)	(磅/吋²)
<94	<200	3.15	35.15	500	0	0	0
94～149	200～300	4.14	42.18	600	0.67	7.0	100
149～177	300～350	4.48	45.70	650	1.03	10.5	150

(10)若在测量过程中回压压力表高于3.5MPa时，应小心地从滤液接收器三通阀中放出部分滤液以便降低压力，记录滤液总体积、温度、压力和时间(30min)；

(11)实验结束后，旋紧上连通阀杆，收集余下滤液，记录滤液量，关闭电机，切断电源，关闭气源总阀；

(12)打开放气阀杆和三通阀杆，放出管汇和胶管内余气，松开管汇调压手柄和回压手柄呈自由状态，取下固定销，卸下三通和回压接收器；

(13)旋转手柄使传动组件弹起，旋转手柄使大皮带轮与转轴主体组件脱落，逆时针推动传动部件，用提放工具将钻井液杯提出至杯座上，冷却至常温；

(14)逆时针旋松上连通阀，放掉余气取下杯盖、滤饼，清洗部件。

实验温度高于150℃时只能使用高温高压滤失仪测试泥浆的静态滤失量(HDF－1型高温高压动态滤失仪测静态滤失量可以放宽到180℃)，测定步骤与低于150℃时高温高压滤失仪操作步骤相同。

GGS71－A 型高温高压滤失仪维护和保养：

(1)当移动、维修或清洁仪器时，要轻拿轻放，以免造成部件变形；

(2)按时检查密封圈，经常更换；

(3)调压时要逐渐加压，不得敲击压力表；

(4)仪器使用完毕要将钻井液杯、钻井液杯盖、固紧螺钉、连通阀杆等部件烘干并涂上润滑油或润滑脂；

(5)实验过程中要随时观察指示滤液接收器内压力的压力表，若压力超过 3.5MPa，应小心地从滤液接收器三通阀中放出部分滤液以便降低压力；

(6)当实验温度高于 150℃时，每次实验后必须更换密封圈。

HDF－1 型高温高压动态滤失仪维护和保养：

(1)当移动、维修或清洁仪器时，要轻拿轻放，以免造成部件变形；

(2)按时检查密封圈，经常更换。当实验温度高于 150℃时，每次实验后必须更换密封圈；

(3)调压时要逐渐加压，不得敲击压力表；

(4)仪器使用完毕要将钻井液杯、钻井液杯盖、固紧螺钉、连通阀杆、螺纹及转轴等部件烘干并涂上润滑油或润滑脂；

(5)实验结束后应将温控器调至零位，电机开关在停止位置，气源管汇手柄不用时应保持在停止位置；

(6)转轴主体组件若出现漏气或手感不灵活，应拆开更换密封件和润滑油；

(7)实验过程中要随时观察指示滤液接收器内压力的压力表，若压力超过 3.5MPa，应小心地从滤液接收器三通阀中放出部分滤液以便降低压力。

3. 实验数据及分析

按实验步骤操作并记录滤失量，根据结果分析钻井液的高温高压滤失性能，进而分析钻井液在井下的工作性能。

计算和记录：

(1)钻井液滤失量：HTHP FL＝滤液体积 cm^3/30min。

(2)钻井液滤饼厚度＝钢板尺测量值/30min。

二、高温高压流变性

随着水平井钻井技术的发展，对钻井液流变性能的研究越来越受到钻井界的重视，对钻井液流变性的深入研究有助于成功地预测和解决大斜度井段和水平井段井眼净化、井壁冲蚀、岩屑悬浮、水马力计算以及钻井液处理等问题。在研究钻井液流变性时，习惯的做法是测量钻井液在地面条件下的流变性，然后外推到井下条件，预测钻井液在井眼中的流变性能，但外推法往往有一定误差。因此研究钻井液流变参数随温度、压力及剪切速率的变化规律，日益受到人们重视。

1. 高温高压流变仪工作原理

千德乐公司的 CHAN－7400 型高温高压流变仪工作原理同其他旋转式流变仪一样，转子/浮子组合是标准的 API 旋转粘度计的转子/浮子组合，所以该流变仪测得的流变数据可与其他流变仪测得的流变数据进行比较。该流变仪的最高测量温度为 260℃，最高测量压力为

210MPa，剪切速率范围在 1～1 200s^{-1}，剪切速率可以固定分级变化，也可以无级调速；测量粘度的范围在 5～100 000mPa·s。数据采集的时间间隔可在 1～99s 范围内任意标定，也可以根据需要随时采集。剪切速率和压力由控制器任意调节，温度可根据实验需要在温控器的单片机上编程来确定升温速率、升温时间、恒温时间以及不同的升温段等。总之，该流变仪可以根据实验的需要在流变仪允许的范围内任意确定其温度、压力、剪切速率以及数据采集频度等参数。

2. 高温高压流变实验

在用高温高压流变仪对钻井液流变性能测量之前，将其性能调整好。在 110℃条件下经滚子炉老化 18h，使其性能基本上与陈化良好、循环充分的现场用的钻井液性能一致。测试条件为：温度 26℃～110℃；压力 5.0～100.0MPa；剪切速率 1.7～1 021s^{-1}；数据采集 1 次/30～90s；升温速率 1℃/4min；恒温时间 30～120min；降温时间 150min。

3. 实验分析

在实验过程中发现，由一种剪切速率变化到另一种剪切速率，如果在记录剪切应力之前等待的时间较短，那么就可发现有明显的触变环，重复实验的流变图也发生变化。其主要原因是从一种剪切速率变化到另一种剪切速率的过程中，还没有使钻井液结构的形成速度和破坏速度达到动态平衡，使剪切应力滞后于剪切速率的结果在流变图中显示出来。如果将数据采集的时间间隔拉长，剪切应力的滞后量减少，就可得到较为客观的流变图。经实验研究，对于钻井液数据采集时间间隔大于 80s，就能够得到较为客观的流变图。因此，确定数据采集频率为 1 次/90s。在预定的误差范围内进行重复实验时，其流变曲线具有良好的重复性。在同一剪切速率条件下，温度升高，钻井液的剪切应力下降，而且高剪切速率下的剪切应力较低，剪切速率下的剪切应力下降的幅度大。

第二节 抗温钻井液的配制与对比实验

1. 仪器设备和试剂

仪器设备和试剂包括：

①分析天平：分度值 0.1mg；

②高温高压失水仪；

③高温滚子炉；

④恒温干燥箱：控温精度±2℃；

⑤高速搅拌机：10 000～12 000r/min；

⑥六速旋转粘度计：ZNN－D6 型或同类产品；

⑦称量瓶：50mm×30mm；

⑧磨口瓶：500mL；

⑨干燥器；

⑩实验用钠膨润土：符合 SY/T5490 的规定；

⑪氢氧化钠：化学纯；

⑫氯化钠：化学纯；

⑬无水碳酸钠：化学纯。

2. 细度

称取试样 50g(称准至 0.01g),放在孔径为 0.59mm 的标准筛中,立即用手摇动,拍击标准筛直至试样不再漏下为止,称筛余物的质量,细度按式(11-1)计算。

$$F = \frac{m_4}{m} \times 100 \tag{11-1}$$

式中:F——细度(%);

m_4——筛余物质量(g);

m——试样质量(g)。

3. 水分

用在 105±2℃下干燥 2h 已知质量的称量瓶,称取约 3~4g 试样(准确至 0.001g),放于 105℃±2℃烘箱中烘 4h 后取出,立即放入干燥器内冷却 30min 后称量,水分按式(11-2)计算。

$$W = \frac{m_2 - m_3}{m_2 - m_1} \times 100 \tag{11-2}$$

式中:W——水分(%);

m_1——称量瓶质量(g);

m_2——试样和称量瓶质量(g);

m_3——干燥后试样和称量瓶质量(g)。

4. 水不溶物

称取试样 5g(称准至 0.001g)和 100mL 蒸馏水,加入至磨口三角瓶中,待样品分散后,加热煮沸 30min,冷却至室温,将煮沸后的溶液移至容量瓶中(用蒸馏水冲洗三角瓶 3~4 次,冲洗液一并倒入容量瓶中),并向容量瓶中加入蒸馏水至 200mL。摇匀后静置 2h,取上层溶液 5mL,置于已恒质的洁净的表面皿中,在 105℃±2℃烘箱中烘 4h 后取出,立即放入干燥器内冷却 30min 称量。水不溶物含量按式(11-3)计算。

$$Y = \left[1 - \frac{40(m_5 - m_4)}{m_3(1 - X)}\right] \times 100 \tag{11-3}$$

式中:Y——水不溶物含量(%);

40——200mL 对应 5mL 的倍数;

m_5——干燥后样品和表面皿质量(g);

m_4——表面皿质量(g);

m_3——试样质量(g);

X——水分含量(%)。

5. pH 值

称取 0.3g 试样置于 50mL 的烧杯中,加入 30mL 蒸馏水,在室温下用磁力搅拌器搅拌溶解 1h,用精密 pH 试纸测溶液的 pH 值。

6. 钻井液性能

(1)基浆的配制

量取 350mL 蒸馏水置于杯中,加入 22.5g 钻井液实验用钠膨润土,高速搅拌 20min,其间至少停两次,以刮下粘附在容器壁上的粘土,在密闭容器中养护 24h 作为基浆。

(2)淡水钻井液性能实验

向基浆中加入10.5g样品，高速搅拌20min，其间至少停两次，以刮下粘附在容器壁上的样品，将钻井液转入高温罐中，在180℃热滚16h，取出高温罐，冷却后打开，按第二章第二节及第十一章第一节的方法测定表观粘度和高温高压滤失量(150℃/3 450kPa)。

(3)150g/L氯化钠污染钻井液性能实验

向基浆中加入17.5g样品，高速搅拌20min，其间至少停两次，以刮下粘附在容器壁上的样品，再加入52.5g氯化钠，高速搅拌10min，并加入2mL20%的氢氧化钠溶液，以调节体系的pH值，将钻井液转入高温罐中，在180℃热滚16h，取出高温罐，冷却后打开，按第二章第二节及第十一章第一节的方法测定表观粘度和高温高压滤失量(150℃/3 450kPa)。

7.精度要求

各项平行测定值在表11-2允许差值范围内，取其算术平均值。

表11-2　测定值允许差值

项　　目	平行测定值允许差值
细度(%)	0.5
水分(%)	0.5
水不溶物(%)	3
pH值	0.5
表观粘度(mPa·s)	0.5
高温高压滤失量(mL)	3

第三节　钻井液的抗侵实验

一、抗钙侵和盐侵

1.实验目的和要求

(1)了解钠盐或钙盐对淡水钻井液性能的影响规律。

(2)掌握受污染钻井液性能调节的处理原则和调节方法。

2.实验仪器及药品

常规钻井液仪器一套，钻井液杯(1 000mL)1个，电动搅拌器一台(公用)，药物天平一台(公用)，秒表、钢板尺各1个，量筒(50mL)2个，pH试纸一盒，土粉、食盐、FCLS(2∶1,1/5)，NaHm，石膏粉。

3.实验原理

在钻井过程中，地层岩石里的可溶性盐类(如石膏、岩盐、芒硝)及各种流体、钻屑等进入钻井液，使钻井液性能不能满足正常钻井的需要，称之为钻井液受侵或污染。这里主要讨论的是盐侵或钙侵对淡水钻井液性能的影响。

(1)钙侵

钻进石膏层和水泥塞时都会遇到钻井液受钙侵问题。石膏的化学成分是硫酸钙，水泥凝

固产生氢氧化钙。虽然它们在水里的溶解度不高，但都将提供钙离子。即

$$CaSO_4(固) \rightarrow Ca^{2+} + SO_4^{2-}$$

$$Ca(OH)_2(固) \rightarrow Ca^{2+} + 2OH^-$$

而几百个$\times 10^{-6}$（百万分之一，如 500×10^{-6} 是指一百万份中有 500 份）的含钙量就足以使钻井液失去胶体性质。

按照离子交换吸附的原理，由石膏或水泥提供的二价钙离子要置换吸附在粘土颗粒表面上的一价钠离子，使钠质粘土转变为钙质粘土。钙离子是二价的，它和粘土表面的吸附力量大于一价的钠离子，难于被呈极性的水分子“拉跑”，即不容易解离，因此，当钠质粘土转变为钙质粘土后 ζ 电势减小，如图 11－5 所示。

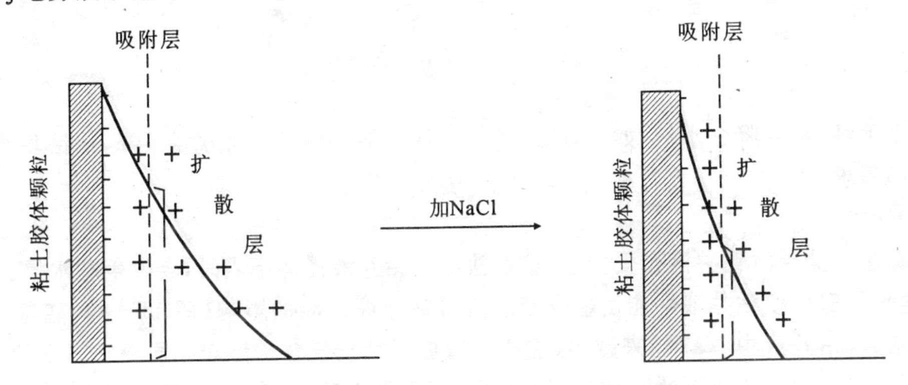

图 11－5　钙离子对粘土胶体颗粒 ζ 电势的影响

粘土颗粒 ζ 电势的变小，使得阻止粘土颗粒聚结合并的斥力减小，聚结-分散平衡即向着有利于聚结的方向变化，这样，钻井液中粘土颗粒变大，网状结构加强和加大（图 11－6），致使钻井液的失水量、粘度、切力增大。

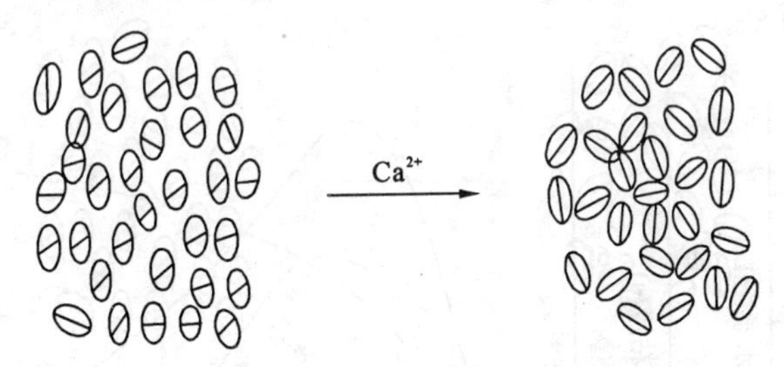

图 11－6　平衡朝聚结方向变化，网状结构加强

钠质土转变为钙质土后，另一个变化是粘土颗粒的水化程度降低，水化膜变薄。据《粘土矿物学》（格里姆著）介绍，钙蒙脱石颗粒周围环绕将近四个分子层的吸附水（“非液体”），钠蒙脱石仅仅三个，然而厚层的疏松的吸附水（“液体的”）在钙蒙脱石里却是很少的，分子力的作用在 15Å 距离里突然中止了，在钠蒙脱石里定向水分子的距离大于 100（约 40 个水分子层），如图 11－7 所示。粘土水化程度的这种改变，也是使钻井液受钙侵后失水量增大、泥饼增厚、容易聚结合并、颗粒变粗、形成结构、粘度急剧上升的一个原因。

对钙侵的处理，一般是加入稀释剂（如 FCLS、丹宁酸钠）把已形成的网架结构拆散，使钻

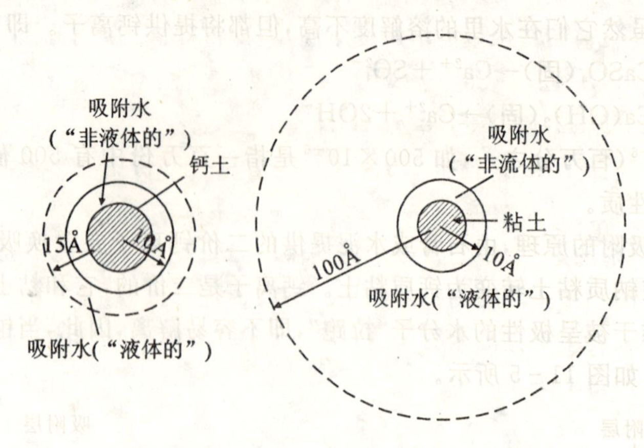

图 11-7　钠土和钙土水化程度示意图

井液粘度下降；加入降失水剂（如 NaHm、KHm）保护粘土颗粒使失水量下降，使钻井液性能合乎钻进的需求。

(2)盐侵

当钻达岩盐层时钻井液会受盐侵；钻达盐水层钻井液性能不当时，会发生盐水侵。无论是盐侵、盐水侵都会使钻井液性能发生改变。盐对钻井液性能的影响（图 11-8），随着 NaCl 加入量的增大，钻井液中 Na^+ 越来越多，这样就增加了粘土胶粒扩散双电层中阳离子的数目，使扩散层的厚度减小，即所谓的“压缩”了双电层，于是粘土胶粒的 ζ 电势降低（图 11-9）。在这种情况下，粘土颗粒之间的电性斥力减小，钻井液体系从细分散向粗分散转变，水化膜变薄；由于粘土胶粒的热运动互相碰撞聚结合并的趋势增强，粘土颗粒之间形成絮凝结构，粘度、切力和失水量均上升。随着 NaCl 加入量的增大，“压缩”双电层的现象更加严重，粘土颗粒的水化膜变得更薄，尺寸变得更大，于是出现粘土颗粒在分散度上的明显降低，致使粘度、切力转而下降，失水量则继续上升。

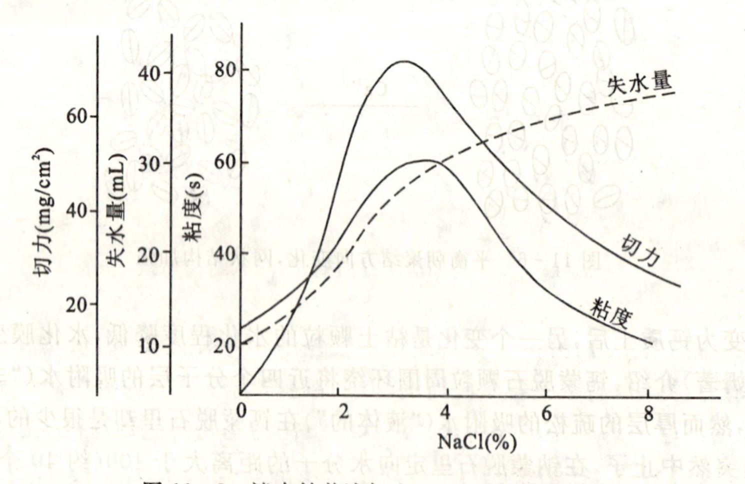

图 11-8　淡水钻井液加入 NaCl 后的性能变化

pH 值的变化原因是由于加盐后钠离子从粘土中把氢离子和其他酸性离子交换出去的结果。

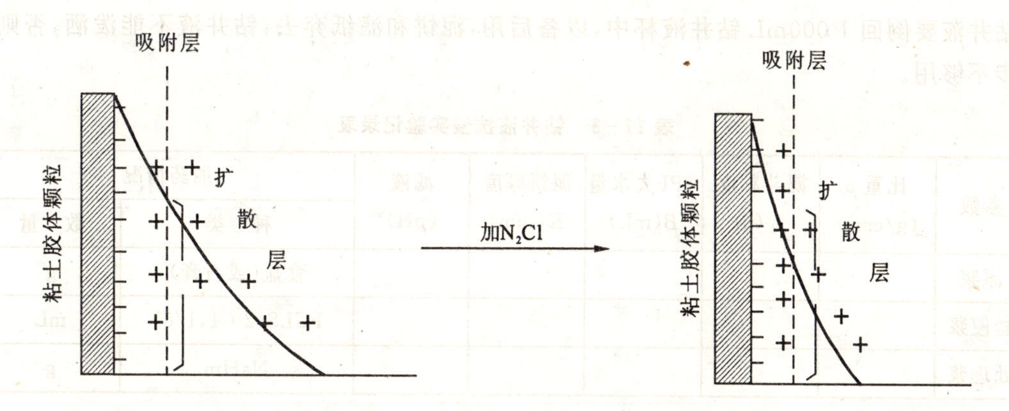

图 11-9　NaCl 对粘土胶粒 ζ 电势的影响

(3)盐侵的处理

盐侵的现象是失水量增大，pH 值下降，Cl^- 含量增大，粘度、切力上升(含盐量大时会上下波动)。盐侵的本质是钠离子浓度过大压缩了粘土胶体粒子的扩散双电层，使粘土胶粒的 ζ 电势降低，水化膜变薄，钻井液呈现聚结不稳定，性能受到破坏。因此，处理受盐侵的钻井液，关键在于要使用在钠离子浓度较高的情况下仍能保护粘土胶粒的处理剂。

一般加入 CMC(NaHm 或 KHm)作护胶剂，铁铬盐作稀释剂。即用 CMC(NaHm 或 KHm)降失水，用铁铬盐降粘度、切力。当粘土颗粒吸附了 CMC 分子后，因 CMC 分子链中有许多羧钠基($COO-Na^+$)可以提高被 Na^+ 压缩双电层所降低的 ζ 电势。CMC 是长链的有机高分子化合物，若粘土颗粒被吸附在它的大分子链节上，那么即使粘土颗粒 ζ 电势较小、电性斥力较弱，仍然不致于互相合并和聚结，由此保持了粘土胶粒的聚结稳定和必要的分散度，使钻井液在盐侵后仍然具有较小的失水量。

NaHm(KHm)是一种含天然的高分子化合物的处理剂，它既可提高钻井液的 pH 值，又可起到高分子化合物的保护作用，降低受侵污钻井液的失水量，但它的抗盐能力较 CMC 弱。

铁铬盐基本上是非离子型处理剂，它的极性不会因钻井液中可溶性盐类的浓度增大而改变。因此，它能在盐水、饱和盐水中作为钻井液的稀释剂。实验资料表明，粘土对木质素磺酸盐类处理剂的吸附，在盐水中还强于在淡水中。

4. 实验方法及步骤

(1)在室温下(即水不加热)或加热条件下，配制比重为 1.05 的原浆。配制好后放置几天至十几天，让其中的粘土充分水化分散，使原浆性能基本稳定下来，临到本实验前加水稀释。冬天可稀释到漏斗粘度约为 30～35s，夏天可更稀，使漏斗粘度约为 23～26s(钻井液在实验前配好)。

(2)取 1 000mL 原浆于 1 000mL 搪瓷量杯中搅拌 5～15min，用漏斗粘度计、比重计、气压失水仪、钢板尺、pH 试纸分别测定漏斗粘度(y_L)、比重(ρ)、气压失水量(B)、泥饼厚度(K)和 pH 值，数据计入表 11-3。测定后的钻井液要倒回原 1 000mL 搪瓷量杯中，而泥饼，滤纸弃去。

(3)向搪瓷量杯中加入原浆至 1 000mL 刻度线，按钻井液体积的 1%加进食盐或石膏粉(每 100mL 钻井液加入 1g)。用电动搅拌器充分搅拌 10～30min，使其溶解并与钻井液混合均匀，然后测钻井液性能 T、γ、B、K、pH 各一次，数据记入表格。注意：测定粘度、比重和失水后的钻井液要倒回 1 000mL 钻井液杯中，以备后用，泥饼和滤纸弃去，钻井液不能泼洒，否则下一步不够用。

表 11－3　钻井液抗侵实验记录表

参数	比重 ρ (g/cm^3)	漏斗粘度 y_L(s)	API 失水量 B(mL)	泥饼厚度 K(mm)	滤液 (pH)	加药情况	
						种　类	数　量
原浆						食盐(或石膏)	g
盐侵浆						FCLS(2∶1,1/5)	mL
处理浆						NaHm	g

(4)所剩钻井液必须多于 700mL，准确计量所剩盐侵浆的体积，然后进行处理。用 50mL 量筒分别取实际钻井液体积 3%的 FCLS(2∶1,1/5)和 2%的 NaHm 加入盐侵钻井液中，即每 100mL 钻井液加 3mLFCLS 和 2gNaHm，用电动搅拌器充分搅拌 10～20min 后测性能，若经处理后钻井液性能仍达不到指定要求(粘度、切力、失水量等于或小于原浆性能)，可酌情补加适量药品搅拌后再测性能，以达到要求为止。

注：FCLS(2∶1,1/5)，即是将 2 份 FCLS 固体粉与 1 份烧碱(NaOH)混合，配制成 1/5(20%)的铁铬盐混合碱液。

5. 实验报告内容

(1)填写实验报告附表(表 11－3)，分析盐或钙侵污对钻井液性能的影响。

(2)讨论实验现象，记录重要收获，尽量提出问题和改进建议。

附　　图

恒温加热和干燥设备

恒温水浴锅	干燥箱

分样筛

筛

粒度对应关系

目数/目	8	10	20	40	60	80	100
筛孔(mm)	2.5	2	0.9	0.45	0.3	0.2	0.15
目数/目	120	140	160	180	200	250	300
筛孔(mm)	0.125	0.105	0.097	0.088	0.076	0.063	0.054

压力源

气瓶	平流泵

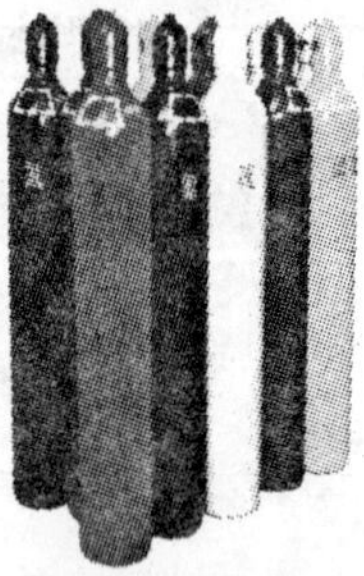

各种盛量器皿	显微镜

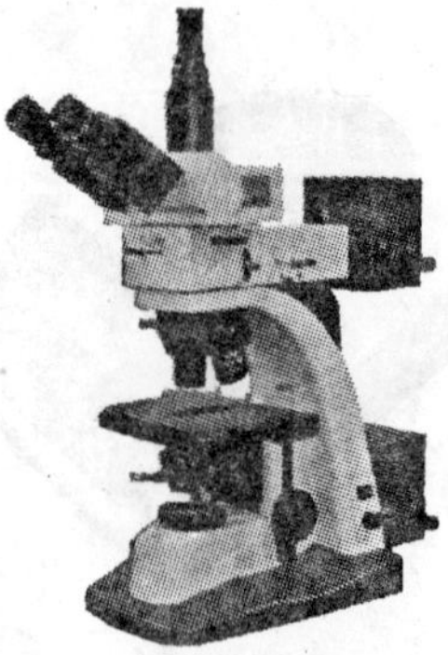

参 考 文 献

程良奎等. 岩土加固实用技术[M]. 北京:地质出版社,1994.
杜嘉鸿等. 地下建筑注浆工程简明手册[M]. 北京:科学出版社,1992.
樊世忠. 钻井液完井液及保护油气层技术[M]. 东营:石油大学出版社,1999.
高琼英主编. 建筑材料[M]. 武汉:武汉工业大学出版社,1992.
郭绍什主编. 钻探手册[M]. 武汉:中国地质大学出版社,1993.
黄汉仁,杨坤鹏,罗平亚编. 泥浆工艺原理[M]. 北京:石油工业出版社,1981.
黄汉仁等. 泥浆工艺原理[M]. 北京:石油工业出版社,1981.
贾铎. 钻井液[M]. 北京:石油工业出版社,1980.
李诚铭等. 新编石油钻井工程实用技术手册[M]. 北京:中国知识出版社,2006.
李克向等. 钻井手册(甲方)上下册[M]. 北京:石油工业出版社,1990.
李立权等. 实用钢筋混凝土工艺学[M]. 北京:中国建筑工业出版社,1988.
李世京主编. 钻孔灌注桩施工技术[M]. 北京:地质出版社,1990.
李世忠主编. 钻探工艺学:钻孔冲洗与护壁堵漏(中册)[M]. 北京:地质出版社,1989.
刘灿明,王日为主编. 无机及分析化学[M]. 北京:中国农业出版社,1999.
刘祥顺主编. 建筑材料[M]. 北京:中国建筑工业出版社,1997.
刘正仁等. 海洋钻井手册[M]. 北京:中国海洋石油总公司,1996.
莫成孝等. 钻井液技术手册[M]. 北京:石油工业出版社,1998.
彭振斌主编. 注浆工程计算与施工[M]. 武汉:中国地质大学出版社,1997.
汤凤林等. 岩心钻探学[M]. 武汉:中国地质大学出版社,1997.
屠厚泽主编. 钻探工程学[M]. 武汉:中国地质大学出版社,1988.
乌效鸣. 煤层气井水力压裂计算原理及应用[M]. 武汉:中国地质大学出版社,1997.
乌效鸣等. Optimal Design of Hydraulic Fracturing in CBM Wells,A. A. Balkema PUBLISHERS(荷兰),1996.
乌效鸣等. 具有暂堵特性的钻井液的初步研究开发[J]. 探矿工程(2001 增刊).
乌效鸣等. 泡沫钻进最优孔径的理论推证[J]. 地球科学,1997(22).
乌效鸣等. 钻进泡沫流动参数的计算模拟[J]. 探矿工程,1997(6).
乌效鸣等. 钻进泡沫流动特性研究[J]. 勘探方法与技术(俄罗斯),1996(7).
乌效鸣等. 钻井液与岩土工程浆液[M]. 武汉:中国地质大学出版社,2002.
吴隆杰,杨凤霞编著. 钻井液处理剂胶体化学原理[M]. 成都:成都科技大学出版社,1992.
夏俭英编. 钻井液有机处理剂[M]. 东营:石油大学出版社,1991.
熊厚金,林天健,李宁编著. 岩土工程化学[M]. 北京:科学出版社,2001.
徐献中. 石油渗流力学基础[M]. 武汉:中国地质大学出版社,1992.
鄢捷年主编. 钻井液工艺学[M]. 东营:石油大学出版社,2001.
叶观宝等. 地基加固新技术[M]. 北京:机械工业出版社,2000.
曾祥熹主编. 钻孔护壁堵漏原理[M]. 北京:地质出版社,1986.
张克勤主编. 钻井技术手册:钻井液[M]. 北京:石油工业出版社,1988.
张孝华等. 现代泥浆实验技术[M]. 东营:石油大学出版社,1999.
Drilling Fluid Materials · No · 128: Starch. The Engineering Equipment and Materials Users Assiciation,

London，1985.

Drilling Mud and Cemenr Slurry Rheology Manual. Houston：Gulf Publishing Co.. 1982.

Chilingarian G. V. ，Drilling and drilling fluids[M]. Amsterdam：Elsevier，1983.

Keedwell M. J. ，Rheology and soil mechanics：with 159 illustrations[M]. London：Elsevier Applied Science Publishers，1984.

Cheremisinoff N. P. ，Encyclopedia fluid mechanics · Vol7：Rheology and Non－Newtonian Flows[M]. Houston：Gulf Pub. Comp.. 1988.